JN436464

산나물 재배와 이용법

오성출판사

♣ 독활(땅두릅)

♣ 톱풀

♣ 덤불엉겅퀴

♣ 왕곰취

♣ 머위

♣ 으름덩굴

♣ 원추리

♣ 민들레

♣ 엉겅퀴

♣ 두릅나무

♣ 얼레지

♣ 오갈피

♣ 섬쑥부장이

♣ 조팝나무

♣ 고취

♣ 마타리

유 독 식 물

♣ 꽃무릇

♣ 독미나리

♣ 미나리아재비

♣ 배풍등

♣ 으아리

♣ 애기똥풀

♣ 박새

♣ 은방울꽃

♣ 독말풀

♣ 투 구꽃

♣ 미치광이풀

♣ 할미꽃

♣ 복수초

♣ 복수초

♣ 천남성

♣ 대극류

♣ 붓순나무

머리말

농산물 개방으로 값싼 외국 농산물이 쏟아져 들어오게 되자 농업의 위기가 왔다고 울상들이다.

가뜩이나 경제사정이 어려운 농촌은 이제 설 자리를 잃어가고 있다고들 말한다. 그러나 조금만 시야를 넓혀보면 우리 농촌도 그렇게까지 절망적인 것은 아니다.

농촌의 피폐가 가속화 되어가는 것은 무엇보다도 농촌의 소득이 도시의 그것에 못 미치는 데 원인이 있다.

농촌 젊은이의 도시집중화는 농촌인구의 노령화로 나타나 심각한 농촌문제로 대두되고 있지만 한편으로는 의욕적인 젊은 농촌후계자들이 속출하고 있어서 머지 않아 농촌문제나 경제사정도 활로를 찾게 될 것으로 보여진다.

그렇다면 이제부터 농업생산의 부진을 타개할 수 있는 활력소를 찾아보기로 하자.

값싼 농산물의 물결이 밀려온다 해도 채소만은 신선한 것이 생명이므로 국내 생산품이 가장 유리하다 하겠다.

우리 농촌은 바로 여기서 활로와 타개책을 찾아야 할 것이다.

더욱이 채소 중에서도 산채(山菜)로서 농촌경제를 부흥시키라고 권하고 싶은 이유는, 근간에 재배채소의 농약 과다사용으로 인한 농약공해(藥禍)의 두려움으로 자연히 무공해식품을 찾게 되는 것이 자연스러운 추세이기 때문이다. 이 붐은 세계적인 추세이며 특히 산채 붐의 특징은 영양가가 높고 훌륭한 약효도 있을 뿐만 아니라 '무공해 건강식품'이라는 인식이 지배적이어서 우리나라에서도 산채를 찾는 인구가 증가 일로에 있기 때문이다.

붐이라 하면 대개가 일시적으로 형성되었다가 곧 자취도 없이 사라져버리던 과거의 예가 흔치 않아서, 지금 일고 있는 산채 붐을 두려운 눈으로 바라보며 주저하는 농민도 적지 않을 것이다. 그러나 경제가 안정된 우리의 시점에서 건강을 최우선으로 삼는 현실을 감안할 때 산채 붐은 좀처럼 식지 않을 것이므로 두려움없이 온 산천에 묻혀 있는 산채자원을 개발하여 농촌경제 부흥에 이바지하였으면 하는 마음 간절하다.

자연자원은 남획할 때 고갈될 수밖에 없으므로 이를 보존하고 자연훼손도 막는 자연보호 측면에서도 산채는 이제 '채취하던 산채에서 재배하는 산채'로 전환시켜야 하며, 또 대도시나 관광지의 대량수요에 응하기 위해서도 자연채취로는 물량공급에 한계가 있으므로 이 절호의 기회를 '산채재배'로 낙후된 산촌의 경제를 부흥시킬 활로로 삼아야 한다.

이 책에서는 옛부터 널리 이용되었던 수백종의 산채 중에서 가장 맛있고 독특한 풍미를 지닌 유망한 것으로서 우선 76종을 골라서

① 그 특징과 종묘채취와 재배환경을 위해 자생지를 다루었고

② 실용면을 중시하여 이용 및 재배방법을 다루었으며

③ 상품성을 위하여 수확기를 들었으며

④ 특히 생산성 제고(提高)와 경영합리화를 위해 촉성재배와 연화재배법 등을 첨가했으며

⑤ 식물명과 산채명이 따로 있는 것도 적지 않으므로 별명난을 두어 혼돈을 피했으며

⑥ 속기 쉬운 유독식물도 함께 다루어서 이의 오용으로 인한 불행을 막고자 했다.

산채재배는 아직 기초단계에 있으므로 재배방법이 앞으로 더 연구개발되어야 할 것이나, 현재로서도 가능한 재배법을 소개했다. 농민들의 많은 연구개발이 기대된다.

오랫동안 교편생활을 하면서 '향토식물개발연구원'을 개설하여 이에 몰두한 지 30여 년이 지난 이제, 시대적인 요청에 부응하여 이 글이 빛을 보게 된 것을 기쁘게 생각한다.

물론 M.B.C.에서 '한국의 야생화 사계'라는 프로그램을 맡아서 제작에 참여할 때는 아름다운 자원(화초)위주의 제작이어서 다소 미흡한 느낌을 지울 수 없었는데, 이 책에서 우리 실생활에 활용할 수 있는 자원을 다룬 것에 가슴 뿌듯함을 느낀다.

현재 출간된 산채에 관한 몇 안 되는 책들도 대개가 산채를 분별하는 방법이나 이용법 위주여서 산채 붐을 형성하는데는 기여했지만 실제로 농민들이 참고로 하는데는 아쉬움이 있었다. 이 점을 보완하고 싶은 마음에서 산채재배를 중심으로한 책으로 묶었다.

현재, 산채는 종묘로 시판되는 것도 드물고 입산금지 등 종묘의 구득에 어려움이 뒤따르겠지만, 뜻이 있는 곳에는 반드시 길이 있게 마련이므로 이 책은 그 계기를 마련하는데 도움이 될 것이다.

부디 이 책이 산채재배의 유익한 길잡이로서 활용되어진다면 더이상 바랄 것이 없겠다.

졸서를 출간해주신 오성출판사 김중영 사장님께 사의를 표하며, 사진을 맡아 촬영해주신 양은환 선생께 감사를 드린다.

끝으로 일생동안 자연이 좋아서 산을 찾아 헤맨 나에게 불평을 참고 협조하며 원고정리까지 해준 아내 祥의 노고에도 사랑을 보낸다.

새봄을 맞으면서
최 영 전

식물 용어 도해

〔잎〕

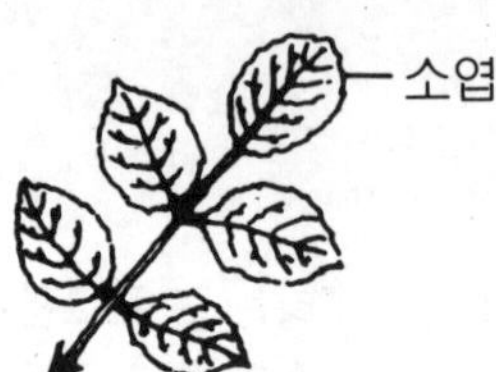

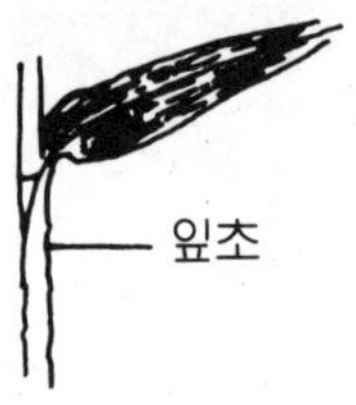

〔잎 붙는 자리〕

호생　　　대생

윤생

〔줄기 붙는 자리〕

잎자루 있다

잎자루 없다

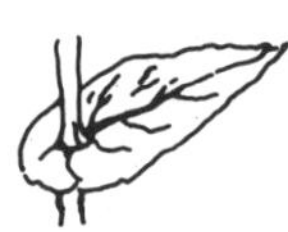

줄기를 쌈

대생

〔잎끝의 모양〕

예두

둔두

둥근꼴

약간둥근꼴

파상
둔거치
거치
새거치
중거치
주걱형
장타원형
타원형
장난형
난형
심장형
원형
〔단엽과 복엽〕
단엽
복엽
호생
대생
윤생
우상복엽
장상복엽
삼출엽
2회3출복엽

〔꽃〕

〔꽃잎의 형태〕

나리형

장미형

석죽형

십자화형

나비형

깔대기형

종형

고분산형

항아리형

통꽃형

차축형

심형

설상형

〔화서(花序)〕

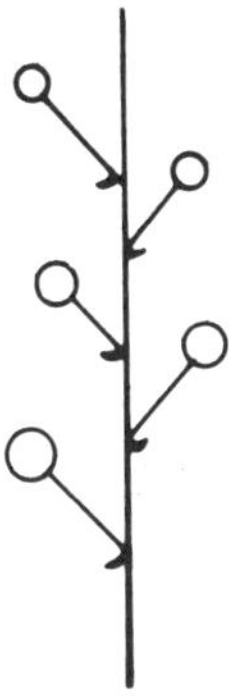

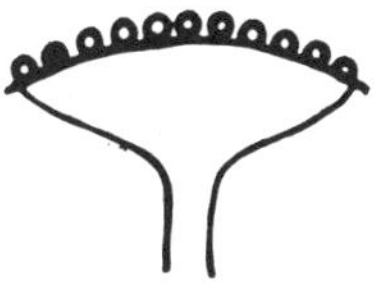

두상화서

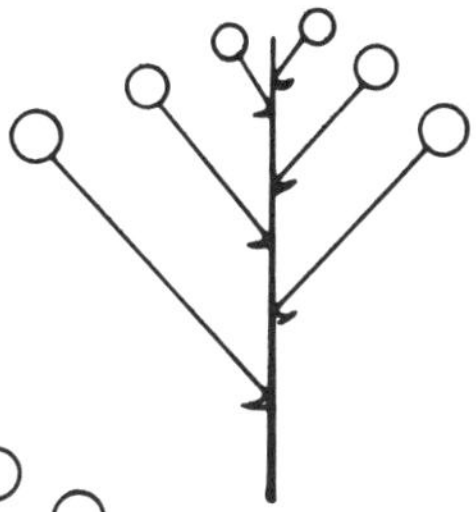

산방화서

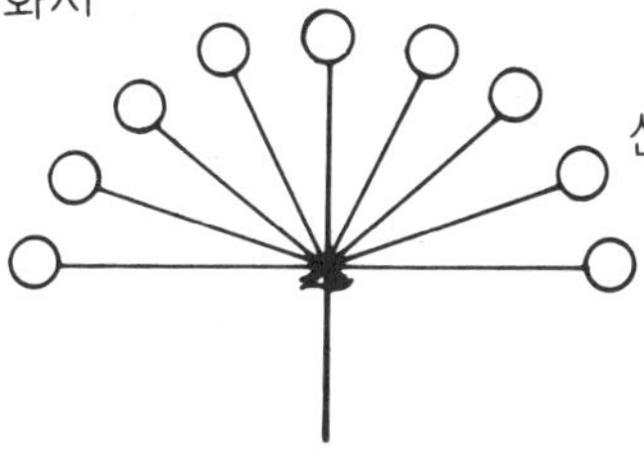

총상화서

산형화서

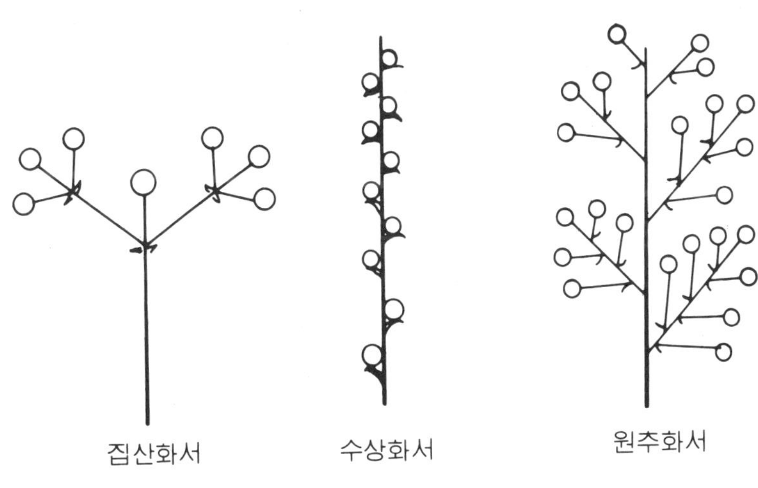

차 례

Ⅰ. 알아야 할 산채지식

Ⅱ. 유망한 산채 재배법

III. 유독식물

부 록

산나물 재배와 이용법

오성출판사

Ⅰ. 알아야 할 산채지식

1. 우리의 현실

우리의 생활이 여유로워지고 식생활이 영양가 위주의 고칼로리 식품의 섭취로 바뀌면서 전에 없던 어린이의 비만이나 성인병이 증가일로로 나타나고 있다. 또 인스턴트식품의 범람은 고도화 사회의 불가피성이라고 강변할지 몰라도 이에 수반되는 식품첨가물의 피해는 무시할 수 없는 건강저해 요인의 하나가 되고 있다.

어떤 의사는 현대인은 모두가 건강을 반 이상 손상당한 예비환자라고까지 극언하고 있다. 꼬집어서 어디가 고장난 것도 아닌데 쉬 피로하고 식욕이 없으며 배변이 시원치 않고, 밤에 잠을 푹 잘 수 없고 매사에 의욕이 없고 곧 싫증을 느끼는 권태감 등 반 건강인이 날로 증가하고 있는데 이것은 사회활동으로 인한 스트레스의 증가, 각종 공해의 범람, 운동부족, 과로 등 여러가지 요인들을 지적할 수 있으나 그 중에서 가장 큰 비중을 차지하는 것이 불건전한 식생활에서 오는 피해라 할 수 있다.

쾌적한 환경, 식생활의 개선으로 바람직한 건강을 유지하면서 정신적, 육체적, 사회적, 환경적 변화에 적응할 수 있는 힘을 길러 건전사회의 일원이 돼야 한다.

올바른 식생활이란 무엇일까?

(1) 왜 채소를 먹어야 하나?

질병예방과 건강증진의 건전한 식생활이란

① 단백질을 충분히 섭취하되 동물성과 식물성을 반반씩 섭취하고

② 지방질은 많지도 적지도 않게 적당량 섭취하되 기름을 쓸 때는 식물성 기름을 쓰며

③ 탄수화물은 당류는 줄이고 전분이나 섬유질을 많게 하며

④ 미네랄 특히 칼륨을 충분히 섭취하며

⑤ 비타민을 많이 섭취할 때 질병의 예방뿐 아니라 치료도 되어 건강을 유지할 수 있게 되는 것이다.

따라서 채소를 많이 먹어야 할 필요성을 깨닫게 된다.

현재 우리가 식용하는 재배채소는 깨끗하고 연하고 맛이 있으며 계절의 구애됨없이 안정적으로 공급되어 언제나 마음놓고 이용할 수 있는 이점이 있지만, 반면에 섬유질이 적고 향취가 덜하고 미네랄의 함량이나 특수 미량요소들이 결핍되어 있어서 자양식품일 수는 있어도 건강식품이라고 하기에는 미흡한 점도 적지 않다.

물론 재배채소도 원래는 야생한 것을 개량도태하면서 현재의 형질로 변화시켜서 채소로 만들었지만 재배과정에서 식물 본래의 약효나 향기 미량요소들이 손실된 것이 많다.

따라서 채소를 먹되 건강에 더 유익한 것을 먹어야 할 것이다.

(2) 산채의 재인식

산채가 건강식품으로 인식을 새롭게 하게 되어 붐을 형성하게 된데는 몇 가지 중요한 요인이 있다.

① 화학비료의 남용(산성토양화)

화학비료의 속효성과 편리함에 매료되어 화학비료를 과용하는 동안에 토질은 산성화되어 재배채소의 맛과 영양가에도 이상이 생겼다고 염려하는 소리가 적지 않고 맛도 떨어진다고 한다.

그러나 산채는 대지에 든든히 뿌리 박아서 죽은 소동물이나 미생물, 떨어진 낙엽 등이 썩어 공급하는 비료를 흡수하면서 맑은 공기 속에서 충분한 햇볕을 받으며 광합성하여 영양을 저장하기 때문에 각종 영양소가 풍부하며 특수 성분은 물론, 개성있는 맛과 향을 갖게 된다.

② 농약 사용에 의한 약해(농약공해)

재배채소는 산성화된 토양에서 저항력이 약화되어서 병충해에 대한 내성이 떨어져 농약이 없이는 재배할 수 없는 단계에 이르고 있는 것이 현실이다.

농약의 과다 사용으로 인한 독성이 빚는 약화(藥禍)가 큰 문제로 대두되면서 재배채소의 기피현상으로 나타나 농약을 쓰지 않은 영양가 높은 채소를 찾게 되어 농약공포에서 벗어나려는 심리가 산채를 선호하게 되는 큰 이유 중의 하나가 된다.

③ 식생활의 개념변화(기호식품)

우리의 식생활도 먹는다는 개념에서 즐긴다는 개념으로 바뀌어가고 있어서 미식가가 많아졌다. 따라서 일반채소인 무, 배추, 시금치, 상치에서 두릅, 더덕, 삽주, 참나물, 달래, 취나물쌈 등 철따라 맛과 향취를 달리하는 향미와 개성있는 식품을 찾게 되어 산채를 보는 시각도 달라졌다.

그 좋은 예가 도시의 산채 전문 음식점이 날로 번창하는 것을 보아도 알 수 있다.

④ 고향에로의 향수

도시인구 집중화는, 농촌 출신이 고향을 그리는 소박한 마음을 자극하여 옛날 어릴 적에 먹던 고향의 맛을 찾게 하고 그것으로 향수를 달래게 할 뿐 아니라 생활의 활력소 구실까지 하게 되어 산나물의 수요를 증대시키고 있다.

⑤ 산나물의 높은 영양가(산나물의 역할)

산나물의 원래모습이란 열악한 환경일지라도 극복하면서 억세게 자란 만큼 그 생명력의 강인함이 때로는 맛이 덜하고 섬유질이 많고 쓰고 떫고 아리고 하는 잡맛이 있어 채소의 위치에 이르지 못했지만 오늘날에는 오히려 이러한 조건들이 과학적인 뒷받침으로 속속 분석되어 새로운 가치를 인정받게 되어 산채는 곧 건강을 유지해주는 식품, 즉 건강식품이라는 개념으로 바뀌어가고 있다.

2. 산채란?

인공적으로 밭에서 재배하는 채소와 대칭되는 산야에 자연적으로 난 식용식물을 산채라고 구분지어 말할 수 있다.

산채는 채소 이상으로 건강을 유지하는데 기여한다. 대개의 산채는 비타민, 미네랄, 향기 등이 채소에 뒤지지 않을 뿐더러 반 이상이 약효를 갖고 있어 약리작용으로 식품 이상의 기여를 하게 되는 것이다.

산채의 영양가는 채소보다 높을 뿐더러 미네랄이나 미량요소들은 산성체질을 개선하여 약알카리성으로 만들어주고 노화를 방지해주며 정신적 육체적 피로를 회복 안정시키며 모든 장기의 기능을 강화하고 정상화시켜 항상 건강을 유지할 수 있게 해준다. 산촌에 장수하는 사람이 많은 것도 모두 자연식품의 덕택이라 할 수 있다.

우리국토의 70% 이상이 산이고 자연의 혜택으로 그 속에 많은 식물이 자생하고 있어서 우리 조상들은 옛적부터 그 자연 자원 속에서 독이 없고 맛이 있으며 약이 되는 식물을 골라서 식량으로 삼았는데 산채는 맛 이전에 배를 채우는 양식이었다. 봄의 춘궁기를 이기게 해주었고 흉년에는 귀중한 구황식량이었다. 또 나아가서는 산촌지역의 귀중한 현금 소득원이 되기도 했었다.

그러나 산업의 발달은 재배채소의 연중생산, 수송력의 확대 등으로 산중에서도 재배채소를 이용하게 되자 산채는 한낱 봄날의 미각으로 밖에 여겨지지 않게 되었다.

(1) 산채의 영양가

우리 인체는 끊임없이 신진대사를 계속하며 활력을 얻는데 그 세포를 형성하는 성분이나 에너지는 식품에서 공급된다. 이것을 우리는 흔히 영양소라 하는데 단백질, 탄수화물(당질), 지방, 미네랄(무기질), 비타민의 다섯가지 성분으로 이루어져 있다.

① 비타민

비타민은 식물이 만들어내며 동물은 식물이 만든 비타민이 윤활유 역할을 해주므로 생명을 이어가게 된다.

산채에는 비타민 A, B_1, B_2, C 등이 많으며 V-A는 피부를 매끄럽게 하고 감기에 대한 저항력을 높이며 야맹증을 고쳐준다. 기름에는 잘 용해되지만 산화하기 쉽다.

V-B_1은 당질을 연소시켜 에너지를 만드는데 이것이 부족하면 식욕이 없어지고 피로가 빨리 오며 건강을 해치게 된다. 당질(설탕, 녹말, 알콜)의 섭취량에 비례해서 V-B_1의 필요량도 많아지게 된다.

B_1은 물에 녹기 쉽고 열이나 알카리에 약하여 산채를 데치든가 우리든가 햇볕에 말리든가 소다나 재를 넣고 삶으면 파괴되어버리는데 고비, 고사리, 쇠뜨기같이 B_1을 파괴하는 효소를 가진 것은 잘 삶아서 효소를 파괴시켜서 이용한다.

그러나 파나 양파 같은 것은 B_1을 강화하는 물질이 있어서 모든 음식에 양념으로 쓰는 지혜가 과학적인 것을 알게 한다.

V-B_2는 지방과 단백질을 연소시키는데 필요하며 체내의 산화에 관계되는 효소성분으로서 단백질의 대사(代謝)나 해독작용을 하며 노화를 방지해준다. V-B_2는 냉수에는 비교적 잘 녹지 않지만 뜨거운 물에 잘

녹으며 알카리성으로 가열하든가 직사광선하에서는 파괴되기 쉽다.

V－C는 세포내의 산화환원에 직접적으로 영향을 미치는 비타민이다. C가 부족하면 몸의 저항력이 약화되고 뼈나 이가 약해지며 괴혈병이 생기는 것은 너무도 유명하다. 겨울에 감이나 귤을 많이 먹는 것이나 김치를 담그어서 엽체에 많은 V－C를 공급하는 것이 생활의 지혜다. C는 물에 잘 녹는다. 그러나 중성이나 알카리성에서는 파괴되기 쉽다.

녹차는 V－C산화효소를 1~2분간 쪄서 파괴시킨 뒤 말린 것이기 때문에 C가 풍부하지만 생잎을 발효시켜 건조시킨 홍차는 같은 차잎으로 만들었어도 C는 전혀 없다.

비타민류는 햇볕, 공기, 동, 철, 산 등의 금속이나 산화효소에 의해 파괴되는데 이것을 최소화 하려면 70° 이상의 끓는 물과 소금농도가 진하면 효소작용이 없어지므로 채소나 산채는 데칠 때 끓는 소금물에 데치는 것이 비타민의 손실을 막을 수 있다.

산채를 건조시켜 보존할 때도 데쳐서 그늘에서 말린 것이 엽록소도 변화가 적고 조직도 연하고 비타민의 파괴도 적게 하는 것이다.

② 미네랄

무기질을 미네랄이라 하며 산채에는 칼륨(K)이 가장 많다. 줄기나 잎에는 칼슘(Ca)이 많고 뿌리에는 마그네슘(Mg) (곡물류에는 인산)이 많으며 해초류에는 나트륨(Na)이나 옥소(沃素)가 많다. 이밖에도 인, 유황, 석회, 철, 동 같은 광물질이 많은데 미네랄은 신체의 생리기능을 조절하여 신진대사로서 오줌으로 배설하는데 건강에 밀접한 관계가 있으므로 미네랄의 섭취는 필요하며 산채에서 쉽게 얻을 수 있다.

○ 칼륨

산채에 많은 성분으로 식염의 과다섭취로 오는 피해를 막아준다. 고혈압에도 중요한 역할을 한다. 칼륨은 나트륨과 연합해서 체외로 배설되는 성질이 있으므로 짜게 먹는 우리 식생활에 매우 중요한 역할을 해준다.

○ 칼슘

산채에 비교적 많은 미네랄이다. 칼슘은 골격을 형성하는데 중요한 영양소이다. 칼슘은 마그네슘과 함께 체외로 배설되므로 마그네슘이 많은 육류·곡물류의 식사를 하면 칼슘의 손실이 커지므로 이를 보충하기 위하여서는 칼슘이 많은 산채를 많이 섭취해야 한다. 음식 중에 칼슘과 인의 비율이 1:1이나 1:2 정도가 칼슘 흡수에 좋다 한다.

○ 철

산채에는 철이 비교적 많다. 철을 흡수하려면 칼슘, 인의 비율이나 V-C가 영향을 미치지만 산채를 많이 섭취함으로써 해결할 수 있다.

미네랄은 간혹 떫다든가 쓴맛의 원인이 되는 경우가 있어서 이 맛을 제거하기 위해 데쳐서 우려내는데 이때 지나치면 미네랄의 손실을 가져오게 된다.

③ 단백질

단백질의 종류나 영양가도 각각이지만 단백질을 만드는 많은 아미노산이 영양가를 결정한다. 산채에는 단백질의 함량은 적지만 대개 있는 것도 수분이 80~90%나 되는 채소기 때문에 이것을 건조시켜보면 곡물류에 못지 않게 의외로 단백질이 많은 것을 알게 된다.

단백질은 오줌으로 배설되는데 섭취량과 배설량의 균형이 유지될 때 건강이 유지된다. 대개 1일의 섭취량은 성인의 경우 체중의 1/1,000의 단백질 섭취가 바람직하다.

④ 지방

산채에는 지방질은 비교적 적으나 "리놀산"이나 "리노린산" 같은 필수지방산이 있어서 혈관을 튼튼하게 하고 콜레스테롤 치를 내리는 역할을 한다. 따라서 육류를 먹을 때는 산채를 많이 먹으면 좋다.

⑤ 당류

산채에는 전분(녹말질), 서당, 포도당, 과당 등 칼로리원(源)이 되어 직접 영양에 관계되는 것도 있지만 "이누린" "펜도산" "페크진" "세루로스" "헤미세루로스" "만난" 같은 것은 칼로리원으로서가 아니라 맛의 원인이 되는 것도 있다.

⑥ 섬유질

식물섬유는 직접 영양에는 관계가 적지만 장(腸)의 운동을 자극해서 배설에 영향을 주므로 장 안에 있는 독성을 배출시켜 완화하므로 핏속의 콜레스테롤을 정상화시키고 대장암의 발생률을 낮출 뿐 아니라 변비를 없애준다.

상치 한 접시와 산나물 한 접시의 섬유질은 엄청난 차이가 있다.

⑦ 기타성분

비타민 P라 하는 성분은 모세혈관의 확장에 기여하여 고혈압을 예방하고 진한 향과 맛은 식욕을 증진시키며 소화를 돕는 효소가 있어 건위작용도 하고 비타민과 세균의 합성으로 생기는 이상발효 등에 살균효과도 있다.

(2) 산채에 함유된 특수성분(약효)

산채는 채소와 달리 떫고, 맵고, 쓰고, 아리고 하는 여러가지 맛으로 나타나는 성분들이 있다. 일반적으로는 이것을 삶든가 데치든가 우려내서 제거하고 이용하게 되는데 그 때문에 비타민류나 기타 성분들이 함께 손실되는 경우도 적지 않다.

이 성분들은 때로는 약이 되고 과하면 독이 되므로 산채에서 영양가 못지 않게 중요하므로 그것들을 살펴본다.

① 알카로이드

질소를 함유한 염기성물질의 총칭인데 산(酸)과 결합하여 염(鹽)을 만든다. 대개의 유리(遊離)알카로이드는 물에 잘 녹지 않지만 식물체에 있는 산과 결합하여 염이 된 것은 물에 녹기 쉬워진다.

또 쓴맛을 수반하는 것이 많아 강한 생리작용을 갖고 있어서 약,독 양면에 작용한다. 약으로 적당량을 사용하는 이외에는 독물로 다루어 경계해야 한다. 알카로이드가 함유된 식물은 산채로는 이용하지 않고 경계하는 독초로 다룬다.

② 탄닌

대개는 배당체로 물이나 알콜에 잘 녹고 약산성이며 떫은 맛을 내며 단백질을 응고시키는 작용을 한다.

공기에 접촉하면 산화해서 갈색~적색으로 변한다. 수험작용이 있어서 정장 지사작용에 쓴다. "차"(정장제) "이질풀"(지사제) "범꼬리"(수험제) "풋감" "밤의 속껍질"

③ 사포닌

배당체로서 물이나 90% 이하의 알콜에 녹으며 쓴맛, 매운맛이 나는 것이 많다. 강한 생리작용이 있어서 생약으로 이용되는 것이 많다. "도라지"(거담제) "으름덩굴"(이뇨제)

④ 기타 배당체

탄닌이나 사포닌이 아닌 배당체를 말하며 물이나 알콜에 녹으며 중성이고 쓴맛이 난다. 이뇨, 강심, 하제 등 생리작용을 하는 것이 많으며 의약품으로서 이용될 때도 많다. "냉이"(지혈제) "살구"(진해제) "질경이"(진해제)

⑤ 유기산

과실이나 줄기 잎의 신맛으로서 물이나 산성의 알콜에 녹으며 때로는 알콜과 에스텔을 만들어 방향(芳香)을 발한다. 구연산, 능금산, 주석산 등은 적당량일 때 맛과 향기를 더 하지만 수산은 칼슘과 화합하여 물에 잘 녹지 않으며 수산칼슘을 만들어 칼슘의 흡수를 방해한다. V-C는 아스콜빈산이라는 유기산이다. "석류"(능금산) "하귤"(구연산) "매실"(구연산, 능금산) "다래"(다래산) "포도"(주석산, 능금산, 구연산) "소리쟁이"(수산) "괭이밥"(수산)

⑥ 정유(精油)

식물을 정제해서 얻는 방향유분 성분으로 휘발성인 것이 많다. 풍미의 원인물질이다.

정유 중에 "텔핀"을 주성분으로 한 것은 강한 생리작용을 하므로 생약으로 쓰인다.

"삽주"(건위제) "귤"(건위제) "산초나무"(해독, 구충제) "회향"(건위, 거담제) "월계수"(건위제) "박하"(흥분제, 건위제) "쑥"(강장제, 해열제, 천식약) "생강"(진정제)

⑦ 염류(鹽類)

마그네슘, 칼슘, 칼륨 기타 염류가 식품 중에 많을 때는 아린맛의 원인이 된다.

산채에서는 이 맛이 강해서 이것을 빼느라고 끓이고 우리고 해서 강한 성분을 제거하여 맛을 적당하게 하여 식용하는데 이때 소량의 소금이나 중조(소다), 나뭇재 등을 넣고 아린맛을 뺀다. 그러나 이렇게 할 때 맛은 좋아지지만 단백질, 당질, 비타민 등 여러가지 유효성분이 손실되어 아린맛은 그대로 먹을 수 없기 때문에 산채가 채소보다 영양가가 떨어진다고 하게 된다.

산채는 우선 위에 말한 성분들이 생리작용을 하여 건강에 기여하지만 아직 하나하나에 대한 연구가 다 이루어진 것도 있고 조상적부터 먹어온 관습에 따른 것도 있으므로 약이 된다는 정도로만 생각하고 건강식품으로서 이용하는 것이 가장 바람직하다.

우선 산나물로 이용하고 차로 다려서 먹고 약술로 담가서 이용하는 정도가 일반가정에서 산채를 이용할 수 있는 무난한 범위라 할 수 있다.

3. 산채의 수요동향과 전망

건강과 장수는 인간이 바라는 가장 기본적인 욕구인 동시에 소박한 바램이다. 그 건강을 지탱해주는 음식물이 오히려 건강을 해치는 독이 된다고 생각할 때 모골이 송연해지지 않을 수 없다.

여기에서 건강식품을 찾게 되는 것은 오히려 너무 당연한 일인지도 모른다.

그래서 제창되는 것이 유기농법이요 새로이 등장한 것이 무공해 식품이다. 그 중에서도 비중이 큰 부식물인 채소를 가장 안전한 산채로 대체 하려는 것은 어쩔 수 없는 결과이고 인기를 끄는 것은 너무나도 당연하다 할 수 있다.

산채에 대한 인식이 새로워짐에 따라 산채의 수요동향에도 많은 변화가 왔다. 종래의 봄의 미각에서 건강식품으로, 나아가 무공해 채소로, 관광자원으로 확대되면서 본래의 산채에서 농업분야의 안정적 고수익 작목으로 자리를 굳혀가고 있다.

① 관광자원화

레저산업의 발전은 관광지에서의 특색있는 식품으로 개성있는 미각을 요구하고 있다. 이것은 곧 관광산업을 성공시키는 첩경이 된다. 편리한 시설 못지 않게 중요하다.

어느 곳에 있는 산이나, 어떤 동굴이나 어느 유적지나 어느 해수욕장이나 온천장도 다소의 차이는 있어도 대동소이하다. 그렇다면 그곳만이 갖는 특색이 있어야 한다.

외국의 예를 들면 관광지마다 그 지방의 산림조합이 앞장서서 그 지역의 특산식물 중에서 가장 인상적이고 맛있는 것을 선택하여 대단위로 생산케하여 지역사회의 관광업소에 공급하여 누구든지 그 고장에 오면 그것을 먹을 수 있도록 선전하고 수요 공급 등에 적극 협조하여 캠페인에 성공하고 있다. 심지어는 한번 다녀간 관광객이 그 음식 때문에 다시 찾는 경우가 허다하다고 자랑하고 있다.

이것으로 인해 피폐화로 치닫던 농촌경제가 향상되고 안정되어서 이중의 효과를 거두고 있다.

이 케이스는 각 관광지마다에 다투어 자기 지방의 특산물 개발에 열을 올리게 하여 애향심과 자부심도 심어 주었으며 관광도 하고 이 고장의 별미도 맛보라고 선전하여 크게 성공하고 있다. 이 방법은 한 업소가 아닌 한 지방단위인 만큼 선전효과도 크다.

또 관광지의 특산물로 포장하여 선물용으로 판매하고 있어 복잡한 유통구조의 중간마진이 없어져서 직판의 이점이 농민이나 수요자(관광객) 모두에게 유리하여 크게 호응을 얻고 있었다.

이렇게 볼 때 산채재배는 미개발 분야로서 전망은 매우 밝다고 할 수 있다.

② 건강식품화

수송력의 고속화로 생산과잉에서 오는 우려도 해소할 수 있다. 앞으로는 오히려 이 수요가 더 클 것이 분명한데 건강식품을 찾는 주부의 요구가 대도시의 수요를 증대시킬 것은 뻔한 일이므로 고급 상품화하여 이의 수요에 응한다면 과잉에서 오는 염려는 기우에 지나지 않는다는 것을 알게 된다.

③ 수출상품화

또 수출시장의 확대개척으로 산채의 특수성은 얼마든지 증대시킬 잠재력이 있다.

④ 가공식품화

무엇보다도 산채는 일반채소와는 달리 염장이나 건조 등으로 가공할 수 있어서 생산물 동량에 따른 소비전략을 다각적으로 세울 수 있는 이점이 있다.

4. 산채재배 현황

우리나라는 남북으로 길게 놓여 있는 난대성 지역이므로 중부이북에서는 난방비 등 경작비의 부담이 커져서 가격경쟁에서 불리하므로 지역마다 무리없이 재배할 수 있는 것을 선택하는 것이 바람직하다.

우리나라에서 산채재배가 시작된 지는 10년이 못되며 그것도 몇 가지에 불과하여 극히 제한적이다.

현재 재배되고 있는 산채는 "도라지" "더덕" "달래" "돌나물" "쑥" "원추리" "취나물" "고들빼기" "씀바귀" "머위" "곰취" "두릅" "냉이" "방아잎" "차풀" 정도로서 이것들도 대단위 재배가 이루어진 것은 도라지나 더덕, 두릅, 취나물 정도이며 울릉도에서는 취나물을 재배하여 일본으로 수출하고 있다. 수출 물량은 적지만 두릅도 수출되고 있어서 앞으로는 수요가 증대될 유망 상품이다.

우리의 맛을 외국에 수출하는 것은 농민의 긍지이다. 농산물 개방을 두려워할 게 아니라 역으로 이용할 줄 아는 지혜로운 농민이 많아질 때 농촌인구의 도시유입도 줄게 될 것이다.

5. 산채재배의 필요성

수요와 공급은 수레의 양바퀴와 같아서 한쪽이 기울면 원만히 굴러갈 수 없다.

지금 산채의 수요는 공급을 촉구하지만 우리의 실정은 공급이 수요를 충족시키지 못하고 있는 것이 현실이다.

① 노동력부족

농촌의 노령화와 인력난은 옛날처럼 산에 나물 뜯으러가는 한가로움이나 여유로움이 없을 정도로 심각하며 또 있다손 치더라도 인건비의 앙등이 산채의 본격적인 가격이 형성되지 않고서는 소득원으로 인식하여 산채채집에 전념하기에는 아직 이르다. 따라서 본격적인 채취와 재배가 이루어져 수요를 커버할 수 있어야 한다.

산채재배에 과감히 뛰어들지 못하는 또 한가지 요인은 채소재배에서 경험한 인기품목이 다음 해에는 과잉생산으로 폐기되어 패농한 일이 한두 번이 아니었기에 농민들은 두려워하고 있다. 그러나 긴 안목으로 볼 때 채소는 당년에 승부가 나지만 산채는 대개가 다년초로서 자금회전이

늦은 것도 주저하게 하는 요인이 되고 있다. 그러나 그것이 오히려 해마다 수익이 보장되므로 유익한 결과를 가져오게 되므로 산채재배는 전도가 유망하다.

다만 산채에 대한 선전과 먹는 법 등의 개발이 아울러 보급될 때 수요는 안정적이다. 현재의 건강식품 붐을 정착화 시켜서 대량수요에 대응하는 공급체계를 위해서도 산채재배는 이루어져야 하며 이것은 농민의 경영합리화를 촉구하는 계기가 될 수 있다.

② 산채재배의 특징

산채재배에서 꼭 지켜져야 할 것은 유기농법으로 재배해야 한다. 산채는 화학비료나 농약을 사용해서 재배한다면 건강식품으로서의 의미를 잃게 되며 공해 노이로제에서 해방될 수 없어 안정적인 시장확보가 어렵게 된다. 따라서 산채는 무공해식품이라는 인식을 심어주는 것이 가장 중요하다.

산채재배에서 유리한 것은 무엇보다도 종묘대나 비료 농약대 등 경작비가 절감되기 때문이다. 산채재배는 보통 밭농사보다 노력이나 경비가 절감될 뿐 아니라 야생의 특질을 가지고 있어서 병충해에 강한 것이 특징이므로 무농약재배가 가능하며 노동력이 부족한 농촌의 고령화에 적합한 작목이 될 수 있다.

③ 자연보호 측면에서

산채는 자연보호의 측면에서도 재배해야 마땅하다.

자연자원은 관광지의 개발에 따라 날로 감소 소멸되어가고 있는데 자원확보와 아울러 자생지 보호라는 측면에서도 재배해서 이용하는 것이 환경의 황폐화를 막는 데도 도움이 될 것이다.

근래에 산채가 건강식품이라는 인식이 새로와지면서 단순산행이 아니라 산나물을 뜯으러가는 관광상품으로까지 개발하여 관광객을 모집하고 있다고 한다.

산촌의 사람들은 자원을 아낄 줄 알면서 이용하기 때문에 결코 소멸되도록 뜯지 않지만 레저인구는 그러한 애착심이 없으므로 함부로 채취하여 자원을 고갈시키고 있다. 남획을 방지하는 것도 우리 모두의 의무로 지켜져야 할 산채채취의 도덕성이다.

또 산의 휴식년이 제정되면서 입산금지도 생겨 다행스럽지만 종묘 채취는 반드시 군 산림과나 산림조합의 허가를 얻어서 입산하도록 하여 자연보호에 협조해야 우리 모두가 살 수 있다.

6. 산채의 보존가공

산채는 재배채소와는 달라서 채취하면 탄닌같은 화합물질이 있어서 곧 색이 갈색으로 변하는 것도 있고 또는 곧 말라서 조직이 단단하게 굳어지는 등 산채 특유의 개성이 있어서 종래에는 산나물이라 하면 대개는 삶아서 이용하든가 또는 건조시켜서 묵나물로 이용하는 것으로 인식되어 왔다.

그러나 산채는 종류가 다양해서 그 개성에 따른 보존 저장 가공방법이 달라져야 하기 때문에 가공의 필요성이 생기게 되며 그리 해야만 산채의 상품성과 이미지를 개선할 수 있다.

산채는 맛이나 향기 등 독특한 개성과 영양가의 손실을 줄이면서도 떫고, 쓰고, 아리고, 신맛 등을 제거하여 적당한 산채의 풍미를 즐길 수 있도록 가공하는 요령이 중요하며 산채마다 다르지만 여기에서는 대표적인 방법 몇가지를 소개한다.

① 생채의 경우

산채도 채소인 만큼 생채로서 이용하는 것이 가장 비타민의 손실이 적고 바람직하다. 생채로 이용하는 것은 맛이 담백하고 떫은 맛이나 아린 맛이나 쓴 맛이 없고 다소 쌉쌀한 정도까지 가능하다.

고사리나 고비, 쇠뜨기같이 삶아서 떫은맛을 우려내야 오히려 제맛이 나는 것도 있지만, 대개는 생채출하가 유리하다. 그러나 선도유지에 어려움이 따르므로 앞으로의 연구과제가 되고 있다.

산채는 종류가 많고 각기 지닌 성분도 달라서 일률적으로 다룰 수는 없지만 생채(生菜)로서 이용이 가능한 조건을 찾아서 대처해나가야 한다.

생채공급이 가능한 예를 들면

① 생산지와 가까운 관광지일 때

② 대도시의 슈퍼나 대형음식점과의 직거래로서 계약이 이루어져 수요 공급의 안정된 균형이 유지될 때

③ 가공공장과의 계약공급 등이 생채의 유망한 수요처가 될 수 있다. 그러나 시장출하는 수요는 크다 할지라도 가수요에 속하므로 무리한 대량공급은 선도유지에 문제가 생기기 쉽다. 따라서 선도유지를 위한 포장개선이 이루어져야 한다.

일반적으로는 포리에칠랜 랩으로 싸서 수분증발을 억제하면 3~7일간은 선도유지가 가능하다. 이때 표면에 물기가 많으면 부패의 원인이 되기 쉬우므로 물기를 닦아서 포장하며 산채도 호흡하고 있으므로 귀퉁이에 구멍을 뚫어서 공기 유통이 되게 하며 되도록 서늘하게 관리한다. 근래에는 대형 냉장냉동시설이 갖추어져 있어서 비교적 장기간의 보존이 가능하게 되었다. 그러나 가급적이면 저장기간이 짧은 것이 영양손실이 적어서 좋다. 또 저장할 때 옆으로 쌓으면 발열하여 상하기 쉬우므로 뿌리 쪽이 밑으로 가게하여 세우는 것이 더 효과적이다.

② 열처리

산채는 데치는 방법의 간단한 열처리로서 조직이 굳어지는 것을 막고 부드러움을 유지할 수 있다.

열처리에서 중요한 것은 함유된 성분이나 영양가의 손실을 최소화 하고 엽록소도 보존하며 향의 손실도 줄이는 것인데 끓는 물에 빨리 데쳐내야 한다. 이때 소금을 한줌 넣고 끓인 물이면 염분의 삼투압작용으로 영양손실을 억제할 수 있고 엽록소도 파랗게 남는다. 열처리한 산채는 빨리 건져서 냉수에 헹구어서 식힌뒤 포리에틸렌 주머니에 넣어 포장하는데 이때 5% 정도의 식염수(물1컵에 작은 숟갈로 소금 한 스푼 정도의 비율)를 넣어두면 보존성을 높일 수 있다. 이때 공기는 완전히 빼내고 고무줄로 동여매어 봉한다.

고사리나 고비처럼 떫은 맛이나 아린 맛이 있는 것은 열처리할 때 나무를 태우고 남은 재나 소다를 넣고 처리하면 잡맛을 제거할 수 있으며 삶은 뒤에도 물에 우려내면 잡맛이 완전히 제거된다.

열처리 후 포장한 것은 5℃에서는 10~20일(냉장고 내) 보존할 수 있고 10℃에서는 7~12일은 가능하며 0℃에서는 장기간 보존할 수 있다.

산채는 튀김으로 요리하면 순간적으로 고열로 처리하기 때문에 영양이나 향기 등 손실이 적고 그대신 쓴 맛은 제거되기 때문에 특수한 것 이외에는 산채에서 많이 이용되는 조리법이다. 이때 식물성 식용유로 튀기면 영양가를 더 높일 수 있다.

③ 건조보존

우리는 옛부터 산채를 겨울의 먹을거리로서 건조저장해왔으며 흉년에 대비한 구황식량으로서도 미리 예비하는 저장식량이었다. 따라서 산채를 건조저장하는 지혜도 개발되어 있었으며 이것을 묵나물이라 하여 즐겨 이용하는 산채의 일반화된 보존법이었다. 그 대표적인 것이 고사리, 고비, 도라지, 쑥, 취나물 등이었으며, 시래기, 무말랭이, 호박고지, 가지고지, 아주까리잎 등이 일반채소에서 건조·저장된 식품이었다.

근래에는 토란대, 고구마잎과 줄기 등이 추가되고 있으나 묵나물의 향미에는 못 미친다.

건조·저장할 때 일단 끓는 물에 데쳐서 식물의 생리세포를 고정시킨 뒤 건조시키는 것이 건조법의 기본이다. 이렇게 하면 나중에 묵나물을 다시 물에 불려서 삶으면 부드럽고 연하다. 데치는 시간은 그냥 먹을 때보다 짧게 해야 한다. 건조·저장하면 떫거나 쓴 맛이 자연히 없어져서 맛이 순해진다. 데친 것은 멍석이나 비닐돗자리 등에 골고루 펴서 볕에서 말린다. 반쯤 건조되어 수들수들하면 그늘에서 완전히 건조시킨다. 바싹 마르면 다소 두터운 비닐봉지에 방습제와 함께 넣고 밀봉하여 보존한다. 건조기간 중 비를 맞으면 나중에 곰팡이가 생기기 쉽다.

고사리나 고비는 반쯤 말랐을 때 줄기를 비벼서 부드럽게 해주는데 몇차례 되풀이해서 건조시킨 것은 나중에 다시 불려서 삶았을 때 연하고 부드러워진다.

④ 염장법(鹽藏法)

염장보존법은 단무지나 오이저림처럼 일시적인 맛을 가공하는 처리와는 성격적으로 다르며 소금만으로 저려서 산채의 보존을 목적으로 하기 때문에 다음의 세가지를 유념해야 한다.

① 염장은 방부저장(防腐貯藏)이 목적이다.

② 소금의 삼투압(滲透壓)작용을 이용하기 때문에 아무리 소금의 양을 많이 사용해도 삼투압작용에 필요한 양 만큼만 염분을 흡수하기 때문에 짠 것의 한계가 있다.

③ 염분이 어느 정도가 되든간에 조리하기 전에 반드시 염분을 빼는 탈염처리(脫鹽處理)를 한 후에 이용해야 한다는 것을 유념해야 한다.

산채의 염장에서는 소금의 분량이 포화상태가 되는 것이 가장 안전하다.

소금은 삼투압으로 방부작용과 함께 탈수작용도 하며 산소의 용해도를 감소시켜서 미생물의 발육을 저해하기 때문이다. 또 생(生)산채의 조직을 부드럽게 하고 섬유의 연화와 변색을 방지하며 떫고 아리고, 쓴맛 등이 열처리 때의 경우처럼 쉽게 제거되는 등 염장법은 여러가지 유익한 점이 많은 매우 합리적인 저장방법이라 할 수 있다.

염장처리로 보존이 가능한 산채는 질이 연한 것이나 육질인 것, 전분질인 것은 생으로 염장할 수 있고 질이 단단한 것과 줄기가 굵은 것은 한번 데쳐서 염장한다.

염장법은 산채의 종류에 따라 또 계절에 따라 소금의 사용량이 달라서 일률적으로 말할 수는 없으나 일반적인 방법은 저장용 통 밑에 소금을 깔고 산채를 펴서 넣고 그 위에 산채가 보이지 않을 정도로 듬뿍 소금을 뿌리고 다시 산채를 넣고 소금을 뿌리는 것을 되풀이해서 맨 위의 소금은 많다 싶을 정도로 듬뿍 쳐서 그 위에 무거운 돌을 얹어서 눌러두면 소금물이 나와서 잠기게 된다.

염장법에서 소금의 양이 지나치다 싶게 많이 쓰는 것이 실패하지 않는 비결이다.

산채의 탈염처리는 연한 것과 껍질을 벗겨서 염장한 줄기 등은 냉수에 하루쯤 수도꼭지를 열어놓고 담그어서 우려내면 된다. 또 한가지 방법은 염장한 것을 따뜻한 물에 넣고 불에 올려서 끓기 시작할 때 곧 내려서 뚜껑을 덮은 채 식힌다. 이때 2~3회 뒤집어준다.

탈염처리에서 주의할 것은 염분을 완전히 빼어버리면 오히려 영양가도 손실되고 맛도 없어지므로 건건할 정도로 뺀다.

산채를 장기간 염장저장할 때는 3~6개월 되었을 때 다시 되재이면서 소금을 처음 저릴 때보다 15~20% 정도 더 쳐서 국물을 버리지 말고 담아두면 오랫동안 저장할 수 있다.

⑤ 밀폐저장가공법

산채의 밀폐보존법은 열살균과 탈공기에 의한 밀봉법으로서 통조림이나 병저림 등으로 가공하는 방법이다. 이 방법은 주로 가공공장에서 이용하는 방법이다.

생산농가에서 소량을 병저림으로 가공하는 방법을 소개하면 우선 저림용 2중 마개가 있는 병을 준비하여 삶아서 살균해 놓고 산채를 끓는 물에 데쳐서 그대로 한김이 나가게 식힌 후 소독한 병에 산채와 데친 물을 함께 담는다. 물은 중탕소독할 때 물이 끓으면 넘칠정도로 병의 목까지 가득 붓는다. 이 병들을 밑이 넓은 남비에 가지런히 세우고 병의 목까지 오게 뜨거운 물을 붓고 불에 올려서 80℃ 정도에서 15분간 끓이면 공기가 빠지므로 진공상태가 되었을 때 뚜껑을 덮어 밀폐한다. 데친물을 적게 부었을 때 병의 목까지 차지 않아서 공간이 생기면 이곳에 곰팡이가 생겨서 변질하는 원인이 되므로 주의한다.

밀폐·가공·저장하는 것은 직사광선과 고온만 피하면 장기간 보존할 수 있는 장점이 있다. 그러나 어느 산채라도 다 할 수 있는 것은 아니며 육질인 것 줄기나 순이 굵은 것들을 저장할 때 이용된다.

산채의 보존가공 중에서 건조가공(탈습기로 기계처리한 것)이나 밀폐가공품은 농촌단위로 공동처리하든가 공장 등지에서 가공하면 품질을 균일화 할 수 있고 상품성도 높일 수 있어 수출상품으로까지 발전시킬 수 있으나 아직 이러한 대단위 수요에 응할 만큼의 생산공급이 없어 앞으로 산채도 재배해야 할 필요성이 생기게 된다.

II. 유망한 산채 재배법

산채가 건강식품 내지 무공해식품으로 인식되고 고소득원으로 각광을 받으면서 재배되기 시작한 것은 불과 10년 남짓하며 그것도 몇종류에 불과하다.

그러나 산채의 수요가 급증하면서 자연채취로서는 이 수요를 충당할 수 없을 뿐더러 산채는 대개가 다년초로서 붐에 편승하여 남획한다면 멀지 않아서 산채자원은 고갈되고 말 것이다. 또 마구 파헤치는 산채채취가 몰고올 자연훼손도 묵과할 수 없는 과제이고 보면 무공해식품 선호의 붐을, 농촌경제에 직결되도록 재배로서 공급하는 것이 여러모로 바람직하다.

다만 산채라는 특성을 염두에 두고 재배가 이루어져야만 성공할 수 있다. 우선 산채의 자연조건과 비슷한 환경에서 재배해야 그 특성을 살릴 수 있어 풍미와 약미를 잃지 않을 것이며 특히 유기농법으로서 재배할 때 산채가 갖는 특성이 발휘되어 내병성이 생겨 농약없이 재배할 수 있으므로 무공해식품이 될 수 있다.

가장 중요한 것은 산채는 농약을 쓰지 않고 화학비료를 주지 않고 재배한 무공해 건강식품이라는 인식을 심어줄 수 있도록 양심적인 재배와 아울러 P.R이 이루어진다면 해마다 무, 배추를 파기하며 한숨짓는 농가가 줄어들게 될 것이다.

우리나라에는 먹을 수 있는 산채가 몇백 종씩 있으나 일반에게 널리 알려져 즐겨 이용되는 것과 앞으로 영양면이나 약미적(藥味的)인 면에서 유용한 것을 골라서 76종을 다루었다.

산채가 갖는 특성, 이용법, 재배환경(적지), 재배요령 등을 기술하여 참고가 되게 했으며 아울러 상품가치를 높이고 고수익을 얻을 수 있는 촉성재배와 연화재배법을 첨가했다.

시설재배에서는 진딧물이나 무름병, 뿌리썩음병 같은 병충해의 발생이 있을 수 있으나 고온다습하지 않게 관리하며 통풍이 잘 되게 하는 등 세심한 주의를 기울이면 병충해의 발생을 예방할 수 있으므로 절대로 무농약재배로서 승부를 걸어야 한다. 따라서 이 책에서는 병충해에 대해서는 언급하지 않았다.

"산마늘"

별명 : 멩이나물

학명 : *Allium Victorialis var, platyphyllum MAKINO.*

일본명 : ギョウジャニンニク

漢名 : 茖葱

과명 : 백합과

분포 : 지리산, 설악산, 울릉도의 심산중턱 수림 속에서 자생하며, 일본, 중국, 시베리아 등에도 분포한다.

1. 이용부위와 이용법

산마늘이라 하면 향신료로 오해하기 쉬우나 식물 전체에서 마늘 냄새가 나는 개성있는 산나물이다.

울릉도에서는 "멩이(命)나물"이라 하는데 이 애칭을 얻게 된 내력은 울릉도가 한때 해적의 근거지가 되면서 공도(空島)정책을 편 후 이조말엽에 다시 본토에서 주민을 이주시켜 개척했다. 이때 100여 명이 겨울에 울릉도에 이주했으나, 가지고 간 식량은 떨어지고 풍랑은 심하여 양식을 구할 길이 없어 낭패한 상태였는데 눈이 쌓인 속에서 싹이 나오는 이 산마늘을 발견하여 그것으로서 긴 겨울의 2~3개월간 허기를 때우며 연명할 수 있었으므로 목숨(命)을 구한 식물이라 하여 "멩이나물"이라 부르게 되었다 한다.

일본에서도 수도승이 즐겨 먹는 자양강장식품이라 하여 "행자마늘"(苦行者)이라 하는데 고행에 견딜 체력과 정력을 얻기 위해 먹는 비밀스러운 식품이어서 붙여진 이름이라 한다.

산마늘은 인경, 잎, 꽃 등 식물전체를 이용할 수 있다. 봄 3~6월까지는 어린 싹에서부터 잎이 굳어지기 직전까지 잎줄기 등을 이용하고 뿌리와 인경은 일년내내 이용할 수 있으며 꽃과 꽃봉오리는 6~7월에 따서 이용한다.

미네랄과 비타민이 많은 영양가 높은 식품인데 생채로 쌈을 싸먹을 수도 있고 삶든가 데쳐서(새싹은 살짝 데쳐야 한다) 초무침, 튀김, 찌개거리, 볶음 샐러드 등 다양하게 조리할 수 있고, 데치면 매운 맛 대신에 단 맛이 나므로 그 독특한 맛을 살리는 것이 중요하다. 또 염장가공하여 저장식으로 활용할 수 있고 데쳐서 말렸다가 묵나물로도 이용한다.

마늘류는 살균작용도 인정되고 있는 건강식품~약용식품인데 자양강장, 강정제, 이뇨제, 정장, 피로회복, 감기 등에 약효가 있다고도 한다.

중국에서도 茖葱이라 하여 자양강장제의 으뜸으로 다룬다.

2. 생김새와 특성

다년초로서 부추나 달래처럼 독특한 냄새와 매운 맛을 지녔으나 파, 부추, 달래 등과는 달리 잎이 넓은 것이 특색이다. 파같이 생긴 인경(鱗莖)은 장타원형으로 길이 5㎝, 굵기 2㎝ 정도로 표피는 오래 묵은 잎줄기가 흡사 그물눈처럼 섬유질로 된 것이 덮여 싸여 있어 갈색을 띤다. 뿌리는 파처럼 실뿌리이다.

잎은 보통 2~3장 나오며 길이 20~30㎝, 너비 3~10㎝로 넓고 큰 타원형으로 양끝이 좁아져 있으며 밑부분은 원줄기를 감싸고 있다. 잎의 질은 연하며 연록색이다. 6~7월경에 40~70㎝나 되는 긴 꽃대가 나와 그 끝에 둥근 공 모양으로 흰 잔꽃이 산형화서로 꽃핀다. 꽃이 진 후 작은 삭과가 결실하며 씨는 검다.

3. 재배법

(1) 적지

자생지에 가보면 그늘지고 습기가 있는 곳에서 군락을 이루고 있다. 따라서 고냉지의 봄과 가을은 따뜻하고 여름에는 서늘한 환경을 좋아한다. 이른 봄에 싹이 트므로 봄에 햇볕을 충분히 받는 따뜻한 곳이 좋으며 낙엽수 밑이면 여름에 서늘하고 가을에 낙엽지면 햇볕을 충분히 받을 수 있어 이상적이다. 단, 습기가 있는 곳이 중요하다.

토질은 보수력이 있고 배수가 잘 되는 비옥한 사질양토나 경사지 등이 적합하며 낙엽이 쌓여 썩은 곳이 이상적이다. 예를 들면 과수원의 간작이나 보수력이 있으면 용수로의 둑, 계단식 밭의 둑, 미개간지의 들판 등 유휴지의 이용도 고려해볼 수 있다.

(2) 번식

번식은 실생과 포기나누기로 하며 대량재배는 실생에 의한다.

① 실생법

채종주는 잎이 3장 나올 만큼 크게 자라지 않으면 개화 결실 되지 않으므로 어린 모종에서 결실까지 2~4년이 걸린다. 채종시기는 7월 이후 씨가 익어 떨어지기 전에 딴다.

파종시기는 가을이나 이른 봄에 하며 파종하기 전에 씨를 하룻밤 물에 불려서 자루에 넣어 섭씨 2~5°의 냉장고에 1개월간 넣어서 휴면을 타파시킨 후에 뿌린다. 이렇게 하면 발아율을 촉진할 수 있다. 묘상은 유기질이 많고 배수가 잘 되는 사질양토가 좋으며 1m 너비의 이랑을 만들어 6㎝ 간격으로 줄뿌림한다. 흙을 덮은 위에 젖은 왕겨를 2~3㎝ 두께로 덮은 위에 차광망(가리소)을 덮어 수분증발을 억제해준다.

② 포기나누기

포기나누기로 쉽게 번식되나 종근 구하기가 어렵다. 묵은 포기가 되면 바깥 쪽에 새싹이 생겨 3~4개로 갈라지므로 이것을 쪼개어 심으면 된다. 포기나누기를 할 수 있는 시기는 지상부가 마른 뒤인 가을 9~10월에 하는 것이 이상적이다.

(3) 재배 요점

① 정식

정식의 적기는 지상부가 마른 9~10월이다. 이른봄에도 심을 수 있으나 일찍 싹 트므로 발육에 다소 지장을 줄 수 있다. 이랑 너비 60㎝, 포기 사이 20㎝로 하여 2~3줄로 심는다. 대개 1a당 1,670~2,500주 심을 수 있다.

② 비료

비료는 유기질비료를 밑거름으로 하는 것을 권한다. 화학비료의 사용은 실패의 원인이 되기 쉽기 때문이다. 1a당 잘 썩은 두엄(퇴비) 300

kg, 깻묵과 닭똥을 각각 10kg씩 섞어 심기 1개월 전에 밭에 뿌리고 잘 갈아엎어 두었다가 정식한다.

③ 관리

건조기에는 관수하며 그늘이 없는 밭일 때는 차광망을 씌워서 건조를 방지하는 것이 중요하다.

병충해는 없으므로 무공해 건강식품으로 인기를 얻을 수 있다.

(4) 촉성재배

비닐을 씌워서 터널재배도 가능하고 비닐하우스에서 가온촉성재배도 가능하다. 불시 출하는 대개 정식 자연 출하기 보다 1개월 전 쯤 출하기를 맞추는 재배방식이 유리하다.

하우스재배의 관리요령은 다른 작물과 별 차이 없으나 너무 고온이 되지 않게 23℃는 넘지 않게 해야 물지 않으며 연한 것을 수확할 수 있다. 온상의 용토는 유기질이 많고 배수가 잘 되면서도 보수력이 있는 흙이 좋다.

(5) 수확

산마늘 수확에서 유의해야 할 것은 부추는 베어내도 계속해서 싹이 돋아나오지만 산마늘은 한번 잎을 따면 그 해는 다시 잎이 돋아나지 않는 어려움이 있다. 따라서 이전에는 3~4월에 어린 싹을 채취했지만(자생지채취) 재배할 경우에는 어린 잎에 영양가가 풍부하므로 잎이 나온 뒤 인경과 한 잎을 남기고 수확하여 상치처럼 포장하여 출하한다. 남긴 한 잎은 광합성하여 다음 해에 또 새싹을 만들기 때문이다.

꽃은 완전히 익기 전에 따서 파세리처럼 포장하여 출하한다. 꽃은 샐러드나 튀김용으로 환영받을 수 있다.

인경은 지상부가 마른 늦가을이 수확적기지만 번식력이 약한 만큼 모구가 확보되는 당분간은 인경의 수확을 삼가는 것이 바람직하다.

"삽주"

별명 : 창출, 백출

학명 : *Atractylis lyrata s. et z.*

일본명 : オケラ

漢名 : 山菜, 馬薊, 山薊, 創頭草

과명 : 엉거시과

분포 : 전국의 산중턱 이하의 야산이나 평지의 해가 잘 드는 구릉지대와 산기슭의 초원 잡목림, 침엽수림 등의 밑에서 자생하며 지리적으로는 일본, 중국에도 분포한다.

1. 이용부위와 이용법

삽주는 흔히 "삽주싹"이라고 일컬을 만큼 그 싹이 유명한 산나물이다. 그래서 산에서 맛있는 것은 "삽주싹과 더덕"인데 며느리 주기 아깝다고 한 옛 속담이 나왔을 정도로 옛부터 널리 알려진 산나물인 동시에 구황식량이기도 했다.

옛날 어떤 사람이 난리를 피하여 산속에 숨었는데 먹을 것이 떨어져서 굶어죽게 되었다. 그래서 허기를 때우고자 삽주의 뿌리를 캐어먹으면서 기아를 면했는데 수십일이 지난 후 난리가 끝나자 집에 돌아왔더니 오히려 더 건강했다. 그 연유를 알게 된 사람들은 삽주가 흉년에는 구황식량이 된다고 했다는 전설이 전해져온다.

삽주싹은 대표적인 산나물의 하나로 이른봄에 싹이 5~6㎝ 쯤 나왔을 때 흰 솜털이 있어 대단히 연하므로 이때 나물로 꺾는다. 꺾으면 흰즙이 나와서 손이 검게 더러워지지만 씻으면 잘 지워진다. 상쾌한 향기가 있고 맛있다. 생으로 튀김도 하고 국거리로도 쓰며, 데쳐서 나물로 무치기도 하고 볶기도 하며 찌게에도 넣는다. 또 삶아서 말렸다가 묵나물로도 이용할 수 있다.

가을의 꽃은 건조화로서 특수한 소재의 꽃꽂이에 이용된다.

뿌리는 껍질을 벗기고 얇게 썰어서 2~3일 물에 우려서 쓴맛을 뺀 후 삶아서 먹을 수도 있다. 이것을 가루로 만들어 흉년에는 양식으로 쓰기도 했다 하니 현대는 건강식품으로 개발이 가능하다.

삽주의 뿌리는 생약의 창출로서 근경(塊莖)을 물에 씻어 볕에 말린 것을 말하며 약 15% 정유를 함유하고 있다. 주성분은 Atractylone으로 정유 중에 약 20% 함유되어 있어서 방향성 건위정장, 강정(强精), 이뇨 등의 효과가 뛰어나므로 한방에서 중용되는 약초다. 심장신경증, 고혈압, 만성신장염, 요통, 냉증, 저혈압, 위염, 장염, 복막염, 복수, 두통, 어지름증 등에 방향성 건위약 및 이뇨제로 쓰인다. 민간약으로도 혈압을 내리는데 사용한다. 삽주 근경의 콜크질 껍질을 벗기고 말린 것이 백출인데 약효에는 별 차이가 없다 한다.

또 옛날부터 정초의 액막이와 연수(延壽)의 약술로 쓰이는 도소주(屠蘇酒)의 원료의 하나로 쓰이기도 했으며, 장마 때 습기를 제거하여 곰팡이를 방지하는 효과가 있다 하여 실내나 의류, 책 등의 방습 방충을 위해 훈증제(燻蒸劑)로도 썼다.

2. 생김새와 특성

다년초로 암수꽃이 따로 있다. 높이 40~60㎝로 곧게 자라며, 줄기는 가늘지만 수산이나 칼륨성분이 함유되어 있어서 단단하여 흡사 관목 같은 느낌을 준다. 줄기의 끝 쪽에서 가지를 친다. 잎은 호생(互生)하며 타원형으로 보통 1~2쌍의 우상(羽狀)으로 갈라지는 것이 많다.

잎 가장자리에 바늘 같은 가시로 된 거치가 있어서 다치면 따갑다. 잎의 표면은 광택이 있으며 질이 굳고 뒷면은 솜털같이 되어 있다. 봄에 어린싹일 때는 흰 솜털에 덮여 있으며 꺾으면 흰 즙이 나온다. 이 유즙은 씻으면 잘 씻겨지고 또 다른 유액이 나오는 식물과는 달리 쓰다든가 떫다든가 아린 것 같은 나쁜 맛이 전혀 없는 순하고 맛있는 산나물이다.

삽주싹은 20㎝만 자라도 밑쪽은 굳어져서 상순 밖에는 이용할 수 없게 되며 이때는 흰 즙도 솜털도 없어진다.

8~9월경에 가지 끝에 흰색~연분홍색의 엉겅퀴 같은 모양의 아름다운 두화(頭花)가 1송이씩 꽃 피며 이 꽃은 고기비늘 같은 총포(總苞)에 싸인 관상화(管狀花)로서 생선가시 같은 비늘쪽으로 되어 있는 것이 특색인데 겨울에도 그대로 있어서 드라이 플라워로 이용된다. 뿌리는 단단한 목질로 긴 마디가 있으며 섬유질로 되어 있다. 모양은 일정치 않은 괴형(塊形)으로 길이가 5~8㎝, 지름이 1.5~3㎝로 독특한 향기와 쓴 맛이 있다. 9~10월경에 열매가 익는데 긴 털이 있고 관모는 갈색이다.

3. 재배법

(1) 적지

삽주가 자생한 곳을 살펴보면 기후가 따뜻하면서도 여름에는 다소 서늘한 반 그늘진 수목 밑에 많다. 따라서 산간의 개간지나 과수원의 간작 등에 시도해봄직하다. 토질은 너무 건조하지 않는 부식질이 많은 비옥한 사질양토가 좋다.

산의 동남향이나 서향의 구릉지나 경사지도 적합하다.

(2) 번식

씨와 포기나누기로 번식시킨다. 포기나누기는 늦가을에서 봄 싹트기 전까지에 어미포기를 캐내어 싹을 2~3개씩 붙여서 쪼개어 밀식한다. 너무 잘게 쪼개지 않는 것이 앞으로의 발육에 유리하다.

실생번식은 가을에 씨를 따서 직파하는 것이 좋으나 봄 3~4월에도 파종할 수 있다. 묘상은 보수력이 있는 흙이 좋으며 씨가 묻힐정도로 얕게 줄뿌림한 후 짚을 덮어 건조를 방지해준다. 파종 후 20~25일이면 싹이 튼다. 1년 뒤 60㎝ 이랑에 20㎝ 간격으로 정식한다.

(3) 재배요점

정식할 때 밑거름으로 두엄, 깻묵 같은 유기질비료를 충분히 넣고 심는 것이 수확량을 높일 수 있는 비결이 된다.

삽주싹 생산을 목적으로 재배할 때는 밀식하는 것이 유리하며 뿌리를 생산하려 할 때는 60㎝ 이랑에 20㎝ 간격으로 심는 것이 바람직하다.

포기의 쇠약을 막기 위해 꽃봉오리는 따버리는 것이 좋다.

1년에 한두 번 웃거름을 주어서 포기를 빨리 실하게 키우는 것이 중요하다.

(4) 수확 및 출하

삽주싹은 목질화되지 않은 어린 것일 때가 수확의 적기다. 그러나 여름의 연한 싹도 먹을 수 있다. 또 이른봄에 포기 주위에 흙을 북돋아주고 비닐을 씌우면 연하고 긴 싹을 수확할 수 있으며 조기에 촉성으로 출하할 수 있다. 대개 이 기간은 농한기이므로 노동력을 이용할 수 있어 유리하다.

실생묘는 2년 뒤부터 수확할 수 있고 포기나누기 한 것은 다음해부터 수확할 수 있다.

뿌리를 약초로 재배코자 할 때는 오래 묵은 것일수록 좋은 것이므로 적어도 3~4년 뒤부터 수확한다. 수확적기는 가을에서 봄까지이다.

"번행초"

별명 : 갯상추, 뉴질랜드 시금치

학명 : *Tetragonia expansa MURR*

일본명 : ツルナ

漢名 : 蕃杏

영명 : *Newzealand spinach*

과명 : 번행과

분포 : 우리나라 중부 이남의 해안 모래 사장이나 낭떠러지 등에 자생하며 일본, 중국, 동남아, 호주, 뉴질랜드, 남미 등에 널리 분포한다.

1. 이용부위와 이용법

번행초는 갯상추라고도 하며 해변의 모래사장에 나는 다육질의 다년초로 잎줄기가 연하고 맛이 담백하므로 시금치처럼 이용할 수 있으며 영양가도 시금치에 못지 않는 버리기 아까운 야생초다. 위장병에도 효과가 있는 건강식품이다.

번행초를 영명은 "뉴질랜드 시금치"라 하는데 국크(COOK)선장이 뉴질랜드에 자생한 것을 유럽에 소개했기 때문에 붙여진 이름이라 한다.

번행초는 비타민A와 B_2가 특히 많은 영양가 높은 식품이므로 유럽에서는 시금치처럼 재배채소화되어 있으나 우리나라에서는 봄 나물로 드물게 이용된다. 담백한 맛을 살려서 시금치처럼 생으로 국거리로 써도 좋고 옷을 입혀 튀김도 만들며 살짝 데쳐서 나물로 무쳐도 맛있고 볶아도 좋다. 잎 표면의 세포가 매끄럽지 않고 도틀도틀하지만 조리하면 매끄러워지며 오히려 씹히는 맛이 좋다.

식용부위는 굳어지지 않은 줄기와 순, 잎 등이며 손톱으로 딸 수 있는 부위까지다.

여름에서 가을까지 수시로 이용할 수 있다.

번행초라는 것은 생약명 蕃杏이며 식용 외에 약용으로도 쓰이는데 위벽 자극을 완화하는 작용이 있으므로 위염, 위산과다, 장가타르, 위궤양 등에 다려 먹으며, 보혈, 강장, 혈압강하, 진정, 식욕증진, 병후 산후의 산모의 보건제로도 이용한다. 요즈음은 녹즙으로 만들어 위암에 복용하기도 한다. 또 잎줄기를 말렸다가 건강차로도 이용하며 술에 담그어 건위, 식욕증진용으로 쓴다. 번행초술은 1개월 후 건더기를 빨리 꺼내도록 한다.

레저붐을 타고 해수욕장으로 밀려오는 많은 인파의 부식물로서 어촌 특유의 나물로 재배하여 공급하면 소득원을 개발할 수 있고 지역특성도 살릴 수 있어 이중의 효과를 거둘 수 있다. 재배가 쉬우므로 농한지를 이용한 재배를 시도해보면 결코 손해보는 경우는 없을 것이다.

특히 시금치는 여름의 더위에 약한데 비하여 번행초는 여름에 더 잘 자라는 이점이 있어 여름 해수욕장용 나물로 적합하다. 또 단경기가 있는 채소의 결함이 완전하게 해소되는 만큼 운영의 묘만 살린다면 연중 공급이 가능한 이점도 있다.

현대의 스트레스성 위장병에 시달리는 도시인의 가정채소로도 전망은 밝다.

2. 생김새와 특성

다년초지만 추운 곳에서는 1년초가 되어 겨울에 말라 죽는 경우가 많다.

번행초는 줄기가 땅에 기듯 뻗어가면서 자라는데 가지를 많이 쳐서 포기가 커진다. 줄기 길이는 잘 자라면 60㎝나 된다.

줄기와 잎이 다 함께 다육질로 부러지기 쉽다. 잎은 계란모양의 세모꼴로 두터우면서도 무르다. 털은 없고 명아주처럼 표피세포가 우둘투둘하여 까실하다. 꽃의 개화기가 길어서 4월부터 11월까지 계속 피며 제주도에서는 1년 내내 꽃이 핀다. 꽃은 종모양의 악편으로 된 노란색 꽃이 1~2개씩 핀다. 꽃이 지면 시금치 씨처럼 4~5개의 딱딱한 뿔 같은 돌기가 있는 열매가 달린다. 그 열매 속에 씨가 들어 있다.

번행초의 장점은 순을 따면 곧 곁가지를 쳐서 자라게 되어 포기가 더 커진다.

3. 재배법

(1) 적지

해변 모래사장에 자생하는 식물로서 매우 강하며 다육식물이기 때문에 건조에도 강하나 일반토양에도 잘 적응한다. 햇볕이 잘 드는 곳에서 더 잘 자라며 반 그늘에서도 잘 자란다. 굳이 적지를 고른다면 배수가 잘 되는 비옥한 사질양토가 좋으며 산성보다 중성에 가까운 땅이 이상적이다.

(2) 번식

씨와 꺾꽂이, 포기나누기 등으로 번식시킨다. 실생번식은 씨가 익는 가을에 채종하여 땅에 가매장하였다가 봄 3~4월에 흩뿌림한다. 발아기에 건조를 싫어하므로 파종 후 짚을 덮어서 건조를 방지해주면 대개 2주일이면 발아한다. 싹이 트면 짚을 제거해주며 밴곳을 솎아 비배한다.

꺾꽂이는 줄기가 다소 굳어지는 여름부터 초가을까지 할 수 있다. 굳어진 줄기를 10~15㎝ 길이로 잘라 밑쪽 잎을 따버리고 모래에 반쯤 묻히게 꽂으면 쉽게 활착한다. 정식은 30㎝간격으로 심는다. 포기가 빨리 퍼지므로 다소 넓게 심는 것이 유리하다. 포기나누기는 줄기가 땅에 붙어 뿌리가 날 정도로 잘 뻗으므로 이러한 줄기를 잘라 독립시키면 된다.

(3) 수확

굳어지기 전의 순을 따서 단으로 묶어 상품화 할 수 있다. 다만 다육질이어서 몸이 물러 장거리 수송에는 난점이 있으므로 소비지를 고려한 생산이 바람직하다.

겨울에는 비닐터널을 씌운 촉성재배로 출하할 수 있으며 수송의 어려움도 감소되므로 촉성재배가 경영상 유리하다.

생육이 왕성한 여름에는 낫으로 베어야 할 정도로 무성하다.

"오갈피 나무"

별명 : 오가피(五加皮), 금염, 문장초

학명 : *Acanthopanax Sessiliflorus SEEM*

일본명 : ウコギ

漢名 : 五加, 金鹽, 文章草

과명 : 두릅나무과

분포 : 전국의 산야에 자생하며 생울타리로도 심어져 있다. 지리적으로는 일본, 중국북부, 우수리, 아므르, 시베리아 등 주로 한대권에 넓게 분포한다.

1. 이용부위와 이용법

오갈피나무는 옛부터 불로장생의 영약으로 "신농본초경"에도 올라 있는 자양강장 강정제의 약초다. "지봉유설"에 오갈피(五加皮)는 일명 "금염"(金鹽)이라고도 하고 "문장초"(文章草)라고도 하는데 이것은 오거성(五車星 : 다섯별을 가르킴)의 정기를 받아서 나는 까닭에 잎이 다섯개가 난다고 하며 이시진의 본초강목을 인용하여 "차라리 한묶음의 오갈피를 얻는 것이 수례에 가득한 금은보화를 얻는 것보다 낫다"고 했을 정도로 귀히 여겼으며 "문장초"(오갈피)로는 술(오가피주)을 만들지만 금은 귀할 것이 없다고 했다. 또 술을 만들면 너무 독해지니 물을 끓여 차를 만들어 마시는 것도 같은 효험이 있다고 이용법까지 적고 있다.

오갈피나무는 탄수화물, 무기질, 철, 석회, 지방, 비타민 등 영양소가 골고루 갖추어져 있어서 봄에는 어린 순을 나물로 먹고 자란 잎은 묵나물로 삶아서 말려 두고 이용하며 껍질과 근피는 약용 외에도 차나 술을 만들어 먹는다.

오갈피나무는 종류가 많은데 모두 어린 순을 먹을 수 있다. 약간 쌉쌀하면서도 향긋해서 생으로 튀김도 하고 국거리로도 이용하며 살짝 데쳐서 나물로 무치기도 하고 볶기도 하며 샐로드로도 풍미가 있으며 염장가공하여 저장식품으로 이용할 수도 있고 밥에 함께 짓는 나물밥도 맛있다. 봄에서 여름에 걸쳐 잎을 따 말려 두고 차로 이용하면 향기롭고 피로회복의 특효가 인정되고 있는 건강차이다.

또 잎을 가루로 만들어 국수, 빵, 과자, 떡 등에 첨가제로 이용할 수 있으며 같은 효과를 기대할 수 있다. 다만 잎이 다 피면 쓴맛이 강해지므로 되도록 어린잎을 이용한다.

뿌리의 껍질로 오가피주를 담근다. 소주 2l(1되)에 오갈피 말린 것 50g을 넣고 밀봉하여 어둡고 서늘한 곳에 1개월간 숙성시키면 엿빛나는 오가피주가 된다. 이 술은 강장, 강정, 정장작용도 있고 불면증이나 피로회복에도 좋다. 오가피주는 근피뿐 아니라 열매와 잔가지 등도 이용할 수 있다.

무엇보다도 오갈피나무는 독성이 없고 아울러 부작용이 없는 것이 장점이다.

오갈피나무는 옛부터 집의 생울타리로 심어두고 봄의 어린 순을 나물로 할 때는 향미로운 고급 산나물이요, 뿌리를 약으로 할 때는 자양강장제의 생약이며, 가시가 많으므로 방범의 효과도 얻을 수 있는 다목적으로 유용한 식물이다. 꽃에는 꿀이 많아서 밀원식물도 된다.

오갈피나무 중에 지리산, 치악산, 계방산, 태기산 등 추풍령 이북에 자생하는 가시가 가장 많은 "가시오갈피"(Acanthopanax Senticosus HARMS)는 "오가삼"(五加參)이라고도 하며 약효가 가장 뛰어나 고려인삼에 버금간다고 알려져 새로운 인기를 모으고 있는데 영명을 Russian Ginsen이라 하며, 근래 학자들의 임상실험결과에 의하면 가시오갈피는 인체의 기능을 조절하여 신진대사를 촉진하고 병에 대한 저항력을 증진시키므로 인삼과 같이 순환기계통의 병, 신경쇠약의 치료면에서는 인삼보다 낫다고 증명되어, 신경쇠약, 식욕부진, 기력감퇴, 건망증, 불면증, 고혈압, 저혈압, 어지럼증, 협심증, 정력감퇴나 노화현상, 병후나 산후의 자양강장제 및 치료제로 쓰이며 백혈구의 감소현상에 대한 증대작용도 있다.

소련에서 연구발표된 피로회복제의 묘약으로서 운동선수나 정신노동자들에게서 큰 효과를 거두고 있다. 미국에서는 우주식량의 첨가제로서 나사에서 연구 중이라고 한다. 우리 환경에 맞는 우리 식물을, 세계시장을 향한 앞으로의 엄청난 수요를 기대하면서 미래지향적인 생산에 임하는 것도 좋을 것이다. 농산물수입규제 완화로 울상을 짓는 우리 농민들이 개척해볼만한 방도가 아닐까 한다. 단, 가시오갈피는 공해에 약한 점을 유념하여 재배지를 산간지로 선택할 필요가 있다.

현재 중국에서 개발가공한 "오가삼에키스"는 미국에서 큰 인기를 얻고 있는 상품이다.

2. 생김새와 특성

낙엽관목으로 높이 3~4m로 자라며 가지를 많이 친다. 가지는 회백색이며 가시가 있다. 잎은 호생하는 장상복엽으로 5장의 소엽으로 되어 있으며 잔잎은 계란형의 장타원형으로 거치가 있다. 꽃은 8~9월에 새 가지 끝에 자주빛 꽃이 산형화서로 피며 10월에 검게 익는 장과(漿果)는 구형이다.

내한성이 강하고 공해에도 견디며 맹아력이 왕성하고 병충해도 별로 없으며 매우 튼튼한 식물이다. 암수나무가 따로 있고, 약간 쓴 맛과 향기가 있다.

3. 재배법

(1) 적지

오갈피나무는 적응력의 폭이 넓은 식물로서 양지바른 곳이나 반 그늘에서도 잘 자라며 건습 어느 땅에도 잘 견디지만 집약적인 재배를 목적할 때는 가지를 많이 치게 해야 하므로 반 그늘보다 해가 잘 드는 곳이 좋고, 다소 습기가 많은 땅이 바람직하다. 가시오갈피는 반 그늘진 곳이 적지이다.

(2) 번식법

식용목적(순)으로 재배할 때는 자생지에서 가지를 잘라다 촉성할 수도 있으나 대량육묘로서 재배하는 것이 좋다.

번식은 씨와 꺾꽂이 포기나누기 등 여러가지 방법이 있다. 씨는 2년 걸려야 발아하므로 가을에 따서 땅에 가매장하였다가 휴면을 타파시켜서 파종한다.

꺾꽂이는 이른봄 싹트기 전이나 장마때 충실한 가지를 15㎝ 길이로 잘라 꽂으면 된다. 또 땅속의 뿌리를 15cm길이로 잘라(굵기는 지름 4mm 정도 이상의 것) 뿌리꽂이 하면 된다. 뿌리꽂이 하는 시기는 봄의 싹트기 직전이 좋다. 배수가 잘 되는 밭에 45cm의 이랑을 만들고 20cm 간격으로 10cm 깊이로 꽂으면 된다. 대개 흙이 5~7cm쯤 덮이게 심는다. 싹튼 후 비배관리하면 3년이 지나서 뿌리꽂이 할 수 있는 삽수를 100개는 얻을 수 있다.

(3) 재배 요점

대개 꺾꽂이 한 모종은 1년에 30cm쯤 자란다. 정식은 가을의 낙엽진 후인 11월이나 봄 싹트기 전인 3월에 미리 심을 곳에 밑거름으로 두엄, 깻묵 등의 유기질비료를 넣고 갈아엎었다가 심는 것이 좋다. 이랑 너비 1m 포기사이 80cm로 정식한다. 1a에 125주 심는다. 이때 뿌리를 건조시키지 않도록 주의한다. 여름의 건조방지를 위해 지표에 볏짚을 깔아 덮어주는 정도면 된다.

키가 작은 나무로 가꾸는 것이 중요하므로 순을 딴 후 5월에 전정하여 키를 조절해주어 곁가지를 많이 치게 한다.

오갈피나무는 20℃ 전후에서 싹이 트므로 하우스를 설치한 후 비닐을 씌우면 촉성재배할 수 있으며 자연출하기보다 1개월쯤 일찍 수확할 수 있다. 대개 2월 중순에 비닐을 씌운다. 촉성할 때 밤에 10℃ 이하로 내려가면 생장이 정지되므로 공석을 덧씌워서 보온한다.

(4) 가지를 잘라 싹 틔우는 촉성 재배법

삽수를 잘라다가 눈 속에 저장하여 일정한 추위를 겪은 뒤에 싹(눈)이 2~3개씩 붙어 있도록 하여 20cm 길이로 잘라서 삽수를 준비한다. 휴면이 타파되는 기간이 길다.

비닐하우스 안에 온상프램을 만들어 2중 터널을 씌워, 밑에는 전열온상을 만든다. 대개 20cm 깊이로 톱밥이나 모래를 넣어서 삽목상을 만들고 삽수를 5~7cm 깊이로 꽂는다. 3.3m^{2}에 700~900개 정도 꽂을 수 있다. 이때 삽수는 가급적 실한 것을 꽂는 것이 상품가치를 높일 수 있으므로 삽수채취에 유념한다. 온도관리는 낮에는 20℃~25℃ 밤에는 10℃가 되게 하며 5℃ 이하로는 내려가지 않게 한다. 관수는 2~3일에 한 번 정도가 좋다. 1월에 꽂은 것은 30~40일이면 수확할 수 있다. 그 뒤 30일 정도 계속 수확된다. 이 촉성에 이용된 삽수는 순을 따고 나면 쇠약해져서 다시 쓸 수 없게 된다.

육묘하여 정식한 포기는 한 포기에서 많은 량을 딸 수 있을 뿐 아니라 수확 후 비닐만 벗기고 전정하여 비배하였다가 다음해에 다시 이용할 수 있으므로 유리하다.

(5) 수확 및 출하

순이 7~10㎝쯤 자라서 잎이 피기 시작할 때가 수확적기다. 가지에 가시가 많아서 따는데 다소 수고스럽지만 재배가 쉬운 이점이 있으므로 농한기를 이용한 농외소득원으로는 큰 이득을 얻을 수 있다. 출하시 마르지 않게 포리접시에 포리랩을 씌워서 상품가치를 높이는 것도 출하 요령이다.

"수송나물"

별명 : 가시솔나물, 水松菜

학명 : *Salsola Komaroni ILJIN*.

일본명 : オカヒジキ

漢名 : 水松菜

영명 : Salt-Wort

프랑스명 : Salsole

과명 : 명아주과

분포 : 제주도 남해도서 남해안, 서해안 등의 바닷가 모래땅에 자생하며 지리적으로는 일본, 중국, 시베리아, 유럽남부, 말레이지아, 호주 등지에 넓게 분포한다.

1. 이용부위와 이용법

수송나물은 해안가 모래밭에 자라는 들풀로서 영양가 높고 맛이 있는 나물이지만 아직은 일부를 제외하고는 별로 널리 알려져 있지 않는 개발이 유망한 산채다. 유럽이나 일본에서는 즐겨 재배되고 있다.

수송나물은 "가시솔나물"이라고도 하는데 잎이 흡사 솔잎처럼 생겼으나 다육질로 어릴 때는 부드럽고 연하지만 자라면 굳어져서 끝이 따끔할 정도로 가시처럼 되므로 가시솔나물이라 한다.

어린 순을 식용하는데 삶았을 때도 짙은 녹색이 파랗게 그대로 있어 식욕을 돋우며 싸각거리는 맛이 독특하고 담백해서 별미이다. 녹색채소들은 대개가 잎이 넓은 것이 많지만 섬세한 나물(콩나물, 숙주나물 처럼)중에 녹색채소가 귀한 현실에서 수송나물은 크게 환영받을 수 있는 채소가 될 것이다.

수송나물에는 비타민 A, B_1, B_2, C 등이 많이 함유되어 있고 단백질, 칼륨, 칼슘, 철, 나트륨 등 많은 영양소가 고루 풍부하게 들어 있으므로 재배채소 못지 않는 영양가 높은 고급채소가 될 수 있다.

수송나물은 어린 순과 잎을 따서 삶든가 데쳐서 나물로 무쳐도 좋고 셀러드로도 맛 있으며 마요네스에 찍어 먹어도 맛있고 볶아도 좋다. 또 찌게나 국거리로도 훌륭하며 튀김도 만들 수 있다. 또 염장가공도 할 수 있어 가공식품으로의 개발도 바람직하다.

수송나물은 혈압을 내리며 해열, 해독의 약효도 알려져 있어서 건강식품으로서도 매우 유망하다. 또 재배가 쉽고 수확기도 짧으며 여러 형태의 재배법으로 연중 출하가 가능하므로 고수익을 약속받을 수 있는 이점도 충분하다. 다만 아직 널리 알려져 있지 않는 들풀에 불과하므로 무공해식품의 요구와 생산과잉을 빚는 기존 채소의 대체작목으로 도입하면 단경기가 없으므로 매우 유리하다. 또 원예작물로서 분화초로나 베란다에 가꾸어 가정채소로 관상식물을 겸한 공급도 고려할 수 있어 수요와 공급을 함께 확대하고 싶은 매우 유망한 식물이다.

2. 생김새와 특성

일년초로 땅에 기듯이 뻗어가며 자란다. 길이 40~80㎝로 자라며, 가지를 많이 치며 전체적으로 털이 없다. 잎은 짙은 녹색이며 솔잎처럼 가늘고 육질이며 길이가 3㎝로 끝이 뾰족하며 처음에는 연하고 부드럽지만 나중에 줄기와 함께 딱딱해져서 다치면 따끔할 만큼 가시같이 된다. 잎은 호생한다.

7~8월에 엽액에 담록색의 작은 꽃이 한 개씩 피며 씨도 한 개씩 들어 있다.

씨의 수명은 짧고 맹아력은 왕성하며 건조에도 강하고 매우 튼튼하다.

3. 재배법

자생지의 보호증식으로 자원확보가 우선해야 하나 노지재배, 비닐하우스를 이용한 가온촉성재배, 무가온 반촉성재배, 비닐터널재배, 수경재배 등 다양한 방법으로 주년생산이 가능하므로 홍보만 되면 전망이 밝은 유망한 산채다.

(1) 적지

해안의 모래땅에 자생하나 내륙에서도 재배가 가능하다. 해가 잘 들고, 배수가 잘 되면서도 보수력이 있는 비옥한 사질양토가 이상적이다. 토양 산도는 pH 6.5 정도의 중성이 좋다. 내염성이 강한 만큼 점토질이나 자갈밭이 아니면 해안 간척지에서의 재배도 고려할 수 있다.

(2) 번식

시판되는 종자는 없으므로 자생지에서 채종해야 한다. 9월 하순경 잎

줄기가 누렇게 될 때가 씨가 익는 적기이므로 포기채 베어다가 묶어서 밖에서 월동시켜 봄에 턴다.

씨는 휴면기가 있으므로 습하고 저온 조건하에서 3개월쯤 경과하면 휴면이 타파된다. 즉, 일정한 추위를 지난 뒤 10℃ 이상의 온도가 되면 발아가 시작된다. 이것을 이용하여 인공적으로 휴면타파를 시켜 파종할 수도 있다. 가을에 씨를 따서 자루에 넣어 물에 담그었다가 건져서 0°~5℃의 냉장고에 15일 이상 넣어두어 휴면을 타파시킨 뒤에 파종하면 된다.

파종방법은 이랑 너비 60㎝, 통로 30㎝의 10㎝ 높이의 두둑을 만들어 흩뿌림한다. 1개월 전에 밑거름을 충분히 넣고 갈아엎어 두었다가 파종해야 한다. 단기간에 수확하는 만큼 양분흡수를 고려하여 시비하는 것이 수익을 올릴 수 있어 좋다.

파종시기는 노지재배일 때는 4월 초순, 터널재배일 때는 3월 초순경, 하우스촉성(가온)재배는 12월 초순부터 냉장고에서 저온처리한 씨면 파종할 수 있다. 무가온 2중 터널의 반촉성재배는 2월에 파종한다. 발아온도가 20~25℃이므로 주년재배가 가능하다. 파종은 밀파되게 하며 1a당 3~4l가 소요된다. 파종후 엷게 복토하고 볏짚을 위에 덮어 건조를 방지해주면 대개 10~15일이면 발아가 시작된다. 씨의 수명은 1년이다.

(3) 재배요점

수송나물은 단일성 식물로서 일조시간이 14시간 이하의 해가 짧은 늦가을에서 겨울에는 화아분화가 일찍 시작되어 생장이 일찍 정지되어 버리는 점을 고려하여 화아분화를 억제하기 위하여 하우스에 6m 간격으로 백열등 100w를 160㎝ 높이에 켜서 일조시간을 길게 한다. 조명은 밤새도록 할 필요는 없고 밤중에 1시간 정도 조명해도 효과가 있다.

파종에서 수확까지의 기간이 매우 짧은 이점이 있다. 노지재배에서는 50~60일이면 수확할 수 있고 시설재배에서는 30일이면 수확할 수 있다.

싹이 나면 짚을 벗긴다. 시설재배에서는 한낮의 고온장애를 일으키기 쉬우므로 가끔 환기해준다. 발아 후 본잎이 4장 나올 때까지는 과습에 약하므로 관수에 주의한다. 저온에는 강하나 고온에 약하여 30℃ 이상이 되면 고온장애(물러진다)를 일으킨다. 이때는 환기에 힘쓰되 건조해지면 통로에 물을 뿌려 습도를 높여준다. 병충해에 강한 것이 특징이다.

(4) 수확

잎, 줄기가 연할 때 수확 출하한다. 노지에서는 4~8월까지 수확할 수 있고 시설재배나 기업생산일 때는 싹이 나와서 10~15㎝쯤 자랐을 때 낫으로 베어서 단을 묶어 포장한다.

수송나물은 베어낸 뒤 다시 싹이 나오므로 2~3번 수확할 수 있다.

가정채소로 재배할 때는 순을 따면 곁가지를 많이 쳐서 계속 나오므로 신선한 무공해의 영양가가 높은 채소를 얻을 수 있어 좋다.

"원추리"

별명 : 넓나물, 넘나물, 훤초, 의남초, 망우초, 훤채

학명 : *Hemerocallis aurantiaca BAKER*

일본명 : カンゾウ, ノカンゾウ, ヤブカンゾウ

漢名 : 萱草, 忘憂草, 宜男草, 金針菜, 黃花菜, 麝香萱, 鹿葱

영명 : Day-Lily

과명 : 백합과

분포 : 전국의 산과 들의 초원 등에 다소 습한 곳에 군락을 이루며 자생한다.

중국과 일본에도 분포한다.

1. 이용부위와 이용법

원추리는 전국의 산과 들에 군락을 이루고 피어 있는 꽃이 매우 아름다운 야생화이지만, 현재는 원예식물로서 세련된 아름다운 꽃을 관상하는 정원초화로 즐겨 가꾸어지고 있다.

원추리는 시름을 잊게 해준다는 중국의 고사로 인하여 훤초(萱草), 또는 망우초(忘憂草)라고도 부른다.

그러나 원추리는 옛부터 봄의 대표적인 맛있는 산나물의 하나였는데 이때는 "넒나물" 또는 "넘나물"이라고 따로 이름이 주어져 있다. 넘나물은 옛날에는 정월대보름에 넘나물국을 끓여먹는 민속까지 있던 귀한 식품이다.

넘나물은 맛이 달고 연하고 매끄러워서 감칠맛이 나는 순하고 담백한 산나물인데 쇠지 않은 어린 순을 따서 살짝 데쳐서 초고추장에 무치면 별미인데 이 나물을 훤채(萱菜)라 한다. 원추리는 어린 싹을 생으로 국거리로 이용하며 튀김으로도 요리하고 데친 것은 기름에 볶기도 한다. 말렸다가 묵나물로도 이용한다.

중국에서는 꽃을 식용하는데 꽃봉오리에 끓는 물을 끼얹어서 빨리 건져 말린 것을 요리에 이용한다. 이것을 금침채(金針菜) 또는 황화채(黃花菜), 화채(花菜)라고 한다. 우리나라에서는 꽃의 꽃술을 따버리고 쌈을 싸 먹는 것이 옛날의 꽃 식용법이었다. 그러나 오늘날에는 어린 순과 함께 강회나 샐러드로 이용하며 꽃봉오리는 튀겨 먹어도 맛있다. 또 꽃은 밥을 지을 때 함께 넣고 지어서 색반(色飯)을 만들던 옛날의 풍습이 있었으므로 어린이의 색다른 도시락밥으로도 묘미가 있다.

원추리에는 단백질, 포도당, 서당, 지방, 회분, 비타민, 무기질, 함수탄소 등 영양소가 많이 함유된 이외에 아데닌, 코린, 아루기닌 등이 함유되어 있어서 이뇨, 해열, 진해, 진통 등의 효과가 있고 빈혈이나 종기의 치료에도 쓰인다. 마른 꽃은 소주에 담그어서 술을 만들기도 하는데 자양강장 피로회복에 좋다. 주독을 푸는데는 잎, 줄기, 꽃, 뿌리 등을 다려서 먹는다.

뿌리에도 자양강장 이뇨의 효과가 있다. 산속에서 멧돼지가 원추리 뿌리를 뒤져서 즐겨 파먹는 것으로도 알 수 있다. 자하경은 녹말질이 많아서 쪄서 먹기도 하고 녹말을 만들어 쌀이나 보리와 섞어서 떡을 만들어 먹던 흉년의 구황식량이기도 했다. 또 원추리의 뿌리에 아들을 낳게 해주는 영험이 있다고 믿어서 옛날에는 아들없는 부인들이 몸에 지니고 다니던 민속도 있었는데 의남초(宜男草)라고도 하며 남의 어머니를 높여 훤당(萱堂)이라 했다.

원추리에는 꽃이 크고 겹으로 피는 "왕원추리"(Hemerocallis fulva L)와 홑꽃이지만 꽃이 큰 "원추리"(H. aurantiaca BAKER) 꽃이 다닥다닥 붙은 "큰원추리"(H. middendorffi TRAUTA) 꽃이 향기로운 "향원추리"(H. thunbergil BAKER) 꽃이 잘고 연노랑색인 "애기원추리"(H. minor MILLER) 꽃이 잘고 예쁜 "각씨원추리"(H. dumortieri MORR) 잎이 골이진 "골잎원추리"(H. koreana NAKAL)등 많은 종류가 자생하나 모두 같은 용도에 이용된다. 현재 구미제국에서는 Day-Lily라 하여 많은 원예종이 개량되어 있고 꽃빛도 다양하여 인기있는 화초다.

2. 생김새와 특성

다년초로서 뿌리는 가늘며 황갈색으로서 끝에 가서 부풀어서 방추형의 육질 괴근이 생긴다. 잎은 칼처럼 생겼는데 길이 50㎝, 너비 2.5㎝로 좌우로 두 줄 엇바뀌어서 나 있다.

꽃은 6~8월경에 긴 꽃대가 나와서 그 끝에 황금빛 또는 노랑빛의 백합꽃 같은 아름다운 꽃이 핀다. 이 꽃은 한송이의 수명이 하루뿐인데 아침에 피었다가 저녁에는 시들어 버리지만 계속해서 다음 꽃이 10여송이씩 피게되므로 단명한 꽃인 것을 잘 깨닫지 못할 정도다. 꽃이 진후 겹꽃인 왕원추리는 결실치 않으나 그외의 것은 타원형의 삭과가 결실한다.

3. 재배법

(1) 적지

원추리는 강한 식물이므로 재배는 쉽다. 적지는 해가 잘 들고 보수력이 있는 부식질이 많은 비옥한 땅이 이상적이다. 구릉지 같은 경사지에서도 잘 자란다.

(2) 번식

씨와 포기나누기로 번식시킨다. 씨는 가을에 따서 직파하든가 저장했다가 봄에 뿌린다. 발아가 잘된다. 다비성 식물이므로 밑거름으로 유기질비료를 미리 넣고 갈아엎은 후에 파종한다. 다소 밀파하는 것이 연하고 긴 싹을 수확할 수 있다. 관상용의 경우는 장마때 15㎝ 간격으로 넓혀 이식해야 다음해에 많은 순이 나온다. 포기나누기는 한여름과 겨울만 피하면 어느때나 쉽게 번식시킬 수 있다. 포기를 캐내어 쪼개어 심는데 간단히 활착한다.

(3) 촉성재배

싹이 나올 때 육질부가 짧은 것이 결점이므로 이것을 개선하기 위하여 북을 돋우어주면 길게 할 수 있어 수확량을 증대시킬 수 있다. 또 겨울에 비닐하우스에서 촉성연화재배로 조기 출하할 수 있다. 이때는 늦가을에 지상부를 자르고 하우스에 밀식한다. 순이 나오기 시작하면 왕겨나 모래를 순이 묻힐 정도로 3일 간격으로 덮어주어 20㎝쯤 될 때 덮은 모래나 왕겨를 헤치고 칼로 베어서 출하한다. 이중터널로 씌워도 일찍 출하할 수 있다.

(4) 수확

자연산은 대개 10㎝쯤 자랄 때 채취한다. 원추리 수확에서 주의할 것은 자르면 절단부위에서 점액이 나와 그곳에 흙이 묻으면 잘 씻어지지 않으므로 상품의 고급화를 위해 흙으로 더럽혀지지 않도록 주의한다. 또 잎이 흐트러지기 쉬우므로 되도록 밑쪽에서 자른다.

어린 순은 쇠기 전에 수확하고 성엽은 추대하기 전까지 베어서 묵나물로 삶아서 말려두고 쓰며 꽃은 6~7월 꽃봉오리가 막 피려할 때가 채집적기이고, 뿌리는 가을에 지상부가 누렇게 된 뒤부터 봄 싹트기 전까지가 수확기다.

"나문재"

별명 : 갯솔나물, 나문채

학명 : Suaeda glauca BUNGE, LS, asparagoides MAKINO)

일본명 : マツナ

과명 : 명아주과

분포 : 제주도, 남해도서, 남해안, 서해안 등의 해안 갯벌의 모래 사장에 자생하며 지리적으로는 일본, 중국, 말레이지아, 호주 등 북반구의 온대와 열대의 해안지대에 주로 분포한다.

1. 이용부위와 이용법

나문재는 잎이 솔잎처럼 좁고 가늘어서 "갯솔나물"이라고도 하며 해안의 갯벌 모래사장에 나는 맛있는 해양성 봄나물이다.

나문재는 잎이 육질로 수송나물과 흡사하지만 곧게 크게 자라며 가지를 많이 치고 잎이 밀생하여 다부룩한데 빛깔이 선록색이어서 매우 아름답다.

나문재는 단백질, 지방, 함수탄소, 무기질, 인, 석회, 철, 나트륨, 비타민 등 많은 영양소가 고루 함유되어 있는 건강식품이다. 봄에 어린 순을 나물로 먹는데 수송나물처럼 싸각거리는 씹히는 독특한 맛이 좋다. 끓는 물에 데쳐서 무쳐도 맛있고 기름에 볶아도 좋으며 국거리나 찌게에도 이용할 수 있다.

나문재는 채소로 뿐만 아니라 관상용으로 분화초로 가꾸어 가정채소를 겸한 이용법도 바람직하다.

나문재와 비슷한 해홍나물(Suaeda maritima L)과 칠면초(Suaeda japonica MAKINO)도 어린 순을 나물로 먹을 수 있다.

2. 생김새와 특성

일년초이며 줄기는 곧게 50~100㎝로 자란다. 가지를 많이 치며 잎도 밀생한다. 잎은 호생하며, 길이 1~3㎝의 가늘고 다육질의 잎이 연록색이다. 7~8월에 가지 끝에 녹색의 잔꽃이 엽액에 1~2개씩 핀다. 윗쪽 것은 잎이 없으므로 수상화서를 이룬다. 열매는 포과로서 잘고 동글납작한 까만 씨가 1개씩 들어 있다.

나문재는 해안의 파도가 쳐 물보라가 흐트러지는 곳에서도 잘 자랄 만큼 내염성(耐鹽性)이 강하며 가뭄에도 잘 견디는 매우 튼튼한 식물이며 해가 짧아지면 꽃이 피어 결실하는 단일성 식물이다.

3. 재배법

(1) 적지

간척지나 해안지대의 모래사장 같은 보수력 있고 배수가 잘 되는 사질양토가 좋다. 해가 잘 드는 곳이어야 한다.

(2) 번식

씨로 번식하며 가을에 씨가 익으면 채종하여 땅에 가매장하였다가 봄에 파종한다. 파종요령은 흩뿌림이나 줄뿌림하며 발아하면 서늘하게 해주어서 순이 길게 만들어질 때에 수확한다. 맹아력이 왕성하며 분지성이 강하므로 4~7월까지 수확할 수 있다. 파종하여 30일~50일이면 수확할 수 있으므로 비닐하우스에서도 재배할 수 있다.

(3) 수확

순이 쇠기 전에 수확해야 한다. 대개 10~15㎝쯤 자랄 때 수확한다. 상순은 7월까지 연한 것을 딸 수 있다.

"청나래고사리"

별명 : 포기고사리

학명 : *Matteuccia struthiopteris*(*L*), *TODARO*.

일본명 : クサソテツ, コゴミ

漢名 : 莢果蕨, 黃瓜香

영명 : *ostrich fern*, *Fiddle head*(채소일 때)

과명 : 고사리과

분포 : 전국의 섬이나 산림의 숲속 다소 그늘진 습기가 많은 곳에 군생한다. 지리적으로는 일본, 중국, 시베리아, 사할린, 유럽, 북미 등에 널리 분포한다.

1. 이용부위와 이용법

청나래고사리는 고사리나 고비처럼 어린 순을 따서 먹는 양치류의 산나물이다.

어린 순은 고비처럼 돌돌 말려 있으며 한포기에서 뭉쳐서 여러개가 나오므로 "포기고사리"라고도 한다. 어린 순은 하루 이틀 사이에 말려있던 어린 싹이 풀어져서 커져버린다. 잎이 다 벌어져서 피면 양치류 중에서 비교적 잎빛이 선록색으로 아름답다. 잘라낸 잎자루의 밑쪽 검은 부분이 근경을 싸고 있는 것이 흡사 소철 같아서 일본에서는 '풀소철'(草蘇鐵)이라 한다. 그러나 우리는 잎의 생김새가 새의 깃털처럼 날개를 시원하게 펼친 것 같아서 '청나래고사리'라 한다.

청나래고사리는 양치류 중에서 가장 맛이 있는데 연하고 싸각싸각 씹히는 맛도 좋으며 매끄럽지만 떫거나 아리거나 쓴맛 등 잡맛이나 유해성분이 전혀 없으며 향기롭고 단백질이 풍부한 영양가 높은 식품이다. 고사리나 고비처럼 삶아서 우려내야 할 필요없이 채취하여 곧바로 조리할 수 있어 더욱 좋다.

고사리를 즐기면서도 근래에 고사리의 유해론 때문에 노이로제에 걸려 있는 한국인에게는 더 없이 고마운 고사리라 할 수 있다.

고사리에 비타민 B_1을 파괴하는 효소"아네우리나아제"가 있다 하여 고사리를 먹지 않는 미국사람들이지만 북미동북지방에서는 청나래고사리만은 Fiddle head(바이올린의 자루머리의 말린 부분 같다는 뜻)라 하여 즐겨 먹는 메뉴가 되어 있다.

청나래고사리는 봄에 나오는 영양잎과 초가을에 나오는 포자잎의 두가지가 있는데 봄에 나오는 영양잎의 어린 순을 따서 산나물로 이용하며 포자잎은 굳어서 먹지 않는다. 싹이 나오면 돌돌 말려 있는 순이 곧 피어버리므로 채취기간이 매우 짧은 결점이 있다. 싹이 말려 있을 동안의 연할 때가 채취적기이다.

순은 생으로(삶아서 우려내지 않고) 나물로 무침이나 볶음, 튀김, 샐러드, 찌게, 국거리 등 다양하게 조리할 수 있다. 또 삶아서 말렸다가 묵나물로도 이용하고 냉동이나 염장가공도 할 수 있어 1년 내내 신선한 맛을 즐길 수 있다.

청나래고사리는 해열과 정장의 약효도 있다.

2. 생김새와 특성

양치식물로서 날개깃털 같은 잎이 다발로 뭉쳐서 총생한다. 소철을 닮은 다소 목질화 된 괴경(塊莖)이 땅 속에 있으며 지난해 자란 잎과 잎자루가 말라서 근경을 덮고 있다. 근경은 옆으로 뻗으면서 란나를 형성해서 새싹이 나온다. 처음에는 고비처럼 끝이 동그랗게 말려서 잎자루(줄기)에 붙어 올라온다. 잎자루의 길이는 10~20㎝이고 잎의 길이는 40~80㎝에 폭이 15~30㎝의 납작한 세모꼴로 깃털처럼 깊게 갈라져 있으며 밑부분에 비늘 같은 연갈색의 인편이 있으나 전체에는 양치류에서는 드물게 털이 없다.

청나래고사리에는 잎이 두 종류가 있다. 봄에 나오는 것은 영양잎으로서 포자가 없고(순을 먹음) 초가을에 잎의 중심부에서 갈색의 포자주머니가 달린 포자잎이 나오는데 영양잎보다 길이가 짧아서 30~60㎝로 주맥의 양쪽에 2~3줄로 달린다. 포자잎은 굳다. 꽃꽂이의 소재로 이용되나 먹지는 못한다.

재배가 쉽고 튼튼하며 한번 심어두면 잘 번식되므로 10년은 수확할 수 있어서 집단재배가 유리하다. 비닐하우스에서 가온촉성재배나 무가온반촉성재배, 비닐터널을 이용한 조기출하와 노지재배 등 다양한 방법으로 출하기를 조절할 수 있다.

3. 재배법

(1) 적지

반그늘진 곳을 좋아하며 습한 곳에서 번식이 왕성해진다. 저온에서도 일찍 싹트고 자라므로 밤에 서늘한 기후가 적합하며 밤낮의 기온차가 심한 곳에서 우량품이 생산된다. 또 공중 습도가 높은 곳이 적합하다.

토질은 보수력이 좋은 땅이면 해가 드는 곳에서도 잘 자란다. 이상적인 것은 토심이 깊고 비옥하며 공기유통이 잘되는 부드러운 부엽토나 유기질이 풍부한 사질양토가 적합하다. 배수가 잘 안 되면 뿌리가 썩기 쉬우며 건조한 땅이나 점질토의 단단한 땅에서는 번식력이 쇠퇴하므로 부적당하다. 산성토양에는 강하다.

(2) 번식

괴경에서 옆으로 뻗어가는 란나(포복경)로서 새싹을 내는 성질을 이용하여 포기나누기로 번식시킨다.

자생지에는 군락을 이루고 있으므로 잎이 말라버리는 늦가을(10℃ 이하될 때)이나 싹트기 전인 이른 봄에 포기를 캐내어 한포기씩 떼어내서 심는다. 이때 뿌리가 마르지 않도록 주의하며 큰 포기보다 작은 포기가 활착률이 높다.

심기 전에 밭에 퇴비나 닭똥 같은 유기질비료를 1a에 100kg 쯤 뿌려서 갈아엎었다가 3주일쯤 지난 후에 정식한다.

이랑너비 80~100㎝의 두둑을 만들어 포기사이 40~50㎝ 간격으로 심는다. 이때 괴경이 묻힐 정도 즉 근주를 심고 10㎝정도 흙이 덮이게 하면 좋다. 다 심은 후 볏짚이나 낙엽을 덮어서 건조를 방지해주며 햇빛이 많이 비치는 곳이면 차광하여 그늘을 만들어 준다.

(3) 촉성재배

촉성재배는 이랑너비 150㎝에 깊이 30㎝로 파서 양열물을 넣어도 되고 온풍기나 전열시설을 해도 좋다. 지상부를 잘라버린 포기를 밀식하여 왕겨나 톱밥을 포기가 보이지 않을 높이로 덮어준다. 대개 3.3m²(1평)에 300주 정도다. 가장 중요한 점은 온도관리다. 온도는 23℃ 지온은 20°~21℃를 유지하면 20일 후부터 수확할 수 있다. 밤에 10℃ 이하로 내려가지 않도록 주의한다. 또 건조하지 않게 관리한다.

(4) 수확

다른 산나물보다 일찍 수확하게 되는데 싹이 나와서 잎이 돌돌 말려 있는 상태로 대개 10~15㎝ 길이일 때가 적기다. 1포기에서 5~6대씩 나온다. 처음에는 2~3일에 한 번씩 수확하나 최성기에는 1일 2회씩 수확하게 된다.

촉성재배는 12월부터 4월까지 3회는 가능하며 1회전을 60일쯤으로 잡으면 된다. 촉성재배한 포기는 밭에 내어다 심었다가 비배하여 다음해에 또 쓸 수 있다.

번식하여 심은 것은 다음 해 봄부터 수확할 수 있다. 단 주의할 것은 싹을 모두 따버려도 말라 죽지 않고 다시 싹이 나지만 포기가 쇠약해지므로 1~2개는 남기고 수확하여 다음해의 생육(영양잎이기 때문)에 대비하는 것이 장기적인 안목에서는 바람직하다. 수확 후 반드시 웃거름을 주어서 비배하는 것을 잊지 말아야 장기간 수확할 수 있게 된다. 대개 3.3m²에서 10㎏은 수확할 수 있다.

"댑싸리"

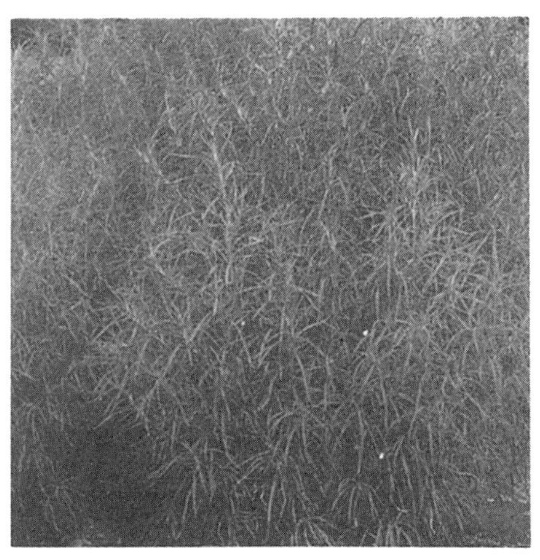

별명 : 비싸리, 공쟁이, 대싸리

학명 : *Kochia Scoparia SCHRADER*

일본명 : ホウキギ, トンブリ

漢名 : 地膚, 掃帚草, 帚子草

영명 : *Belvedere, Summer Cypress*

과명 : 명아주과

분포 : 중앙아시아와 서아시아, 유럽남부 러시아가 원산지이지만 옛부터 우리나라에 들어와 귀화식물이 되어 중부 이남에서는 집주위 밭둑 등 공지에 재배한 것이 자생상태를 이루고 있다. 갯댑싸리는 중·북부의 해안지대에 자생하고 있다.

1. 이용부위와 이용법

댑싸리는 마당빗자루를 만드는 식물로 익히 알려져왔으나 오늘날에는 값싼 프라스틱 제품에 밀려 농촌에서 자가 용으로 드물게 재배할 뿐 자취를 감춘 지 오래다. 다만 왜성종 댑싸리만 원예화하여 정원화초로, 화단의 경계용으로 재배될 뿐이다.

그러나 댑싸리는 본초강목에도 실려 있어 천년 전부터 씨를 "지부자"(地膚子)라 하여 강장제 이뇨제로 약용해 왔는데 "사포닌"이 함유되어 있다. 또 봄에는 어린 순을 나물로 데쳐서 무쳐 먹기도 하고 볶아 먹으며 국거리로도 이용했다.

댑싸리의 씨가 근래에 와서 새로운 각도의 식품으로 인기를 얻고 있으나 우리나라에서는 아직 개발되지 않고 있으며 일본을 여행한 사람들이 동북지방에서 "자파니스캐비어"라 하여 선전하는 관광지의 특산품으로 맛보고 와서 찾고 있으므로 재배가 쉬운 댑싸리에 눈길을 돌릴 필요가 있다.

댑싸리 씨는 좁쌀알만하지만 불려서 삶으면 3~4배로 불어나 도루묵알 같으며 씹으면 톡 터지는 맛이 별미인데 파란색이 식욕을 돋구며 자양강장 이뇨제의 약효도 있으므로 상품으로 개발함직하고 선전만 되면 각광받을 수 있는 건강식품이다.

앞으로 자세한 성분 분석에 의한 영양가의 확증이 필요하지만 우리는 옛부터 구황식량으로 이용했고 민간약으로도 이용했는데 줄기는 이뇨제로 각기나 비뇨기질환에 다려 먹었으며, 씨는 地膚子라 하여 강장강정제, 이뇨제, 야맹증, 노화방지 등에 이용했다. 댑싸리 씨는 쥐가 좋아하는데 영양가 있는 것은 짐승들이 먼저 알고 있다. 씨를 저장할 때 쥐의 피해를 입지 않도록 주의해야 한다.

댑싸리 씨를 불린 것은 식물의 씨라고 생각되지 않고 무슨 생선알 같아서 맛이 있으므로 철갑상어알 같다고 하여 "캐비아"라고 이름을 붙였다고 하며 술안주나 조림, 계란찜, 샐러드에도 좋고 무채와 함께 초간장에 버무려 먹어도 맛있다.

2. 생김새와 특성

1년초로서 잡초처럼 매우 튼튼하다. 높이 1m씩 자라고 가지를 많이 친다. 관상용 댑싸리는 키가 50㎝ 안팎으로 둥근 수형을 이루며 잎이 선록색으로 아름다우나 씨를 먹는 것은 잎의 색이 짙은 녹색인 빗자루를 만들던 댑싸리다. 댑싸리의 가지는 처음에는 연하지만 가을이 되면 굳어져서 딱딱해진다. 잎은 좁고 가늘며 선록색으로 가을에 황갈색으로 단풍이 물든다. 엽액에 담록색의 꽃이 피며 암꽃과 수꽃이 따로 있다. 가을에 악편에 싸인 포과가 익는데 좁쌀만한 편구형(扁球形)으로 막질의 껍질에 싸여 있다. 이 씨는 익으면 떨어져버린다.

3. 재배법

(1) 적지

매우 튼튼한 식물이지만 영리목적으로 재배할 때는 다수확을 기해야 하므로 해가 잘 들고 비옥한 땅이 좋다. 건조에 약하며, 한발이 계속되면 키가 짧아져서 수확량이 감소된다. 심기 전에 밭에 미리 밑거름으로 유기질비료를 넣고 갈아 엎어서 땅을 걸게 만들어준다.

(2) 번식

씨로 번식한다. 가을에 채종하여 간수했다가 봄에 4월 중순경 이랑너비 1m의 묘상을 만들어 흩뿌림한다.

발아하여 10㎝쯤 자라면 몇차례 솎아서 나물로 이용하고 30㎝ 간격으로 정식한다. 포기사이를 너무 넓게 하면 포기가 커져서 바람에 쓸어지기 쉽다. 가뭄이 계속될 때는 건조하지 않게 관수하는 정도의 관리면 족하다.

(4) 수확

흔히 빗자루로 이용할 때는 누렇게 되려 할 때 베어서 거꾸로 매달아 건조시켜서 비짜루를 매어 쓴다. 너무 늦게 베면 가지가 굳어져서 탄력이 줄고 부러지기 쉽다.

씨를 수확할 때는 가을에 씨가 결실하여 아직 완숙되지 않고 푸른기가 있을 때 수확한다. 포기를 베어서 씨를 탈곡한 후 말려서 저장한다.

식용으로 이용할 때는 하루쯤 물에 담그어 불린 다음 30분쯤 삶은 뒤 찬물에서 비비면 껍질이 벗겨지고 3~4배 크기로 팽창하며 새파란색을 띠고 있어 보기에도 아름답고 맛도 담백하며 씹을 때마다 톡톡 터지는 맛이 인상적이다.

"모싯대"

별명 : 모시나물, 모시때, 게로기

학명 : *Adenophora remotiflora MIQVEL*

일본명 : ソバナ

漢名 : 杏葉菜, 杏葉沙參, 地參, 薺苨

과명 : 초롱꽃과

분포 : 전국의 심산 수림 밑이나 계곡 산기슭 등 다소 습한 곳에 군락을 이루어 자생한다. 지리적으로는 일본, 중국에도 분포한다.

1. 이용부위와 이용법

모싯대는 "모시나물"이라고도 하며 널리 알려져 있는 봄의 대표적인 산나물의 하나다. 줄기를 꺾으면 흰 유즙이 나오지만 독이 없으며 맛이 순하고 담백하다.

봄에 어린 잎 줄기를 따서 생으로 무침도 하고 튀김도 만들며, 국거리로도 이용하며 데쳐서 나물로 무치기도 하고 기름에 볶아도 맛있고 샐러드로도 이용한다. 또 삶아서 말려 두고 묵나물로도 이용한다. 꽃도 향미로워서 튀김에 쓴다.

뿌리는 육질이어서 쌉쌀하지만 도라지나 더덕처럼 조리하는데 생채로 무침 구이도 맛있고 삶아서 볶음으로도 조리한다. 뿌리는 옛날에 구황식량구실도 했다.

모싯대는 잎이 살구나무 잎과 닮았고 뿌리는 더덕이나 잔대 같아서 중국에서는 杏葉菜, 또는 杏葉沙參이라 한다.

그러나 모싯대는 뿌리를 제니(薺苨)라 하여 한방에서 거담제, 해독제로 귀히 여기는 약제이며, 멧돼지가 독화살에 맞으면 얼른 모시대뿌리를 파 먹고서 스스로 해독하는데 사람이 그 지혜를 갖지 못했다고 고대의 중국명의가 개탄했다고도 하는 약재다. 진나라의 抱朴子 葛弘은 한가지의 약으로 많은 독을 동시에 푸는 것은 薺苨汁뿐이라고 하고 모든 약을 다릴 때 함께 넣고 다리면 그 약의 독성분은 스스로 다 풀어져 버린다고 했다. 그 약효가 어느 정도인지는 확실치 않으나 민간약으로 종기나 벌레물린 데 뱀에 물린 데 베인 상처 등에 해독제로 다려서 먹는 약초다.

2. 생김새와 특성

다년초로서 뿌리는 약간 굵고 육질이며 두가닥으로 갈라지는 경우가 많다. 줄기는 곧게 자라며 높이 40~100㎝로 어린 싹은 대궁의 속이 비어 있고 연한 갈색을 띠는 것이 많다. 꺾으면 백색 유즙이 나온다.

잎은 잎자루가 있는 넓은 피침형으로 호생하며 잎 가장자리에 거치가 있다.

8~9월경 줄기 끝에 종모양의 보라색 꽃이 밑을 향해 엉성하게 달리는 원추화서다. 흰꽃이 피는 흰모싯대도 있다. 꽃진 후에 타원형의 삭과가 결실한다.

꽃은 다소 크고 듬성듬성 피지만 아름답다.

3. 재배법

(1) 적지

공중습도가 많은 반그늘진 곳이 이상적이다. 북향의 계곡 같은 곳과 구릉지를 이용한 재배도 가능하다. 토질은 보수력이 있고 비옥한 유기질이 많으면서 토심이 깊은 땅이 좋다. 여름에 직사광선이 강하게 내리쬐이는 곳에서는 키가 작아진다.

(2) 번식

씨와 포기나누기 등으로 번식시킨다. 씨는 가을에 따서 모래가 다소 많이 섞인 묘상에 직파하든가 다음해 봄 4월에 파종한다. 연한 순을 수확하기 위해서는 밀파하는 것이 좋다.

포기나누기로도 번식되나 집단재배는 실생번식에 의하는 것이 유리하다.

실생묘는 1년간 비배관리하였다가 다음해 봄에 나물로 수확하며 뿌리를 목적할 때는 늦가을이나 이른 봄 싹트기전에 10~15㎝ 간격으로 넓혀 심는다.

(3) 수확

5~6월경 순이 나와서 줄기가 연할 때 수확하며 꽃대가 나오기 전까지의 상순의 연한 것은 수확할 수 있다.

뿌리는 가을에 줄기가 마른 뒤부터 봄에 싹트기 전까지 수확할 수 있다.

"잔대"

별명 : 딱주, 沙參

학명 : *Adenophora triphylla DC, var, japonica HARA*

일본명 : シリガネニンジン

漢名 : 沙參, 羊乳

과명 : 초롱꽃과

분포 : 전국의 평지에서 고산에 이르기까지 널리 자생하고 있으며 지리적으로는 일본, 중국 등 온대에서 한대에 걸쳐 널리 분포하고 있다.

특히 해가 잘 드는 산기슭이나 산등성이 또는 들판 등에 군락을 이루고 자생하는 경우가 많아 야생화지만 세련되고 매우 아름답다.

1. 이용부위와 이용법

잔대는 봄에 나오는 어린싹을 나물로 먹는 대표적인 산나물의 하나로 이때는 "딱주"라 하여 따로 이름이 주어져 있다.

딱주는 맛이 순하고 담백하다. 데쳐서 나물로 무치기도 하고 국거리도 맛있으며 볶아도 좋다. 또 삶아서 말렸다가 묵나물로도 이용한다.

잔대의 뿌리는 "사삼"(沙參)이라 하며 인삼과 비슷한 약효가 있다고 하는데 사포닌과 이누린이 함유되어 있어서 한방에서 거담, 진해, 건위, 강장제 등의 약제로 이용하며 桔梗(도라지 뿌리)의 대용으로도 쓴다. 민간약으로도 기관지염이나 기침, 대하증, 복통 등에 거담, 건위, 강장약으로 쓴다.

잔대뿌리는 도라지나 더덕처럼 먹을 수 있는데 봄과 가을에 뿌리를 캐서 껍질을 벗겨버리고 소금에 비벼 씻어 유즙을 제거한 후 구이도 만들고 생채로 무쳐도 맛있고 짱아지로도 먹으며, 썰어서 말렸다가 다시 물에 불려서 조리할 수도 있다. 또 약술을 빚어 자양강장제로 쓴다.

뿌리는 식용이든 약용이든간에 일단 캔 다음에는 물에 씻어 껍질을 벗긴 후에 볕에 말려서 저장한다. 약용일 때는 가을에 채취한다.

2. 생김새와 특성

다년초로 근경이 굵고 육질이며 곧게 들어간다. 묵은 뿌리는 더덕처럼 가로로 주름이 많이 져 있다.

줄기는 외대로 곧게 자라며 꺾으면 흰 유즙이 나온다. 이 유즙은 무해하므로 씻으면 없어진다. 높이 40~100㎝로 자라며 한포기에서 여러대가 군생한다. 잎은 타원형으로 끝이 뾰죽하며 톱니가 있고 한마디에서 3~6장씩 윤생하며 층층이 돌아난다. 잔대는 종류가 많아서 잎이 대생하는 것과 호생하는 것, 털이 없는 것과 털이 있는 것 등 다양하다.

그러나 대개 다 먹을 수 있다.

꽃은 8~10월에 보라색의 종모양을 한 2㎝ 크기의 귀엽고 예쁜 꽃이 밑을 향해 드리워 층층이 원추화서로 피면 매우 아름답다.

이 꽃은 윤생하면서 밑에서부터 차례로 피어 올라간다. 열매는 납작한 구형의 삭과가 결실된다.

3. 재배법

(1) 적지

북향을 제외한 동서남향의 경사지나 용수로의 제방둑, 유휴농지, 이용하지 않았던 들판 등 자연지형을 최대한 활용한 집단재배가 가능한 곳이면 된다.

해가 잘 드는 것이 중요하며, 토질은 토심이 깊고 배수가 잘 되는 그러면서도 보수력이 있는 유기질이 풍부한 비옥한 땅이 좋다.

(2) 번식

씨와 포기나누기로 번식시킨다. 가을에 씨가 익으면 채종하여 직파하면 쉽게 발아한다. 1~1.5m 너비의 이랑을 만들어 흩뿌림한다. 파종 후 낙엽이나 볏짚을 덮어두었다가 봄에 싹이 난 후 제거해준다. 실생번식한 묘종은 1년간 비배했다가 다음해부터 수확한다.

밀파하면 연하고 긴 순을 수확할 수 있다. 대개 2,3년은 순을 채취하고 4년째는 뿌리를 수확하는 재배방법을 도입하는 것이 유리하다. 재배도 쉽고 빨리 자라므로 농외소득과 부업으로 재배해도 손해보지 않을 것이다.

(3) 수확

봄에 순이 연할 때 채취하며 자랐을 때도 끝이 연한 순은 7월 꽃이 피기 직전까지도 채취할 수 있다. 따라서 출하기가 긴 편이다.

뿌리의 수확은 약용일 때는 늦가을에 하고 식용일 때는 쇠지 않는 2년째 가을이나 3년째 봄에 수확한다.

"얼레지"

별명 : 가재무릇

학명 : *Erythronium japonicum PECAINSE*

일본명 : カタクリ, カタコ

漢名 : 車前葉山慈姑

과명 : 백합과

분포 : 전국의 1000m 이상의 심산의 구릉지의 계곡 등의 수림 그늘 즉, 낙엽수림 밑의 반그늘진 곳이면서도 해가 드는 밝은 곳의 토심이 깊은 비옥한 땅에 군락을 이루고 자생하고 있다. 지리적으로는 일본, 중국 등 북반구의 온대에 분포하며 북미대륙에는 10여종이나 분포하며 유럽 남부에도 분포한다.

1. 이용부위와 이용법

얼레지는 잎에 얼룩얼룩한 반점이 얼룩져 있어서 "얼레지"라고 하는데 모양과는 달리 육질의 부드러운 잎과 녹말질이 많은 뿌리(인경)를 먹는 맛있는 이른봄의 산나물이다.

얼레지의 잎은 두장밖에 없지만 육질의 잎줄기와 함께 커서 나물로 먹기에는 넉넉하다. 잎이나 줄기는 살짝 데쳐서 나물로 무치기도 하고 볶기도 하며 생으로 튀김이나 국거리로도 이용한다. 얼레지나물은 맛이 달고 매끄럽고 부드러워서 나물 중에 상품에 속한다.

얼레지는 나물 못지 않게 뿌리의 녹말이 더 귀히 여겨지는 식물로 옛적에는 구황식량으로 알차게 쓰여졌다. 일본에서는 녹말을 "가다꾸리"(カタクリ)라 하는데 얼레지의 녹말을 뜻한 이름이며 오늘날처럼 감자나 고구마로 만든 녹말도 가다꾸리라고 말할 정도로 얼레지의 녹말은 유명하다.

얼레지의 녹말은 최고품의 녹말로 어린이나 노약자의 자양강장식품으로 으뜸이며 감기, 설사, 이질, 복통 등의 병후 자양식으로도 약용되는 영양가 높은 보건식품이다. 또 종기나 습진에도 녹말을 환부에 뿌리거나 붙이는 민간요법도 있다.

얼레지뿌리는 꽃대의 높이와 반비례하여 땅속에 깊이 있으므로 쉽게 뽑히지 않는다. 쪽파를 길게한 듯한 인경(뿌리)은 쪄서 먹기도 하고 조림이나 정과도 만들며 국거리로도 이용하나 흔치 않다.

얼레지의 녹말제조법을 소개하면, 지상부가 말라죽기 직전인 6월말에 캐지않으면 지상부가 사그러져서 찾기 어렵다. 인경을 캐내어 껍질을 벗긴 뒤 절구에 찧든가 강판에 갈든가 믹서에 갈아서 자루에 넣고 물을 부어 주물러 걸러서 여과시켜 짠 후 그 물을 가라앉힌다. 침전된 녹말은 몇차례씩 물을 갈아주며 우려낸 뒤 말려서 녹말을 만든다. 얼레지녹말은 희고 끓는 물을 부으면 곧 굳어버리지만 젤리처럼 부드럽다. 그래서 환약을 만드는데 부형제로도 이용했다.

얼레지의 녹말함유량은 건조한 인경의 40~50%라 한다.

얼레지는 꽃이 크고 아름다워서 원예식물화되어 분화초나 정원초화로도 가꾸어지는데 미국이나 유럽에는 많은 종류가 자생하고 있어서 개량을 거쳐 꽃빛도 다양한 화초로 변화되어 있다.

우리나라 태백산에는 흰꽃이 섞여 피는 것이 있고 북미동부에는 노랑꽃이 피는 것이 있는가 하면 유럽남부에는 시크라맨꽃과 흡사한 것도 있다.

2. 생김새와 특성

다년초로서 봄 4월에 꽃대를 감싸듯 2장(드물게 3장도 있다)의 장타원형의 잎이 땅에 부터서 돋아난다. 잎은 다소 육질로 부드러우며 길이 6~12㎝, 너비 2.5~5㎝로 잎자루가 있으며 녹색바탕에 희고, 자주빛의 반점이 많이 얼룩져 있다. 개화주가 아닌 어린 것은 잎이 1장 밖에 나오지 않는다.

잎사이에서 20~25㎝의 꽃대가 1대 나와서 그 끝에 4~5㎝ 크기의 자주빛의 백합꽃을 닮은 아름다운 꽃이 밑을 보고 핀다. 이 꽃은 6장의 꽃잎이 뒤집히듯 위로 치켜올라가 있다. 개화기는 4~5월초이다. 6~7월이면 삭과가 결실하는데 넓은 타원형으로 3개의 능선이 있다.

7월 이후면 지상부가 사그라져 없어진다. 땅 속에 인경이 하나 있는데 길이 6㎝ 지름이 1㎝ 남짓하며 희고 육질로 녹말질이 많이 함유되어 있다. 인경은 꽃대길이와 맞먹는 깊이에 있는데 대개 20~25㎝ 깊이지만 어린 것은 3~5㎝ 깊이에 있다. 얼레지는 금년의 인경 밑에 다음해의 싹이 생겨 매년 교대하면서 성장해가므로 커지면 커질수록 땅속 깊이 인경이 들어가 숨게되어 쉽게 뽑을 수 없다.

3. 재배법

(1) 적지

반그늘지고 서늘한 낙엽수 밑이 좋으며 직사광선과 고온에 약하다. 토질은 뿌리가 깊이 들어가므로 토심이 깊고 부드러운 것이 중요하며, 보수력이 있고 배수가 잘 되는 부식질이 많은 비옥한 땅이 이상적이다. 특히 겨울에 서릿발이 심하게 서는 땅이나 여름에 지나치게 건조한 것은 좋지 않다. 뿌리에 녹말질이 많으므로 여름에 고온다습하면 썩기 쉽다.

(2) 번식

씨와 분구로 번식시킨다. 씨는 익으면 떨어지기 전에 따서 직파한다. 파종상은 배수가 잘 되게 하여 부엽토를 듬뿍 넣고 흩뿌림한 후 부드러운 흙으로 복토하고 낙엽이나 볏짚을 덮어서 건조시에 한해를 방지해준다. 다음해 봄에 덮은 것을 벗겨주면 4월쯤에 잎이 1장 나온다. 발아율은 좋은 편이 아니다. 싹튼 것을 비배하여 2~3년 뒤는 꽃을 볼 수 있다.

분구는 9~10월경 자연분구된 것을 쪼개어서 심으면 된다. 자구는 20㎝ 간격에 5~6㎝ 깊이로 심는다. 자주 옮겨 심는 것은 인경이 쇠약해지므로 3~4년 비배한다.

생육기간이 짧은 편이므로 생육기간 중에 엷은 액비를 2~3회 주어 비배한다.

(3) 수확

순을 사용할 목적으로 재배할 때는 잎을 따고 나면 다시 잎이 나오지 않는 폐단이 있으므로, 재배할 때 순과 뿌리로 수확할 것을 미리 정하고 재배에 임해야 실패하지 않는다.

아직까지 얼레지의 집단재배하는 곳이 드문 것도 이러한 약점때문인 듯하나 관광지의 관상용 자원으로 개발하였다가 뿌리를 수확하여 지역 특산식품으로 수요를 확대하는 것이 바람직하다.

"전호"

별명 : 반들전호, 前胡

학명 : *Anthriscus Sylvestris HOFFM*

일본명 : シャク, ヤマニンジン

漢名 : 前胡, 峨參

과명 : 미나리과

분포 : 남쪽의 섬들과 깊은 산 산기슭, 구릉지대, 들판, 강기슭 등 습한 곳에 군락을 이루어 자생한다. 일본과 중국, 사할린, 시베리아, 중앙아시아, 동부 유럽에도 분포한다.

1. 이용부위와 이용법

전호는 뿌리를 생약으로 쓰는 "前胡"를 말하며 일반적으로 약용식물로 인식되고 있으나 이른 봄에 눈 녹은 검은 대지를 뚫고 눈부시도록 선명한 녹색의 새싹이 움터오는 것은 참으로 볼만한데, 이 어린 순과 잎, 줄기 등을 산나물로도 이용하는데 미나리과의 식물답게 독특한 향미가 있는 진미의 산채다. 전호의 잎은 당근잎과 흡사한데 연하기 때문에 꽃이 필 때까지 연한 줄기와 순을 이용한다.

전호는 생으로 튀김을 만들면 향긋해서 별미이고 살짝 데쳐서 나물로 무치기도 하고 볶음이나 찌게 국거리 등 다양하게 조리할 수 있으며 삶아서 말렸다가 묵나물로도 이용한다.

옛날에는 털전호(Anthriscus nemorosa SPRENG)의 뿌리를 가루로 만들어서 구황식량으로 이용했다는 기록도 있으나 전호의 뿌리는 생약으로 한방에서 소화촉진, 자양강장, 노인빈뇨, 진해, 거담, 해열, 치통 등의 약제로 이용한다.

순을 나물로 먹을 수 있는 것은 전호나 털전호 모두 다 맛이 있다.

2. 생김새와 특성

다년초이며 어린 모종일 때는 당근잎과 흡사하다. 줄기는 곧게 60~100㎝로 자라며 녹색으로 듬성듬성하게 가지를 친다. 잎은 잘게 찢어진 재우상복엽으로 선록색이다. 6~7월에 줄기 끝에 복산형화서로 흰색 잔꽃이 많이 핀다. 꽃이 진후에 피침상원추형의 삭과가 결실한다. 근경은 굵은 육질로서 여러 가닥으로 갈라지며 실뿌리가 난다.

3. 재배법

(1) 적지

전국의 어느 곳에서도 재배할 수 있으며 다만 토질만은 토심이 깊고 부드러운 흙이 좋다. 부식질이 많고 보수력이 있는 비옥한 땅이 이상적이다. 반그늘에서도 잘 자라지만 습하고 부드러운 흙일 때는 해가 잘 쬐는 편이 좋다.

(2) 번식

씨로 번식한다. 씨가 8월에 익으면 채종하여 직파하든가 다음해 봄에 파종한다. 파종상에 유기질비료를 넣고 갈아엎었다가 1개월 뒤에 120㎝ 너비의 이랑을 만들어 흩뿌림한다. 파종한 당년에는 수확하지 않고 월동시켜 이듬해 봄에 수확한다. 밀파된 것이 순이 길게 나와서 좋다. 뿌리를 약재로 재배할 때는 이듬해 봄에 30㎝ 간격으로 넓혀 심는다.

포기나누기로도 번식시킬 수 있으나 근경이 여러 갈래로 갈라져 있어서 묘두에 싹을 1~2개씩 붙여 쪼개어 심는데 대량재배는 실생에 의하는 것이 경제적이다.

봄에 비닐 2중터널을 씌우면 조기 출하할 수 있다.

(3) 수확

어린 순이 20㎝쯤 자랄 때 베어서 출하할 수 있다. 베어내면 다시 싹이 나온다. 또 줄기나 잎이 연하기 때문에 꽃이 필 때까지 수확할 수 있어 수확기가 긴 편이다.

뿌리는 약재로 이용할 때는 3, 4년 비배했다가 3, 4월과 9, 10월에 캐서 물에 씻어 말려서 출하한다.

"미역취"

별명 : 개미취, 돼지나물, 메역취

학명 : *Solidago japonica KIAM*

일본명 : アキノキリンソウ, アワダチソウ

漢名 : 一枝黃花

과명 : 엉거시과

분포 : 전국의 산야 수림 밑에 자생하며 해양한 낙엽수 밑에 많다. 지리적으로는 일본, 중국, 사할린 등에 분포한다.

1. 이용부위와 이용법

미역취는 봄에 가는 줄기가 검은 자주빛을 띠는 것이 많아 쉽게 구별되는 맛있는 산나물이다.

미역취는 자라면 줄기가 굳어지지만 어릴 때는 연하고 맛도 있다. 어린 순을 생으로 튀김으로도 이용하고 데쳐서 나물로 무치거나 볶아도 맛있으며 국거리로도 이용한다. 또 삶아서 말렸다가 묵나물로도 이용하는 흔한 산나물이다.

미역취는 一枝黃花라하여 생약으로서 한방에서 건위, 이뇨, 항균 등의 작용이 있어서 신장병, 방광염, 감기로 인한 두통, 목이 부어 아플 때, 종기의 해독 등에 약용하며 민간약으로는 이뇨제, 산후복통 등에 달여서 먹는다.

해방 후에 들어온 귀화식물로서 도시 근교에 군락을 이루고 있는 북미원산의 "소리다고"는 "미국미역취"라고도 하는데 키가 크고 번식력도 왕성하다. 꽃도 많이 피어 화려하지만 개화기에 꽃가루가 알레르기를 일으켜 화분천식 때문에 잡초공해라고 유해론이 대두되고 있다. 우리나라 미역취와 같은 무리지만 맛이 써서 먹지 못하며 절화로만 이용되고 있다.

우리나라 미역취는 꽃 필 때까지 연한 순은 나물로 이용할 수 있고 약초로 이용할 때는 7~8월에 베어다 말려 두었다가 쓴다.

2. 생김새와 특성

다년초로 높이 30~70㎝로 곧게 자라며 줄기는 가늘고 단단하며 위쪽에 가서 가지를 친다. 어린순일 때는 줄기가 검은 자주빛을 띠는 것이 많다. 잎은 7~9㎝ 길이에 1.5~5㎝ 너비의 긴타원형~피침형으로 잎자루가 있으며 표면은 녹색이고 털이 있으며 뒷면은 색이 연하다. 잎가장자리에 톱니가 있다. 호생하며 위로 올라갈수록 잎자루가 짧아진다. 꽃은 7~10월에 국화꽃 같은 노랑 잔꽃이 산방상 수상화서로 핀다. 꽃이 지면 수과가 익는데 관모가 달려 있어서 바람에 날아간다.

3. 재배법

(1) 적지

해가 잘 드는 곳을 좋아하지만 반그늘에서도 잘 자라므로 연한 나물을 생산하려면 반그늘진 곳이 이상적이다. 토질은 보수력이 있고 배수가 잘되는 부식질이 많은 비옥한 땅이 좋다. 건조하고 바람이 센곳에서는 20㎝에서도 꽃이 피어버린다.

(2) 번식

씨와 포기나누기로 번식시킨다. 가을에 씨가 익으면 날아가기 전에 채종하여 비벼서 관모를 제거한 후 직파해도 되고 다음해 봄 4월에 뿌려도 된다.

120㎝ 너비의 이랑을 만들어 흩뿌림이나 20㎝ 간격으로 줄뿌림한다. 비교적 발아가 잘 된다. 밀파하는 것이 길고 연한 순을 채취할 수 있다.

미역취는 다음해부터는 곁순이 여러대 소복하게 올라오므로 싹트기 전이나 줄기가 마른 뒤인 늦가을에 포기 사이를 20~25㎝ 간격으로 넓혀 이식해준다.

포기나누기는 늦가을이나 봄 싹트기 전에 포기를 캐낸 후에 싹을 2~3개씩 붙여서 쪼개어 심으면 된다.

조기출하를 목적으로 재배할 때는 비닐터널을 씌우면 일찍 싹이 트므로 일찍 출하할 수 있다.

다수확을 위해서는 유기질비료를 웃거름으로 주어 비배해야 한다.

(3) 수확

어린 순이 15㎝쯤 자랄 때 줄기가 연한 부위까지를 자른다. 곁순이 다시 나오므로 1년에 여러번 수확할 수 있다.

"민박쥐나물"

별명 : 큰박쥐나물

학명 : *Cacalia hastata L, var, Subsp. orientalis KITAMURA*

일본명 : ヨブスマソウ

과명 : 엉거시과

분포 : 전국의 심산의 수림 밑이나 높은 산의 초원이나 계곡 등 습기가 많은 곳에 군락을 이루고 자생하며 일본, 중국 북부(만주), 사할린에도 분포한다.

1. 이용부위와 이용법

민박쥐나물은 흔히 "박쥐나물"이라고 하며 종류가 여럿 있으나 통털어서 박쥐나물로 통칭되는 맛있는 고급 산나물이다. 박쥐나물의 세모꼴 모양의 큰잎은 흡사 박쥐가 날개를 펴고 날아가는 형상 같아서 붙여진 이름이라 한다.

민박쥐나물은 봄에 나온 잎을 생으로 밥을 싸먹는 산나물이다. 흔치 않게 쌈을 쌀 수 있는 귀한 산채인데 약간 쌉쌀한 맛과 쑥갓같기도 하고 샐러리같기도 한 독특한 향기가 있는 별미의 나물이다. 어린 싹을 데쳐서 나물로 무쳐도 먹고 기름에 볶기도 하고 국거리로도 이용하며 샐러드나 튀김으로도 이용할 수 있는 향채인데 조림(줄기)도 하고 삶아서 말렸다가 묵나물로도 이용하는 영양가 높고 강장(强壯)의 효과도 있는 훌륭한 건강식품이다.

박쥐나물의 싸각거리며 씹히는 맛은 달고도 향긋해서 별미인데 데쳐서 잘게 썰어 밥을 뜸들일 때 위에 얹었다가 고루 섞어 그릇에 담고 양념장에 버무리는 나물밥이 특히 맛있다.

2. 생김새와 특성

1~2m씩 자라는 대형의 다년초로서 줄기는 곧게 자라며 대궁의 속이 비어 있고 녹색이다. 잎은 특색이 있는 삼각형으로 길이가 25~35㎝에 너비가 30~40㎝나 되며, 10여㎝의 잎자루가 대궁을 감싸듯 붙어 있고 밑쪽에 날개가 있다. 꽃은 8~9월경 줄기 끝쪽이 가지를 쳐서 끝에 희고 갸름한 두화가 원추화서로 꽃핀다. 열매는 수과로 가을에 익는다.

근경은 단단하며 짧고 넓게 뻗지 않는다.

3. 재배법

(1) 적지

반그늘지는 공중습도가 있는 곳이 좋다. 대개 표고 500m 이상의 임지(고냉지)의 수림 사이 평지에서 재배하는 것이 바람직하다. 토질은 보수력이 있고 부식질이 많은 비옥한 땅이 좋다. 배수가 잘되는 것도 중요하므로 다소 경사진 구릉지대가 재배에 유리하다.

박쥐나물류는 포기가 넓게 퍼지지 않으면서 잎이 커서 시원한 느낌을 주므로 정원수 사이에 심는 정원초화로 도입하는 것도 좋다.

(2) 번식

씨와 포기나누기로 번식한다.

실생번식은 가을에 씨가 익으면 채종하여 직파해도 되고 봄에 파종해도 된다. 단 크게 자라므로 20㎝ 간격으로 점뿌림한다. 나물을 목적으로 재배할 때는 줄뿌림이나 흩뿌림하여 연한 순을 생산한다. 포기나누기는 봄에 싹트기 전에 포기를 캐내어 싹을 2~3개 붙여서 쪼개어 30㎝ 간격으로 심는다.

(3) 수확

봄에 싹이 20㎝쯤 자랄 때 낫으로 베어내면 밑쪽에서 다시 싹이 나온다. 두번째 싹은 그대로 자라게 해서 추대하기 전에 상순을 다시 수확한다. 그렇게 하면 모주도 보호할 수 있고 생산량도 증대시킬 수 있다. 또 줄기를 수확할 때는 6~7월에 대궁을 베어 잎은 잎대로 나물로 하고 대궁은 껍질을 벗겨 저림으로 가공하면 된다.

대개 4월 말부터 깊은 산속에서는 7월까지도 채취가 가능하다.

"밀나물"

별명 : 우미채(牛尾菜), 밀, 먹나물, 오아리

학명 : *Smilax oldhami MIQUEL*

일본명 : シオデ

漢名 : 牛尾菜

과명 : 백합과

분포 : 전국의 산기슭, 강기슭, 들판, 구릉지 등의 수림 사이의 밝은 덤불 속에 자생하며 일본과 중국에도 분포한다.

1. 이용부위와 이용법

밀나물은 일명 "우미채"라고도 하며 봄에 돋아나는 순이 흡사 "그린 아스파라가스"처럼 생겼으며 맛도 이와 비슷해서 산나물 아스파라가스라 해도 손색이 없다. 밀나물은 부드러우면서도 매끄럽고 씹히는 감촉이 좋으며 향기로워서 담백하고 세련된 고상한 맛이 산채에서는 전혀 느낄 수 없는 진미의 산나물이다.

밀나물은 어린 순이나 연한 줄기와 꽃봉오리 등을 식용하는데 어린 순은 생으로 튀김요리도 하고 마요네즈나 초고추장에 찍어 먹어도 향미롭다. 국거리로도 이용되며 살짝 데쳐서 나물로 무쳐도 되고 기름에 볶아도 맛있으며 조림도 하고 소금물에 저림가공도 할 수 있다. 국에나 찌게에 넣은 것은 흡사 고사리 맛 같다.

말나물은 영양가가 높을 뿐만 아니라 노화를 방지하고 혈액순환을 원활하게 하며 이뇨와 강장의 효과도 있다 한다.

2. 생김새와 특성

밀나물은 흡사 청가시덩굴처럼 생겼으나 잎에 윤채가 없다.

밀나물은 덩굴성 다년초로 줄기와 덩굴손으로 다른 식물에 의지하여 감겨붙어 자라간다. 가지가 많이 갈라지고 잎은 호생하며 난형으로 끝이 뾰죽하고 짧은 잎줄기가 있다. 엽맥이 뚜렷하고 거치는 없다. 잎자루 밑쪽에 덩굴손이 있다. 6~7월에 엽맥에서 긴 꽃대가 나와서 황록색의 동그란 산형화서로 꽃이 핀다.

꽃이 진 후 동그란 액과가 결실하여 검게 익는다.

3. 재배법

(1) 적지

해가 잘 드는 곳이나 반그늘에서도 잘 자라지만 습기가 있는 곳이 중요하다. 건조한 곳에서는 사그러져 없어져버린다. 토질은 보수력이 있고 토심이 깊으며 부식질이 많은 비옥한 땅이 좋다. 경사진 곳보다 평지에서 재배하는 것이 유리하다.

(2) 번식

씨와 포기나누기로 번식한다.

실생번식은 가을에 씨가 익으면 채종하여 물에 씻어서 과육을 제거한 후 직파하든가 땅에 묻었다가 봄에 파종한다.

밀나물씨는 한 번 건조하면 발아력이 상실되므로 재배가 어렵다고 여겼으나 습층저장으로 휴면을 타파시키면 발아율은 나쁜 편이 아니다. 가을에 뿌릴 때는 다소 복토를 두껍게 한다. 파종요령은 줄뿌림이나 흩뿌림으로 하며 볏짚을 덮어서 건조를 방지해준다. 발아하면 1년간 비배했다가 다음해부터 수확한다.

포기나누기는 가을이나 이른 봄에 싹트기 전에 포기를 캐내어 쪼개어 심으면 된다. 덩굴성 식물이므로 지주를 세워서 유인해줄 필요가 있다.

(3) 수확

대개 연필굵기에서 실한 것은 손가락 굵기만 한 것도 있다. 채취 적기는 순이 올라와서 잎이 피지 않는 4~6월까지이며 손으로 꺾을 수 있을 정도의 연한 순은 꽃피기 전까지도 이용할 수 있다.

순을 따고 나면 다시 두번째 순이 나오므로 2~3회 수확할 수 있으나 여러번 수확하면 포기가 쇠약해져서 말라죽는 경우가 생기므로 3번째부터는 생장시켜서 다음해에 대비한다.

밀나물은 육질이기 때문에 상하기 쉬우므로 빨리 데치든가 소금물에 염장하여 손상을 줄여야 한다.

"갯기름나물"

별명 : 미역방풍, 목단방풍

학명 : *Peucedanum japonicum THUNB*

일본명 : ボタンボウフウ

과명 : 미나리과

분포 : 제주도, 울릉도, 남부도서 및 남쪽해안의 암벽 위나 모래땅에 자생하며 일본, 중국, 대만, 필리핀 등에 분포한다.

1. 이용부위와 이용법

갯기름나물은 희뿌연 회록색의 잎에 연잎처럼 물방울이 떨어지면 데굴데굴 구르는 것이 독특하며 잎의 생김은 목단잎 같고 미나리과 식물 특유의 향취도 있는 개성있는 산나물이다. 제주도, 울릉도, 남부해안의 섬 등에 자생하고 있어서 일반적으로는 널리 알려져 있지 않는 나물이지만 자생지에서는 즐겨 이용하는 맛있고 영양가 높은 산채다.

갯기름나물은 어린 순, 연한 잎, 열매, 뿌리 모두를 식용하는데 잎줄기는 살짝 데쳐서 나물로 무치거나 볶아서 먹으며 튀김요리, 마요네즈에 무치는 샐러드로도 이용한다. 열매는 과실주를 담는데, 피로회복, 빈혈, 두통에 효과가 있으며 약술 외에 빵이나 쿠키, 드레싱에도 이용하며, 뿌리는 인삼 대용으로 일본에서 약용했던 적도 있었다고 도감에 기록되어 있을 정도다. 뿌리는 그늘에 말린 것을 발한 해열 자양강장제 등으로 이용한다.

뿌리도 도라지처럼 조리하면 맛있다.

잎줄기 등은 썰어서 말렸다가 차로도 이용할 수 있는 팔방미인격인 건강식품이다.

2. 생김새와 특성

상록의 다년초로서 줄기는 곧게 60~100㎝로 자라며 가지를 친다. 잎은 호생하며 긴 잎자루가 있고 회록색으로 2~3회 우상복엽으로 다소 두텁다. 6~8월에 가지 끝에 흰 잔꽃이 복산형화서로 핀다. 열매는 8~10월에 익는데 5㎜ 정도 크기의 납작한 타원형으로 갈색으로 익으며 유선(油腺)이 있다.

식물 전체에 향기가 있다. 땅속 뿌리는 굵고 목부분은 섬유질이 많다.

신립초에 버금가는 영양가 높은 산채이므로 남부지역이나 도서지방의 특산식품으로 개발 보급하는 것이 바람직하다.

3. 재배법

(1) 적지

난대성식물이므로 중부이북이면 겨울에 보온시설 하에서의 재배가 바람직하다. 해풍에는 별로 영향받지 않으므로 공중습도가 높고 해가 잘 드는 곳이 좋으며 토질은 보수력이 있으면서도 배수가 잘 되는 토심이 깊은 비옥한 땅이 좋다.

(2) 번식

씨로 번식한다. 가을에 씨가 익으면 채종하여 직파하든가 노천에 가매장했다가 봄에 파종한다. 줄뿌림이나 흩뿌림하여 발아하면 1년간 비배하였다가 다음해부터 수확한다.

(3) 수확

맹아력이 왕성하므로 밑쪽 잎을 2~3장만 남기고 채취하면 다시 곁눈이 나와서 자라게 되므로 추대시키지 않으면 여러번 수확할 수 있다.

"물레나물"

학명 : *Hypericum ascyron L*

일본명 : トモエソウ

漢名 : 金絲桃, 金絲蝴蝶

과명 : 물레나물과

분포 : 전국의 양지바른 산기슭이나 바닷가에 자생하며, 일본, 중국북부, 동부시베리아 등지에 분포한다.

1. 이용부위와 이용법

물레나물은 이른봄에 돋아나는 어린 순이 젓가락처럼 네모진 연한 줄기에 갸름한 잎이 마주보고 나 있으며 싹이 날 때는 붉은 빛을 띠고 있어서 매우 아름답다. 어린 순을 나물로 먹는데 인산과 철분 등 무기질이 많이 함유되어 있는 영양가가 높은 맛있는 산나물이다.

물레나물은 연하고 부드러운 순을 따서 살짝 데쳐서 나물로 무치기도 하고 기름에 볶아도 맛있다.

물레나물은 한방에서 지혈, 종기, 여주창 등에 쓴다. 상처가 났을 때 생잎을 비벼서 붙이면 지혈이 잘 되며 상처도 빨리 아물게 된다.

여름에 황금색 큰 꽃이 피는데 꽃잎 끝이 휘어져서 같은 방향을 향한 것이 흡사 물레바퀴 돌아가는 듯하여 물레나물이라 한다는데 매우 아름다워서 정원초화로도 손색이 없다.

2. 생김새와 특성

다년초로서 높이 50~100㎝로 자라며, 원대는 곧게 자라며 가지를 친다. 줄기는 네모지며 밑부분은 굳어져서 목질화되며 갈색이 된다. 잎은 대생하며 뾰죽한 피침형이며 투명하고 자질구레한 점이 있다. 6~8월에 4~5㎝ 크기의 황금색 5판화가 가지 끝에 핀다. 꽃잎 끝이 꼬이듯 같은 방향으로 바람개비 모양으로 돌 듯 피어 있어 애교스럽다. 꽃술도 금실 같아서 조화롭다. 꽃의 수명은 하루살이밖에 못되지만 취산화서로 꽃이 피므로 화려하다. 열매는 난형의 삭과다. 씨는 잘다.

3. 재배법

(1) 적지

해가 잘 드는 양지바른 곳이 좋으며 토질은 보수력이 있는 비옥한 땅이 좋다.

(2) 번식

씨로 번식한다. 가을에 씨가 익으면 채종하여 비벼서 과피를 제거한 뒤 씨가 잘므로 모래와 섞어서 흩뿌림한다. 1년간 비배하였다가 다음해부터 수확한다.

(3) 수확

15㎝쯤 자란 연하고 어린 순을 채취한다. 밑쪽 잎을 2~3장 남기고 채취하면 다시 곁순이 나와서 가지를 치게 된다. 목질화되지 않은 순의 끝쪽도 수확할 수 있다.

"조팝나무"

별명 : 홑조팝나무

학명 : *Spiraea Simpliciflora HATSUS*

꼬리조팝나무 : S. Salicifolia L. var lanceolata TOREY

일본명 : ヒトエノシジミバナ : ホザキシモッチ

漢名 : 木常山

과명 : 조팝나무과

분포 : 전국의 산기슭이나 산골짝 양지의 습한 곳에 자생하며 일본, 중국에도 분포한다.

1. 이용부위와 이용법

조팝나무는 봄에 가지에 돋아나는 어린 순을 따서 나물로 먹는 맛있는 산채의 하나다. 나물이 보기에 소담스럽지는 못해도 잎이 연하고 잡맛이 없고 담백해서 많이 이용한다.

조팝나무는 종류가 많은데 대개가 꽃은 잘지만 훌륭한 밀원식물이며 또 관상용화목으로 가꾸어지는 것도 많다. 그러나 어린 순을 나물로 먹을 수 있는 것은 조팝나무(홑조팝나무라고도 함)와 "붉은 조록싸리"라고도 하는 "꼬리조팝나무"뿐이다. 꼬리조팝나무는 비타민 C가 많이 함유되어 있는 영양가 높은 산채다.

조팝나무는 민간약으로도 쓰이는데 뿌리와 줄기를 해열제로 이용한다.

조팝나무 순은 데쳐서 나물로 무치기도 하고 기름에 볶아도 좋고 생으로 또는 튀김으로 요리해도 맛있다.

2. 생김새와 특성

낙엽관목으로 높이 1~1.5m로 자라며 줄기는 가늘고 능선이 있으며 밤색이다. 잎은 호생하며 타원형으로 가장자리에 잔 거치가 있다. 윗부분에 달리는 측아는 모두 꽃이 된다. 꽃은 4~5월에 흰 잔꽃(조팝형)이 산형화서로 핀다. 열매는 골돌로 9월에 익는다.

꼬리조팝나무는 잎뒷면에 잔털이 있고 잎이 다소 두터우며 꽃이 연분홍색으로 6~7월에 원추화서로 피므로 매우 아름답다. 성장이 빠르고 포기를 이룬다.

3. 재배법

(1) 적지

산기슭의 숲 가장자리나 임도(林道)주위 초원 등 양지바른 곳, 그러면서도 다소 습도가 높은 곳이 생육에 좋다. 토질은 보수력이 있고 비옥한 사질양토가 이상적이다.

(2) 번식

씨와 꺾꽂이, 포기나누기 등으로 번식한다. 꺾꽂이로 쉽게 번식되므로 집단재배는 꺾꽂이가 유리하다. 봄에 싹트기 전 3월에 지난해 자란 충실한 가지를 15㎝ 길이로 잘라 모래나 밭흙에 꽂으면 쉽게 활착한다.

포기나누기는 이른봄 싹트기 전에 포기를 캐내어 줄기를 2~3개씩 뿌리를 붙여 쪼개어 30~50㎝ 간격으로 심으면 된다. 또 여름 장마 때 포기 주위를 북돋아주면 곁순이 많이 나오므로 이듬해 봄에 흙을 헤치고 새로나온 줄기를 떼어내도 된다. 대개 3년이면 포기가 무성해지므로 이식을 겸한 포기나누기를 해준다.

이식할 때 줄기를 반정도 높이로 전정해주면 수분증발도 억제되고 활착을 도울 뿐만 아니라 곁가지가 많이 나오게 된다.

(3) 수확

봄 3월 말~5월 초까지 어린 순과 연한 줄기를 채취한다.

집단재배는 산채수확보다 정원용 관상화목으로 재배하여 봄의 어린 싹은 부수입으로 하는 경영이 수형도 고르게 하고 상품화도 쉬워 유리하다.

"나비나물"

별명 : 참나비나물

학명 : *Vicia unijuga Al, BRAUN*

일본명 : ナンテンハギ, アズキナ

漢名 : 歪頭菜, 水皁菜

과명 : 콩과

분포 : 전국의 산야에 흔히 자라며 일본, 중국에도 분포한다.

1. 이용부위와 이용법

콩과식물은 대개가 과채(果菜)로서 열매를 식용으로 이용하는 것이 보통이다. 나비나물은 드물게 콩과식물이면서도 순과 꽃봉오리를 나물로 이용하는 귀한 산채의 하나다.

나비나물은 삶을 때 흡사 팥을 삶을 때와 같은 냄새가 나는 것이 특색이다.

나비나물은 비타민 C의 함량이 매우 많은데 풋콩의 5.7배나 되며 그 밖에도 단백질, 지방, 무기질 등이 많이 함유되어 있다. 특히 영양가가 높은 알카리성 식품이다.

나비나물은 떫거나 쓴맛 등 잡맛이 전혀 없이 순하며 맛있는 산채다.

이른 봄에 나오는 어린 싹을 따서 살짝 데쳐서 나물로 무치기도 하고 기름에 볶은 나비나물은 별미이며, 국거리, 찌개거리, 샐러드로도 좋고 소금에 저렸다가 밑반찬도 하고 말렸다가 묵나물로도 이용하며 꽃은 튀김으로 별미의 요리도 만들 수 있다.

나비나물은 일종의 배당체가 함유되어 있어서 약초로도 이용되었다. 개화기에 뿌리채 전체를 채취하여 썰어서 씻어 볕에 말렸다가 다려서 먹는데 혈압을 내리며, 숙취에도 좋고 이뇨작용도 있으며 현기증, 피로 회복에 약효가 있다 한다.

2. 생김새와 특성

다년초로서 땅 속에 단단한 목질의 근경이 있다. 줄기는 네모지며 30~90㎝로 자라고 한포기에 뭉쳐서 총생한다. 잎은 호생하며 한쌍의 소엽으로서 넓은 피침형으로 거치가 없으나 2개의 탁엽은 거치가 있다.

꽃은 7~9월에 엽액에 한쪽으로 치우쳐 피는 총상화서로 홍자색의 나비모양의 아름다운 꽃이 핀다.

꽃 필 때는 관상용 초화로도 손색이 없다. 열매는 길이 3㎝정도의 흡사 완두콩같이 생겼으며 털이 없다. 나비나물은 식물체 전체에 털이 없다. 꽃은 밀원식물이 되며 질 좋은 사료작물이기도 하다.

3. 재배법

(1) 적지

해가 잘들고 다소 경사진 듯한 곳이 좋다. 토질은 유기질이 많은 비옥한 땅으로 배수가 잘 되는 다소 가벼운 토양이 좋다.

나비나물은 콩과식물로서 뿌리에 근류(根瘤)가 생기므로 질소질비료는 적어도 되지만 퇴비나 닭똥 같은 것을 밑거름으로 넣고 재배하는 것이 좋다. 척박한 땅에서는 새순이 연하지 않고 단단해진다.

(2) 번식

실생과 포기나누기로 번식한다. 실생법은 씨가 익은 10월에 채종하여 직파한다. 이랑 너비 1m의 파종상에 6㎝ 간격으로 줄뿌림한다. 파종량은 1a에 5l 정도면 된다.

포기나누기는 10~11월에 포기를 캐어다가 싹을 2~3개씩 붙여 쪼개어 심는다. 지상부를 자르고 순이 묻히게 심는다.

(3) 정식

파종한 뒤 짚을 덮어 마르지 않게 관리하면 다음해 봄 4월이면 싹이 튼다. 1년간 파종상에서 비배와 제초에 힘쓰며 2년째 되는 봄에 정식한다.

이랑 너비 120㎝이 두둑을 만들어 2열로 15㎝ 간격으로 심는다. 정식하는 간격은 포기나누기 한 모종도 같다.

(4) 수확

포기나누기 한 것은 다음해 봄부터 수확할 수 있고 파종한 것은 정식한 1년 뒤부터 수확할 수 있다. 수확기까지 다소 장기간의 육묘기간이 소요되나 일단 활착하면 계속 수확할 수 있는 이점이 있으며 재배관리도 쉬워서 농가의 부업으로 산간에 심어볼 가치가 충분하다. 또 집단재배로 대량 생산된다면 지역특산물로서 개발의 여지가 많은 산채다.

수확적기는 4~5월 사이가 연하고 가장 맛있다. 20㎝ 정도가 적기며 상순의 연한 것을 딴다. 꽃은 6~8월에 수확한다.

"다래나무"

별명 : 참다래, 영조, 미호도(獼猴桃)

학명 : *Actinidia arguta PLANCH*

일본명 : サルナシ

漢名 : 羊桃

과명 : 다래나무과

분포 : 전국의 산이나 계곡의 수림 밑에 자생하며 지리적으로는 일본, 사할린 우수리 중국북부(만주)에 분포한다.

1. 이용부위와 이용법

다래나무 열매를 "다래"라 하며 가을의 대표적인 야생과실의 하나이다.

옛날부터 즐겨 이용해왔는데 근래에는 야생다래는 보기 드물게 되고 뉴질랜드에서 도입된 "키위"를 "양다래"라 한다.

비타민이 많아서 미용식으로 애용되는 과일로 제주도와 남부지방에서 재배가 정착되어 생산되고 있다.

그러나 우리나라 재래종 다래도 이에 못지 않게 맛도 좋고 영양가도 높으며 아울러 향기도 독특해서 결코 뒤지지 않는다. 다래는 가을에 익으면 대추만한 열매가 파랗게(녹색) 되는데 연하고 달고 혀끝에 녹는 맛이 일품이다.

다래는 비타민이 레몬의 10배나 되고 과당과 서당 같은 탄수화물이 많을 뿐만 아니라 단백질, 지방, 탄닌, 무기질 등 각종 영양소가 풍부한 알카리성 식품인 동시에 자양강장식품이기도 하다.

다래는 과일로서 날것으로 먹을 뿐만 아니라 다래술을 담그어 약술로 이용한다. 피로회복, 강장, 정장, 보혈의 효과가 뛰어나다. 다래로 정과도 만들고 쨈도 만들며 설탕에 재었다가 파란 다래차도 만들며, 식초, 건과, 소금에 저린 밑반찬으로도 쓴다. 단, 생식할 때는 덜익은 다래는 설사를 일으키는 경우가 있으므로 주의한다.

다래나무의 어린 순은 봄에 다래나물이라 하여 잎이 5~6장 나왔을 때 따서 삶은 후에 우려낸 뒤 초고추장에 무치기도 한다.

기름에 볶아 나물로 이용할 뿐만 아니라 말렸다가 묵나물로도 쓰며 차로도 이용한다. 어린 순은 튀김을 해도 맛있다.

다래나무 덩굴에서 나오는 수액(樹液)은 신장병의 약이 된다. 봄에 싹트기 전에 덩굴을 잘라 수액을 받고 여름에는 줄기의 밑둥쪽을 잘라서 그릇을 받쳐놓고 수세미 수액 채취하듯 하여 받은 것을 먹는다. 저장할 때는 한번 가열한 후 밀봉해서 서늘한 곳에 저장해야 한다.

다래나무와 닮은 쥐다래나 개다래도 어린 순을 나물로 먹을 수 있다.

다래나무는 해가리개용으로 정원수로도 이용되며 덩굴은 꽃꽂이의 소재로도 많이 이용된다.

2. 생김새와 특성

암 수나무가 따로 있다. 낙엽덩굴성목본으로 다른 나무에 감겨가며 자란다. 굵은 것은 줄기의 지름이 15㎝쯤 되는 것도 있으며 길이는 10 *m*씩 뻗는다.

잎은 넓은 타원형으로 다소 두텁고 잎자루가 붉은 빛을 띠는 것이 많다. 6~7월경 새가지의 엽액에 작은 매화 같은 아름다운 흰꽃이 집산화서로 피며 향기가 있다.

꽃이 지면 타원형의 대추 같은 열매가 달리는데 과육과 과피가 모두 녹색인 액과로 매우 맛있고 향기롭다.

3. 재배법

(1) 적지

추위에는 강하나 뿌리가 지표 가까이에 얕게 뻗으므로 건조에는 약하다. 따라서 보수력이 있으면서도 배수가 잘 되는 통기성이 좋은 유기질이 풍부한 땅이 좋으며 경사진 곳의 해가 드는 곳이나 반그늘에서도 잘 자란다. 산성토양에서는 생육이 좋지 않다.

(2) 번식

씨와 접붙이기, 꺾꽂이 등으로 번식할 수 있으나 꺾꽂이로 쉽게 번식되므로 재배할 때 이 방법을 도입한다.

꺾꽂이는 암 수나무가 따로 있으므로 암 수 혼주(雌雄混株)의 모본에서 삽수를 취한다. 휴면기에는 지난해에 자란 가지를 이용하고 여름에서 가을까지는 그해 자란 가지 중 다소 굳은 녹지를 이용한다. 삽수는 굵기가 5㎜ 이상 된 것이 묻히게 꽂으면 쉽게 활착한다. 차광하여 마르지 않게 관리하여 다음해 봄에 정식한다.

(3) 정식

다래나무는 포도처럼 커지므로 5~6*m* 간격으로 심는다. 10*a*에 33주가 기준이다. 심기 전에 구덩이를 지름 60㎝, 깊이 60㎝로 파고 퇴비, 닭똥, 깻묵, 재같은 유기질비료를 넣고 흙을 덮은 다음에 심는다. 이때 묘목은 지상에서 20㎝쯤에서 잘라 싹을 3~5개 남겨둔다. 포도처럼 지주를 세우든가 아치에 올리든가 등책에 올려도 된다.

(4) 관리

질소비료가 지나치면 당도가 떨어지고 향이 없어지며, 반대로 인산과 칼리가 많으면 달고 즙이 많아지며 낙과도 적다. 또 수분이 부족하면 열매가 단단해져서 품질이 저하되므로 시비와 관수에 주의한다. 해마다 전정 정지하여 채광량을 좋게 해준다.

(5) 수확

어린 순을 나물로 할 때는 잎이 5~6장 나왔을 때 수확한다.

열매의 수확은 대개 심은 3년째부터 결실하는데 다래는 후숙시킬 수 있으므로 9월 중순부터 다소 단단한 것을 수확하여 후숙시킨다. 익은 것을 수확하면 상하기 쉽다. 대개 0°~4℃에서 저장해야 한다.

10년생 나무에서 약 600~1,000㎏은 수확할 수 있으므로 경제성은 다각적인 면에서 높은 작목에 속한다.

"구기자나무"

별명 : 구기, 괴좆나무, 지선(地仙), 선인장(仙人杖), 枸杞茶, 枸杞子, 地骨皮

학명 : *Lycium chinense MILLER*

일본명 : クコ

漢名 : 枸杞, 枸杞子, 地骨皮, 仙人杖

영명 : Chinese wolfberry

과명 : 가지과

본포 : 전국의 부락 근처에 둑이나 냇가 언덕에 자라며 진도의 것은 열매가 크고 우수하다. 지리적으로는 일본, 중국, 대만, 인도네시아, 말레이지아까지 넓게 분포하고 있다.

1. 이용부위와 이용법

구기자나무는 20여년 전에 불로장수하는 강장강정제요 만병통치의 영약으로 선전되어 큰 붐을 몰고왔던 기억에 새로운 약초다. 강장강정의 속효를 기대했던 붐은 얼마 안가서 식어버렸고 붐에 편성하여 일확천금을 꿈꾸던 많은 사람들이 피해를 입고 도산한 예도 적지 않았다.

붐이 남긴 이점은 일반가정에서도 구기자를 가꾸게 된 것과, 대단위 생산지가 형성되어 지금은 수출하는 약초가 된 것은 퍽 다행한 일이 아닐 수 없다. 그러나 붐의 쇠퇴로 폐기된 것도 적지 않았는데 구기자는 약초 아닌 산채로서도 건강식품으로 크게 기여하므로 새로운 각도에서 재배해볼만하다.

구기자는 구기자의 잎은 구기엽(枸杞葉)열매는 구기자(枸杞子) 뿌리껍질은 지골피(地骨皮)라 하여 약용하는데 구기잎과 구기자는 허약체질 개선 강장강정제로 쓰이고 지골피는 해열제, 소염제, 이뇨제로 쓴다.

특히 구기자는 술을 담그어 구기주라 하여 피로회복, 불면증, 당뇨병에 좋을 뿐만 아니라 자양강장제로 장기복용하면 노화를 방지하여 불로장수한다고 옛부터 알려져 왔다.

구기잎은 차로 상용하면 카페인이 없는 건강차로서 순환기 계통에 작용하여 고혈압, 동맥경화 등에 효과가 뛰어나며 연명차(延命茶)라는 별명으로도 불리울 만큼 좋은 건강음료다.

구기자는 "신농본초경"이나 "본초강목"의 약효는 중시하되 성급한 속효를 기대하기보다 느긋하게 그 효능을 즐겨야 한다.

구기자나무는 봄에 연한 순이나 잎을 따서 나물로 이용한다. 잎에는 단백질, 철분, 인산, 회분, 탄닌산, 루틴 등이 많이 함유되어 있어서 영양과 약리를 겸하여 살짝 데쳐서 나물로 무치거나 볶아먹고 튀김, 국거리 외에 환자의 회복식으로 죽도 쑨다. 밥에 섞어 짓는 구기밥도 있었고, 구기잎과 열매를 삶은 물로 식혜를 만든 구기식혜는 만병에 좋다고 한 귀한 음식이며 잎을 말려서 담배처럼 이용하기도 하고 생잎은 녹즙으로 만들어 먹기도 한다. 또 열매와 뿌리껍질(지골피)은 꿀에 버무려 환을 만들어 장복하는 자양제로도 이용한다.

2. 생김새와 특성

낙엽관목으로 높이 1.5~2m씩 자라며 가지를 쳐서 길게 자란다. 가지에는 흔히 가시가 있으나 이것은 잔가지가 변형된 것이다. 잔가지는 황록색이고 잎은 긴가지에는 호생하고 짧은 가지에는 크고 작은 것이 여러개 모여 달린다. 3~8㎝ 길이의 고추잎모양 같으며 연하고 털이 없으며 거치도 없다.

6~9월에 연보라색 잔꽃이 몇송이씩 액생하며 8~10월에 1~1.5㎝ 크기의 빨간 윤채나는 열매가 결실한다. 열매는 익으면 달고 약간 쓴맛이 나며 독특한 향기가 있다.

3. 재배법

(1) 적지

어느 곳에서나 재배가 가능하다. 해가 잘 들고 배수가 잘 되는 식질토나 사질양토가 좋다. 비옥한 땅이 아니라도 좋다. 흔히 생울타리로 심어두고 자양강장제로 일년내내 이용하는 것도 좋다.

(2) 번식

씨를 뿌려서 번식할 수도 있으나 보통 꺾꽂이로 쉽게 번식된다. 봄 3월 중순부터 10월 말까지 할 수 있다. 꺾꽂이에 쓰일 가지는 너무 굵지 않는 것이 좋다. 봄에는 지난해 자란 가지를 이용하고 여름에서 가을까지는 봄에 자란 가지도 꽂을 수 있으나 다소 굳어진 것을 이용한다. 삽수는 10~12㎝ 길이로 잘라 밑쪽을 비스듬히 깎아 10㎝ 간격으로 45°각도로 $\frac{2}{3}$정도 묻히게 꽂는다. 꺾꽂이 후 충분히 관수하고 왕겨를 삽수 사이에 덮어주어 수분 증발을 억제해주면 쉽게 활착한다. 20~30일이면 활착하며 새싹이 자라난다.

(3) 정식

싹이 5㎝쯤 자라면 정식한다.

구기자는 잎을 수확할 때와 열매를 수확할 때 심는 간격이 다르다. 열매를 수확하려 할 때는 90㎝ 간격으로 정식한다.

잎을 수확할 목적일 때는 60㎝×30㎝ 간격으로 4~5개의 모종을 한포기로 하여 심는다. 이 때 삽수의 부분이 땅에 묻히는 정도의 깊이로 심고 가볍게 눌러준다. 퇴비, 깻묵, 재같은 유기질 비료를 주면 생육에 좋다. 질소질이 많으면 지엽이 무성하므로 1년에 보다 많은 수확을 거둘 수 있다.

(4) 수확

구기잎은 1년에 4~5회 수확할 수 있다. 새싹이 30~40㎝쯤 자라면 가지가 목질화 되지 않을 때이므로 수확적기가 된다. 50㎝ 이상 자라면 녹색가지가 황색을 띠면서 목질화 되고 가시가 굳어진다. 다소 일찍 수확하는 것이 유리하다.

나물로 낼 때는 고추잎처럼 훑어서 이용해도 되고 어린 순은 줄기채 데쳐서 나물로 이용한다. 잎을 차로 건조시킬 때는 줄기채 2㎝ 길이로 썰어서 반정도 건조될 때까지는 햇볕에서 말린 뒤 바람이 잘 통하는 그늘에서 말린다. 햇볕이 좋을 때는 쪄서 건조시킨다.

열매를 수확할 목적으로 재배할 때는 질소과다가 되지 않게 하고 7월 상순까지는 순을 몇번 쳐서 곁가지가 많이 나게 해주며 순을 친 것은 차로나 나물로 이용한다. 7월 후 순이 50㎝쯤 자라면 상순을 쳐서 잔가지에 꽃이 피게 한다.

열매가 빨갛게 익는 10~11월에 익은 것을 따서 햇볕에서 건조시킨다. 열매를 수확하는 재배에서는 재나 칼리를 주어 병충해에 대한 저항력을 높여주면 다수확을 기할 수 있다.

뿌리는 늦가을에 뿌리를 캐서 깨끗이 씻은 후 굵은 것은 껍질을 벗기나 일반적으로는 그대로 잘게 썰어서 건조시켜 지골피라하여 약용한다.

"멧미나리"

별명 : 수근(水芹), 수영(水英), 수점(水蘄)

학명 : *Ostericum Sieboldii NAKAI*

일본명 : ヤマゼリ

漢名 : 水芹, 旱芹, 芹菜

영명 : Water Dropwort

과명 : 미나리과

분포 : 산간 계곡의 습지나 산기슭, 수림 밑 등 질척하고 습한 곳에 군락을 이루고 자생하며 해발 1,000m까지에도 있다.

미나리는 일본, 중국, 사할린, 인도, 말레이지아, 호주 등 동남 아시아에 넓게 분포하고 있다.

1. 이용부위와 이용법

미나리는 우리나라 사람들이 가장 좋아하는 대표적인 향채 중의 하나다.

옛날부터 봄을 상징하는 채소로 즐겨 사용했는데 고려 때는 "근저"라 하여 미나리 김치를 종묘제상에도 올렸을 정도로 역사가 오랜 식품이다.

흔히 재배채소로 가꾸어지는 미나리는 개량된 것으로서 연하고 줄기도 길어 상품성이 높지만 미나리의 생명이라 할 수 있는 향기가 덜한 것이 다소 아쉽다.

멧미나리는 이에 비해 다소 줄기가 억세고 짧지만 향이 짙어서 미나리향을 즐기는 이는 "멧미나리"나 "돌미나리"를 찾고 있다. 돌미나리는 샘이 흐르는 개울가나 논두렁 습한 들판에 많은데 농약공해가 우려되는 현시점에서 또 생활하수가 농업용수에도 흘러들어 오염되고 있어서 돌미나리를 꺼리고 있다. 따라서 산간계곡의 물이 질척한 곳이나 산기슭, 수림 밑 같은 습한 곳에 자라는 멧미나리가 짙은 미나리 향취를 찾는 애호가에게 환영받을 수 있는 산나물미나리다.

미나리나 멧미나리는 성분상의 차이는 없으며 비타민 A, B_1, B_2 C 등이 다량 함유되어 있고 단백질, 철분, 칼슘, 인 등 무기질이 풍부한 영양가 높은 알카리성 식품이다.

미나리는 거머리 때문에 꺼리는 경우가 있다. 미나리를 넓은 그릇에 담고 물을 넉넉히 부은 후 놋수저를 함께 담아두면 거머리가 빠져나와 가라앉는다.

미나리는 김치의 중요한 양념으로서 뿐만 아니라, 3월의 세시음식인 "탕평채"는 청포묵, 미나리, 돼지고기, 김을 초간장에 무친 맛있는 음식이다.

미나리는 굴과 함께 식초로 무친 "미나리생채", 데쳐서 제육이나 편육에 미나리로 감아 초고추장에 찍어 먹는 "미나리강회", 상치나 쑥갓

쌈에 곁들이는 "미나리잎 쌈" "미나리 볶음" "미나리 적" "미나리 술"과 전골이나 생선류의 탕에는 빠뜨릴 수 없는 재료이며 근래에는 마요네즈 소스에도 무쳐 샐러드로도 이용하고 있다.

미나리는 약초로도 효능이 인정되고 있는데 동의보감에는 황달, 부인병, 음주 후의 두통이나 구토에 좋다고 했다.

근래에는 혈압을 내리는 약효도 인정되어 고혈압환자가 즐겨 찾는 식품이며 심장병, 류마티스, 신경통, 식욕증진 등의 효과가 있으며, 심한 땀띠에는 즙을 바르면 낫는다.

멧미나리에서 주의할 것은 산에 나는 "독미나리"와 혼돈하지 않도록 주의해야 한다. 독미나리는 향이 없고 그 대신 나쁜 냄새가 나며 뿌리가 죽순처럼 생겼으며 녹색이고 자르면 누른 즙이 나오므로 쉽게 구별된다. 미나리 뿌리는 옆으로 뻗고 희다. 뿌리에도 향기가 있다.

우리는 흔히 미나리의 줄기를 먹고 뿌리는 버리는데 뿌리에도 영양분이 많으므로 깨끗이 다듬고 데쳐서 나물로 먹도록 한다.

2. 생김새와 특성

다년초로서 높이 50~100㎝로 자라며 근생잎은 2회 3출 우상복엽으로 처음에는 땅에 벌어지나 자라나서 개화하면 말라죽는다.

잔잎은 난형이며 가장자리에 거치가 있다. 8~9월에 줄기 끝이나 가지 끝에 흰색 잔꽃이 복산형화서로 꽃 피며 꽃이 지면 타원형의 납작한 씨가 결실한다.

3. 재배법

(1) 적지

멧미나리는 무논이 아닌 밭에서 재배할 수 있는 이점이 있다. 자생상태와 비슷한 조건이 가장 이상적인 재배적지라 할 수 있다. 항상 물이

질척이는 곳으로서 차광하여 서늘하게 그늘을 만들어 줄 수 있는 곳이라야 한다. 습기가 많은 나무 그늘에서도 재배가 가능하다.

건조한 곳, 땅이 굳어지는 토질은 생육에 적합치 않다. 토질은 부식질이 많고 수분이 많다 할 정도로 보수력이 있는 식질토나 사질양토가 좋다.

(2) 번식

씨와 포기나누기, 줄기꽂이 등으로 번식한다. 씨는 가을에 익으면 채종하여 직파한다. 흩뿌림하며 밀파하는 것이 연한 것을 수확할 수 있어 좋다.

포기나누기는 포기를 캐서 2~3개로 쪼개어서 심는 방법인데 대량재배 때는 바람직하지 못하나 촉성재배에는 도입할 수 있다.

줄기꽂이는 포기를 캐내어 습한 곳에 가마니를 덮어두면 뿌리가 하얗게 나오므로 50㎝ 길이로 잘라 정식포장에 심는다.

9~10월이 적기이며 100㎝ 너비의 이랑을 만들어 10㎝ 간격으로 밀식한다. 다 심은 뒤 3㎝ 정도로 흙을 덮은 위에 볏짚을 덮어서 건조를 방지해준다.

활착하면 서리가 내려서 지상부가 상할 우려가 있으므로 비닐을 씌워서 보온하면 1~2월에도 출하할 수 있다.

멧미나리재배에서 주의할 것은 여름에 기온이 너무 올라가면 추대하여 개화하게 되므로 물을 주어 온도를 조절하며 차광하여 서늘하게 관리한다.

수확 후 유기질 비료를 웃거름으로 주는 것이 다음 수확을 위해 필요하다.

"질경이"

별명 : 길경이, 빼부장, 뱁조개, 베짱이, 씨를 부이라 한다. 車前草

학명 : *Plantago asiatica L*

일본명 : オオバコ

漢名 : 車前草, 車輪菜, 醫馬草, 馬蹄草, 猪耳草, 車前子

영명 : Plantain

과명 : 질경이과

분포 : 전국의 길섶이나 들녘 등 인가 주변에 군생하며 산에는 없는 들풀이다. 일본과 중국에도 분포하며 동부아시아가 원산지이다.

1. 이용부위와 이용법

질경이는 들판이나 길섶같은 인가 주변에 흔히 나는 잡초로서 심하게 짓밟아도, 강렬한 뙤약볕 아래서도, 또한 아무리 가물어도 잘 견디는 강인한 힘이 있어 생명력이 질기다 하여 질경이라 했다고 한다.

질경이는 옛날부터 내려오는 농사의 지표식물이다. 길섶의 질경이가 말라죽으면 그 해는 큰 가뭄이 든다고 미리 점쳤다 한다. 산중에서 길을 잃었을 때 질경이를 발견하면 인가가 가깝다는 것을 알 수 있었다고 한다. 방향을 찾는 지표식물이기 때문에 산중에는 없는 들풀이다.

아메리카 인디언이나 뉴질랜드, 호주 등지에서는 백인이 거쳐간 곳에는 반드시 질경이가 돋아나오므로 "백인의 발"이라고도 부른다는데 그만큼 질경이는 옛날부터 전세계에 알려진 만능약초였다.

질경이를 일명 "차전"(車前)이라고도 하는데 옛날 한나라 광무제 때 마무(馬武)라는 장군이 황하유역에서 가뭄에 시달려 병사와 말이 모두 식량과 물이 없어 뇨독증으로 죽게 되었을 때 장군의 현명한 말이 전차 앞에 있는 풀을 뜯어 먹고 혈뇨(血尿)가 없어지고 원기를 회복하는 것을 보고 전군에 차 앞에 있는 풀을 말에 먹이고 병사들에게 삶아서 먹였더니 병이 났고 원기를 회복해 승전했으므로 이 풀의 이름을 "차앞의 풀"(車前草)이라 했다는 중국의 고사도 함께 전해지는 약초다. 말이 병을 고쳤다 하여 醫馬草 또는 馬蹄草라고도 한다.

질경이는 뿌리채 뽑아 말려서 車前草라 하고 씨는 車前子라 하여 약용하는 데 "프라타긴"이라는 배당체와 탄닌이 함유되어 있어서 이뇨제, 진해, 거담, 건위, 지사(止瀉), 해열, 소염, 강장제 등으로 쓰인다. 항균작용도 있어서 급만성 세균성 설사, 신장염, 방광염, 요도염의 치료에도 이용한다. 민간약으로는 종기에 생잎을 불에 쬐어 부드럽게 해서 붙이면 좋고 치통에는 생잎을 소금에 비벼서 아픈 이에 물고 있으면 치통이 멎는다고 한다.

질경이는 약초 뿐만 아니라 무기질과 단백질, 비타민류와 당분 등이 많이 함유된 영양가 높은 식품이다.

옛날부터 봄에 나물로 즐겨 이용했으며 삶아서 말려두었다가 묵나물로도 이용했다. 소다나 소금물에 살짝 데쳐서 나물로 무치기도 하고 기름에 볶기도 하며 국거리로도 이용했으며 튀김도 만든다. 흉년에는 질경이 죽을 끓이는 구황식량이었다.

서양에서도 질경이는 요리에 쓰인다.

씨는 기름을 짜서 모밀국수를 반죽할 때 함께 넣으면 국수가 끊어지지 않아서 좋다는 옛날의 이용법도 있다. 또 씨는 볶아서 차로도 이용한다. 뼈마디가 쑤실 때 눈이 충혈될 때 소염작용을 하는 건강차다.

2. 생김새와 특성

다년초로서 잡초화 되어 있을 만큼 매우 튼튼하다.

대궁은 없고 잎이 뿌리에서 많이 나와 퍼지며 일정하지는 않으나 잎자루가 있고 긴 타원형으로 평행맥이 있다. 6~8월에 잎 사이에서 15㎝ 정도의 꽃대가 나와 흰꽃이 수상화서로 피어 9~10월에 뚜껑이 있는 열매가 녹색으로 익으면 갈색이 되어 속에 흑갈색의 씨가 들어 있다.

3. 재배법

(1) 적지

질경이도 재배하느냐 할지 모르나 도로가 포장되어가고 질경이가 자랄 곳이 점점 좁아져가고 있을 뿐만 아니라 연하고 큰 것을 수확하려면 재배하는 것이 바람직하다. 우리는 흔한 것은 무조건 천대하는 경향도 없지 않으나 공해(농약)없고 영양가 높은 질경이는 산나물로도 손색이 없으므로 얼마든지 수요를 증대시킬 수 있다.

해가 잘 들고 다소 습한 사질양토가 좋다. 점질토나 건조한 곳에서는 작고 억세게 자라서 상품성이 적다.

옛날에도 재배하여 봄에 베어 먹었다고 "산림경제"에는 기록되어 있다.

(2) 번식

씨로 번식하며 발아가 잘 된다. 가을에 씨가 익으면 꽃대를 베어다 신문지에 펴고 2~3일 말리면 씨가 떨어지므로 이것을 직파하든가 봄에 뿌린다. 흩뿌림하여 밀파하는 것이 연한 것을 수확할 수 있다.

(3) 수확

나물로 재배할 때는 4~5월경 베어내면 다시 싹이 나오므로 1년에 3회 정도 수확할 수 있다.

약초로 수확할 때는 개화기에 뿌리채 뽑아서 재빨리 씻은 후 그늘에서 말린 것이 車前草다. 씨를 수확하고자 할 때는 가을에 완전히 익은 뒤에 수확하는 것이 좋다.

"쇠무릎"

별명 : 쇠무릎지기, 牛膝, 百倍, 山莧菜, 對節菜, 우실

학명 : *Achyranthes japonica NAKAL*

일본명 : イノコズチ

漢名 : 牛膝, 山莧菜

과명 : 비름과

분포 : 전국의 산이나 들, 논, 밭둑 등의 다소 그늘진 습한 곳에 자생하며 일본과 중국에도 분포한다.

1. 이용부위와 이용법

쇠무릎은 일명 "우슬"(牛膝)이라고도 하며 산야에 흔히 자라는 잡초로 뿌리를 약용할 때 우슬이라 한다.

쇠무릎은 옛날부터 어린 싹을 나물로 먹었으며 재배했던 기록도 있는 귀한 나물이다. (산림경제)

쇠무릎이라 함은 줄기의 마디가 굵어져서 튀어나와 흡사 소의 무릎모양 같아서 붙여진 이름이다.

말린 뿌리를 생약의 우슬이라하며 일종의 "사포닌"을 함유하고 있어서 "수험" "이뇨" "강정"(强精) "통경" 약의 재료로 쓰며 한방에서는 "정혈"(淨血) "이뇨", "중풍", "각기", 월경불순의 통경약으로 쓰며 민간에서는 관절염이나 류마티스 등에 쓴다. 또 곤충이나 뱀에 물렸을 때 쇠무릎 잎을 짓찧어서 그 즙을 바르면 효과가 있다고도 한 귀한 약초다.

그러나 근래에는 쇠무릎에서 "곤충변태(變態) 홀몬"이 함유되어 있는 것이 판명되어 새로운 각도에서 주목을 끌고 있는데 공해없는 살충제로도 연구되고 있다.

미국에서는 양식새우의 탈피작업의 성력화로 대량새우의 상품화 등에 이용하기 위한 연구가 진행 중이다. 한편으로는 암세포의 발육을 저지할 수 있을 지도 모른다.

앞으로의 연구결과가 기대된다.

우리조상들은 과학적인 근거가 없이도 몸으로 익힌 지혜에 따라 귀중한 식품으로 등장시켰던 것이다. 쇠무릎은 칼슘과 당분이 많고 회분과 비타민 A, C, B등이 다량 함유되어 있는 영양가 높은 나물이다.

봄에 어린 순을 살짝 데쳐서 나물로 무쳐 먹어도 좋고 국거리로도 좋다. 볶아도 되고 튀김도 만들 수 있다. 연한 잎은 여름에도 튀김을 만들어 먹을 수 있다.

뿌리는 술에 담그어 우슬주를 만들어 마시면 노화를 방지하는 강정강장주다.

중국에서는 쇠무릎을 회춘요리의 재료로 쓰는데 정력제로서 중년 이후의 성적 쇠약에 특히 효과가 있다 한다. 우슬(뿌리) 10g을 400cc의 물에 삶아 반쯤 되면 건져내고 생선을 넣고 끓이면 맛있고 값싼 강정요리가 된다.

쇠무릎의 영양가를 입증한 것에 젖소의 사료로 이용했더니 채유량도 많아지고 질도 우수한 우유가 생산되었다고 한다.

우리는 새로운 양채소의 보급 못지 않게 우리 주위에 널려있는 값진 영양 덩어리 산채, 들나물들의 개발도 소홀히 할 수 없음을 쇠무릎에서 다시 인식하게 된다.

2. 생김새와 특성

다년초로서 줄기가 네모지며 곧게 자라며 높이 50~100㎝로 가지를 많이 친다. 잎은 대생하며 긴 타원형이다. 줄기, 잎 모두에 털이 있다. 8~9월에 엽액이나 줄기 끝에 수상화서로 녹색의 잔꽃이 핀다. 열매는 포과(胞果)로서 씨가 1개 들어있는데 쉽게 떨어져 곧잘 옷이나 동물의 털에 붙는다. 익으면 자연 낙과한다. 뿌리는 굵고 길다.

3. 재배법

(1) 적지

잡초로 자랄 만큼 매우 튼튼하여 아무 곳에서나 잘 자라지만 재배할 때는 한냉한 곳보다 따뜻한 곳이 좋으며 토질은 토심이 깊고 부식질이 있는 다소 부드러운 식양토나 사질양토가 좋다.

(2) 번식

씨로 번식하며 씨가 익어서 낙과되기 전에 포기를 베어 멍석에 펴 말려서 씨를 턴다. 파종은 다소 늦게 봄 4~5월 초순에 흩뿌림한다. 다소 밀파하는 것이 연하고 긴 순을 채취할 수 있다. 또 뿌리를 수확하는 경우에도 밀식이 유리하다.

대개 2주일이면 싹 트는데 발아력이 약하므로 엷게 복토하여 볏짚이나 왕겨를 덮어서 건조를 방지해주면 빠른 것은 10일이면 싹튼다. 15~20㎝쯤 자랄 때 베어다 나물로 이용한다. 곁순이 또 나오므로 2~3회는 수확할 수 있다.

뿌리를 수확하려 할 때는 여름에 포기가 무성해지면 지상에서 30㎝ 정도에서 잘라주는데 이때 다시 곁가지가 나와서 자라나, 이렇게 하여 개화 결실시키지 않아야 뿌리가 비대해진다. 잘라낸 줄기잎은 녹비료도 이용하지만 가축의 사료로 이용하는 것이 경제적이다.

뿌리의 수확은 늦가을에서 초겨울에 걸쳐 지상의 양분이 완전히 뿌리에 내려간 뒤에 잎이 누렇게 되면 캐낸다. 수확기가 지나치게 늦어지면 들쥐가 먹어치우는 경우가 생긴다. 흙이 많이 묻지 않을 때는 잘 털고 물에 씻지 않는다. (약효 손실을 막기 위함)

"승검초"

별명 : 승엄초, 신감채(辛甘菜), 당귀 또는 참당귀라 하여 일(日) 당귀와 구별한다.

학명 : *Angelica gigas NAKAI*

일본명 : オニノダケ

漢名 : 當歸, 辛甘菜

과명 : 미나리과

분포 : 전국의 심산 계곡의 습지에 자생한다. 옛날부터 집의 담밑 등에 심어두고 이용했다.

1. 이용부위와 이용법

승검초는 세루리 같은 짙은 향기와 단맛이 있는 산나물로서 옛날부터 귀히 여겼던 우리나라 특유의 향채다.

그러나 일반적으로는 뿌리를 약재로 귀히 쓰는 "당귀"(當歸)라는 이름으로 더 잘 알려져 있다. 흔히 재배되는 일본에서 들어온 일당귀(日當歸 : *Ligusticum acutilobum*)와는 다르며 우리나라 특산식물이다.

승검초는 "동의보감"에는 "승엄초"라 기록되어 있고 "산림경제"에는 "신감채"(辛甘菜)라 했는데 그 맛이 달면서도 매운 맛이 있어서 붙여진 이름이다.

승검초는 입춘 때 먹는 세시음식의 하나로 "움파""산개""승검초"를 먹는다고 "경도잡지"에 기록되어 있다. 이것은 보춘저(報春疽)라 하여 입춘 때 무우를 가늘게 썰고 미나리, 순무, 움파, 움승검초로 나박김치를 슴슴하게 담아 익어갈 때 갓(산개)을 뿌리채 익지않을 정도의 뜨거운 물을 부어 밀봉한 후 반시간쯤 덮게 두었다가(겨자개듯이) 익어가는 김치에 섞은 후 간장을 타서 먹는다. 봄뜻이 먼저 있다 하여 보춘저라 한다.

옛날에는 승검초를 겨울에 움파처럼 움속에 묻어서 연화재배하여 은비녀같이 나오는 흰 순(줄기)을 따서 김치도 담고 꿀에 찍어먹는 풍습도 있었다 하며 이것은 고관대작이나 부잣집에서 즐기던 세시음식이었다고 한다. 그 맛이 매콤하면서도 달고 향기로워서 잃었던 구미를 돋구어주는 귀한 강장식품이었다.

승검초가루와 송화가루를 꿀에 반죽하여 "승검초다식"도 만들고, 승검초가루를 묻힌 "승검초강정", 쌀가루에 승검초가루를 섞어 찐 "승검초편"(떡)은 채친 대추, 밤, 잣을 켜로 놓고 쪄서 향기롭고 맛있는 독특한 떡이 었으며 승검초단자도 만드는 등 우리 전통요리에 귀하게 쓰였던 향채다.

승검초는 한국 고유의 전래차로도 이용했는데 입춘 때 승검초 줄기를 따서 잘게 썰어 따끈한 꿀물에 넣고 잣을 띄워서 마시는데 그 청향미가 비길 데 없이 상쾌하고 맛있는 건강차였다. 가장 고급 약미는 승검초줄기와 인삼을 교대로 꼬챙이에 꿰어 지진 "승검초산적"인데 우리가 자랑할 수 있는 별미다.

승검초에는 다량의 당분과 비타민 A, B_{12}, E, 인 등이 함유되어 있는 영양가 높은 식품이다. 비타민 E의 결핍증을 해소하는데 귀한 식품이다.

승검초의 어린 순은 나물로 볶아먹기도 하고 초고추장에 찍어먹는 강회로도 먹으며 마요네즈에 버무려 샐러드로도 이용하며 튀김으로도 만든다.

승검초의 뿌리인 "당귀"는 부인병의 묘약인데 산후의 보혈, 진통진정 및 통경제, 자궁발육부진 등에 긴요한 약이다.

당귀는 주로 혈액순환 대사작용을 하므로 타박상으로 어혈진데, 골절, 냉증, 요통, 손발이 저리고 마비되는 데에도 쓰이며, 갱년기 장애, 노화방지에도 효과가 있다.

근래에는 적리균, 티브스균, 용혈성연쇄상구균 등의 억제작용이 있음이 임상실험결과 보고되고 있어서 외과치료용으로도 쓰인다.

당귀술은 자양강장제일 뿐만 아니라 빈혈에도 좋고 특히 부인들이 애용하는 술이다.

승검초의 잎을 개화기에 따서 2~3일 그늘에서 말렸다가 목욕제로 이용하면 혈액순환을 돕고 상쾌한 향이 좋다.

2. 생김새와 특성

다년초이며 식물 전체에서 상쾌하며 독특한 향기가 난다. 땅 속의 뿌리가 육질로 굵고 비대하며 상처를 내면 흰즙이 나온다. 높이 1~2m로 자라며 잎은 뿌리에서 나오는 잎과 원대 밑부분의 잎은 자색의 긴 잎자루가 있으며 밑쪽이 줄기를 감싸듯 넓다. 소엽이 셋으로 갈라져서 다시

2~3으로 갈라지는 3회 기수우상복엽이며 거치가 있다.

꽃은 가지 끝에 7~8월에 연보라색 잔꽃이 큰 복산형화서로 피어 9~10월에 납작한 타원형의 열매가 결실하는데 넓은 날개가 달려 있다.

잎자루를 생으로 먹은 뒤 한참 있다가 물을 마셔보면 물맛이 달다.

3. 재배법

(1) 적지

산간지역이나 여름에 서늘한 곳이 적합하며 토질은 토심이 깊고 부식질이 많은 비옥한 땅으로서 부드러우면서도 보수력이 있고 배수가 잘 되는 사질양토나 식질토가 이상적이다.

직사광선이 강한 곳이나 배수가 나쁜 굳은 땅에서는 발육이 나쁠 뿐만 아니라 뿌리가 썩기 쉽다.

(2) 번식

씨로 번식한다. 씨는 3년생 포기에서 채종한다. 묘상은 서북향의 서늘하고 보수력 있는 곳을 택하여 3월 중순~4월 초순경에 120㎝ 너비의 이랑에 흩뿌림한다. 가을 10월에 직파할 수도 있고 채종 후 땅에 가매장했다가 봄에 뿌리면 휴면타파가 잘 되어서 발아가 잘 된다. 파종량은 3.3m^2(평당)에 0.9l다 발아력이 약한 편이므로 복토는 얇게 하고 그 위에 볏짚을 덮어서 건조를 방지해준다.

승검초 재배는 현재 주로 약재인 당귀생산의 목적으로 재배하고 있어서 뿌리의 비대에 주력하고 있으나 영양가 높은 약미산채로서 재배하는 것도 새로운 수요로서 바람직하다. 이때는 밀식하여 연한 싹을 생산하는 것이 좋다.

파종 후 2~3주일이면 싹이 튼다. 1년간 비배했다가 다음해부터 수확한다.

(3) 촉성재배

승검초는 옛날부터 움에서 연화촉성재배했다. 비닐하우스재배로 11월에 너비 150㎝ 이랑을 만들어 뿌리를 상하지 않게 캐낸 모종을 20×25㎝ 간격으로 심고 3㎝ 두께로 흙을 덮은 위에 관수한 후 왕겨나 톱밥, 모래 중 어느 것을 이용해도 좋다. 15㎝ 두께로 덮어준다. 하우스 내 온도를 18~20℃로 유지해주면 약 1개월이면 덮은 모래 위로 싹이 나온다. 이때 아스파라가스재배의 경우처럼 다시 모래나 왕겨 톱밥을 10㎝ 두께로 덮어주어 그 위로 싹이 나올 때 덮은 것을 모두 제거하고 순을 딴다. 수확 후 다시 왕겨를 덮어두면 곁순이 나오게 되므로 이때는 여러 개의 순이 나오며 다소 가늘지만 뿌리가 실한 경우에는 큰 차이는 없다.

대개 두번째 싹은 10여일 후라야 싹이 튼다.

승검초는 추대하여 개화결실하면 뿌리가 목질화되어 당귀로서의 상품가치(약재)가 떨어져버리므로 약초재배의 경우에는 기피하지만 산채재배에서는 상관없다.

"고비"

학명 : *Osmunda japonica THUNB*

일본명 : ゼンマイ

漢名 : 薇菜, 紫萁

과명 : 고비과

분포 : 평안도와 함경도를 제외한 전국의 습한 들판이나 산기슭에 군생하며 지리적으로는 동부아시아의 온대지역 즉 히말라야, 일본, 중국에도 분포한다.

1. 이용부위와 이용법

고비는 고사리같이 생겼으나 제사에는 쓰지 않는 고급 산나물이다.

고비는 잎이 동그랗게 돌돌 말려 있고 연갈색의 솜털을 뒤집어쓰듯 돋아나므로 고사리와 쉽게 구별된다.

고비는 떫고 쓴맛이 있어서 생채로 먹지는 못하며 잿물에 삶아서 말렸다가 여러번 우려낸 뒤 다시 불린 것을 조리한다. 고비도 고사리의 경우와 같이 비타민B_1을 파괴(분해)하는 "아네우리나아제"라는 효소가 함유되어 있어서 일단 묵나물로 만들어 먹는 것이 안전하다.

그러나 고비에는 양질의 단백질과 함수탄소가 많고 비타민 A, B_2, C, 회분, 니코틴산 등을 함유하고 있는 영양가가 높은 맛있는 산채이며 씹히는 싸각거리는 맛이 별미다.

고비나 고사리를 삶는 요령은 물 $2l$(1되)에 나무재 1줌의 비율로 넣고 삶는다. 소다를 넣고 삶을 때는 차숟갈로 1개 정도의 비율이면 된다.

고비는 꺾으면 될 수 있는 대로 빨리 안개를 스프레이 등으로 뿜어준다. 솜털을 제거한 후 물을 고비량의 2배 정도 넣고 끓을 때에 고비를 넣고 삶아서 건져낸다. 멍석에다 펴고 뜨거울 때 양손으로 비벼서 부드럽게 하면서 건조시킨다. 하루 몇번씩 비비는 것을 되풀이하면서 건조시킨다. 건조되면 생채의 $\frac{1}{10}$의 양이 된다. 이것을 다시 불릴 때는 뜨거운 물에 담그어서 약한 불에 올려놓고 건조시킬 때처럼 양손으로 비비면서 물이 뜨거워지면 따라버리고 다시 물을 부어 같은 방법으로 3회 정도 되풀이한 뒤 물이 뜨거워지면 뚜껑을 덮고 불에서 내려 하루쯤 두면 생채처럼 말랑하게 부풀어 있다. 이것을 다시 물을 갈아 우려낸 뒤 조리한다.

고비는 고급산채인 동시에 건강식품인 약용효과도 있다. 회분이 많아 옛날부터 치아의 약이 된다고 했으며 건위정장의 효과도 있고 신경통,

각기, 수종, 복통 등에 쓰면 효과가 있다고 한다.

고비는 나물로 볶기도 하고 잣가루와 고추장을 버무려 강회로 찍어 먹기도 하며 튀김도 맛있고 고사리처럼 육계장이나 비빔밥에도 쓰지만 값이 비싸서 잘 이용하지 않는다.

고비의 묵은 포기의 줄기나 수염뿌리는 까맣고 굳어서 이것을 잘게 썰어서 말린 것을 "오스만다" 또는 "오스만다루트"라 하여 물이끼와 함께 고급 양란류 재배의 식부재료로 쓰인다.

2. 생김새와 특성

생활력이 왕성한 다년초로서 근경은 단단한 목질상괴근으로 수염뿌리도 까맣고 굵다. 잎은 우리가 흔히 고비라하여 먹는 영양잎과 포자가 생기는 먹을 수 없는 포자잎(실엽 : 實葉) 두가지가 한포기에서 돋아난다. 포자잎은 줄기가 굵고 말려있는 모양이 부풀어있으며 먼저 돋아난 뒤에 포자잎에 싸이듯이 잎 끝이 돌돌 말린 영양잎 줄기가 돋아난다. 이 말려있는 잎이 펴지기 전 연할 때 꺾는다. 실입(포자잎)은 일찍 사그러진다. 영양잎은 50~100㎝씩 자라며 넓은 삼각형으로 2회 우상복엽으로 잔잎이 비교적 크며 자라면 솜털이 떨어지고 윤채가 난다. 그래서 "젠틀멘프랜트"라고도 한다.

3. 재배법

(1) 적지

고비는 광선에는 크게 영향받지 않으나 봄에는 해가 잘 들고 여름에는 그늘이 지는 서늘한 곳으로서 강우량이 많고 겨울에 적설량이 많은 습기 많은 곳이 이상적이다. 자생상태를 보면 계곡의 강기슭의 습지에 군생하고 있다. (수림 밑)

토질은 부식질이 많고 보수력이 있으면서도 배수가 잘 되는 사질양토

로 다소 산성토양이 좋다. (pH5.0~5.7정도)

고비재배에서 가장 중요한 것은 공중습도가 높아야 하며 땅의 통기성이 좋아야 한다.

(2) 번식

근경으로 번식시킨다. 포자번식은 기술이 필요하므로 자생한 근경을 11월 중순이나 3월에 캐내어 수염뿌리를 자르지 말고 펴서 심어두면 목질괴경(근경)의 밑쪽에서 곁눈이 싹터서 증식된다. 심을 곳을 정하면 1a당 밑거름으로 퇴비 300kg, 깻묵이나 닭똥 썩힌 것을 3kg를 넣고 깊이 잘 갈아엎은 뒤에 이랑 너비 80㎝로 두둑을 만들어 포기 사이 30㎝간격으로하여 1a당 420주를 기준으로 근경의 머리가 조금 나올 정도의 깊이로 심는다. 포기는 큰 것보다 작은 것이 활착률이 좋다. 다 심은 후 짚을 덮어서 건조를 방지해주며 건조기에는 관수하여 공중습도를 높인다. 이때 "미스토"(살수장치) 시설을 하면 유리하다.

고비재배는 가능한 한 자연환경(자생지)에 가까운 지역에서 하는 것이 유리하다.

관리는 1년에 1회 정도 유기질비료를 준다. 한번 심으면 10년 이상 수확할 수 있어 노력비가 절감되나 생산량이 많지 않는 단점도 있어 고가의 고급산채라 한다.

(3) 수확

큰 포기는 심은 다음해부터 수확할 수 있으나 3년째부터 수확하는 것이 바람직하다.

고비는 한포기에서 4~8개의 싹이 나온다. 이것을 다 수확하면 포기가 쇠약해버리므로 1~2개는 반드시 남겨두고 수확하여 다음해의 영양을 축적시키게 한다. 수확시기는 대개 돌돌 말린 순이 펴지기 전이 적기며 대개 15㎝ 안팎의 길이로서 줄기가 연한 것을 꺾는다.

더운지방에서는 3월부터 수확하며 추운 곳의 깊은 산에서는 4월부터 7월까지도 자연산이 채취되나 재배하는 것은 4월이 적기라 할 수 있다.

"고사리"

학명 : *Pteridium aquilinum var. latiuscula UNDERW*

일본명 : ワラビ

漢名 : 蕨菜, 吉祥菜

과명 : 고사리과

분포 : 전국 산야의 양지바른 곳에 군락을 이루고 자생하며 일본, 중국, 시베리아 등 북반구의 온대~아한대에 걸쳐 넓게 분포하고 있다.

1. 이용부위와 이용법

우리 민족은 세계에서 고사리를 상식(常食)하는 유일한 민족이다. 옛날부터 기제사의 나물에는 뺄 수 없는 재료였다. 이 풍습은 오늘날까지도 전승되어와 명절 때면 고사리나 도라지의 값이 엄청나게 비싸도 빠뜨리지 않고 사게 되는 것이다. 물론 수양산의 백이숙제가 고사리만 먹고 절계를 지키다 죽었다는 고사로 인한 의로운 조상에의 숭앙심이 곁드려져 있는지도 모른다.

근래에 고사리에 발암물질인 "브라켄독신"이라는 독성물질이 함유되어 있다 하여 문제시되어 기피되는듯하나, 하루에 220kg을 80일간 계속해서 먹을 때 암이 발생한다는 연구보고이고 보면 나물로 먹는 정도로는 크게 두려워할게 못되며 또 비타민 B_1을 파괴하는 "아네우리나아제"라는 효소가 들어있어 비타민 B_1의 결핍증을 일으킨다고 걱정하는 소리도 있다. 그러나, 이 효소는 열에 약하므로 크게 염려할 것이 못 된다.

그렇다면 고사리는 어떤 식물인가 비타민 A, B_2와 칼슘, 인, 철분, 회분, 단백질, 당분 등 영양가가 풍부한 섬유질이 많은 맛있는 식품이다. 단 생채로는 먹는 것을 금한다. 우리 조상들은 고사리의 해독조리법을 지혜롭게 개발했었다. 고사리를 꺾어오면 나뭇재를 넣고 삶아서 여러번 물을 갈아가며 우려낸 뒤에 조리하든가 말려두고 묵나물로 이용했다. 고사리는 이렇게 삶으면 유해물질이 90%는 사라지며 10%는 무칠 때나 볶을 때 참기름, 마늘, 고추 등의 조미료에 의해 소멸된다고 하니 안심하고 즐겨먹어도 된다. 요즈음은 소다를 넣고 삶고 있어 효과는 같다.

고사리를 유독식물이라 한 것은 서양의 역대 약전에 독초로 분류되어 있는데 300년 전의 영국의 식물학자 "글래퍼"는 그의 저서에서 "고사리 줄기를 삶아 먹으면 기생충은 박멸할 수 있으나 임산부가 먹으면 태아가 죽는다"고 독성을 적고 있다. 우리나라에는 고사리를 먹고 태아가 죽었다는 임상보고는 없다.

또 명나라의 "본초강목"에도 유독식물로 올라있는데 고사리를 오래 먹으면 눈이 어두워지고 코가 막히며 머리가 빠진다고 하고 아이들이 많이 먹으면 발이 약해져 잘 걷지 못한다고 적고 있다. 이것은 비타민 B_1을 파괴하는 효소의 근거가 될 수는 있다.

우리 조상들도 본초강목의 기록을 알면서 잿물에 삶아 우려내는 해독의 방법을 고안해내어 고사리를 일등식품으로 끌어 올려놓았다.

고사리 조리 법은 생고사리는 미끈거린다 하여 국을 끓이기는 해도 즐겨 먹지 않으며 말려두었다가 다시 뜨거운 물에 하룻밤 불린 후 다시 삶아서 조리한다. 고사리는 나물로 볶는 것이 별미이며, 육계장이나 고사리탕으로 즐긴다. 또한 산적도 만들고 찌게에도 넣고 비빔밥에는 빠질 수 없는 맛있는 재료다.

고사리의 발암물질 발견은 하와이에서 고사리를 먹은 소가 장암과 방광암을 일으킨데서 문제가 되어 발암물질인 "브라켄독사"때문이라는 것이 밝혀졌다.

근래에 와서 고사리의 수요는 증대하는데 농촌의 일손은 모자라고 인건비는 비싸서 고사리 꺾는 손길이 줄어들게 되어 한때는 일본으로 수출까지 하던 고사리를 지금은 수요를 충당키 위해 중국에서 수입하여 시판하고 있어 다소 가격의 내림새는 보이고 있으나 우리 국민의 기호에 맞는 고사리는 자연채취에서 재배할 수밖에 없는 현실에 직면하게 되었다.

고사리는 어린 순을 채취하여 고사리나물이라 하여 이용하는 것이 보편적이나 고사리의 뿌리에는 전분이 43%나 함유되어 있어서 옛날에는 보릿고개 때나 전쟁 혹은 기근이 심할 때 녹말을 내어 구황식량으로 귀중시 했다. 이 녹말로 떡을 만들어 콩고물에 묻혀먹었다. 고사리 녹말은 좋은 풀 재료로도 이용되었다.

2. 생김새와 특성

생활력이 왕성한 다년초로서 땅 속에 굵은 육질의 검은 지하경이 옆으로 기듯이 뻗어가며, 부정아가 나와서 높이 60~100㎝로 자란다. 어린 순은 잎이 말려 있어서 흡사 주먹을 쥔 듯한 형상을 하고 있어서 "권두채"(拳頭菜)라는 별명도 얻고 있다. 잎은 계란꼴 삼각형이며 넓이가 50㎝나 된다. 잔잎이 깃털모양으로 돋는데 수평으로 3회우상복엽으로 나며 다소 두터운 혁질로 털이 없다. 잎빛은 녹색이나 줄기는 녹색인 것과 갈색인 것이 있다. 잎 뒷면, 잎 가장자리에 포자낭이 생긴다.

3. 재배법

(1) 적지

고사리의 재배적지는 반그늘진 서남~동남향의 다소 경사진 구릉지의 공중습도가 높은 곳이 이상적이다.

고사리 최대산지인 울릉도나 제주도의 경우 항상 안개가 끼어 있어서 흐리고 공중습도가 많은 것이 이를 잘 증명해준다.

주로 재배할 때는 낙엽수림의 간작으로 이용해도 좋고 밭에서 재배할 때는 차광하면 된다. 토질은 배수가 잘 되고 부식질이 많은 비옥한 양토가 좋다. 이런 곳에서는 굵고 길고 연한 것이 생산된다. 고사리는 메마른 땅에서도 자라지만 척박한 땅이나 건조한 땅, 직사광선 밑 등에서는 가늘고 짧고 억센 것이 생산되므로 바람직하지 못하다.

(2) 번식

자연상태일 때는 포자로도 번식되고 근경으로 뻗어가며 번식되나 인공으로는 근경을 포기나누기와 뿌리꽂이로 번식시킨다. 고사리는 1년에 30배 정도로 증식되므로 재배시는 다른 밭에 퍼지지 않도록 널판지나 스레트 같은 것으로 칸을 막아주는 것이 좋다.

번식적기는 가을의 10~11월과 봄의 싹트기 전이 적기다.

포기를 캐내어 근경을 쪼개어 심기도 하고 뿌리를 잘라 꽂을 수도 있다. 근경을 10㎝ 길이로 잘라서 골을 파고 두줄로 심고 10㎝ 정도로 흙을 덮은 뒤 관수하고 볏짚을 덮어 건조를 방지해준다. 고사리는 온도가 10℃만 되면 부정아가 싹터서 새순이 나오게 된다.

(3) 촉성재배

고사리는 노지재배로 자연계절에 출하하는 방법과 노지에 심었다가 2월에 비닐2중 터널을 씌워서 1개월쯤 일찍 수확하는 반촉성재배와 비닐하우스에 전열선을 설치하여 가온함으로서 겨울 1월부터 수확하는 촉성재배방법 등이 있다. 하우스재배 때는 지표에 왕겨나 톱밥을 3~5㎝로 덮어서 연화를 겸하며 온도는 20℃안팎으로 관리하면 3주일이면 수확을 시작할 수 있다.

번식시킨 첫해는 대개 수확하지 않고 무성해지도록 비배관리한다. 이때 1년에 1번 정도 유기질 액비를 웃거름으로 준다.

(3) 수확

고사리는 여름에 탄소동화작용으로 근경에 다음 해의 양분을 축적하게 되므로 심은 다음해 봄부터 9월까지 수확할 수 있다. 대개 5~6회 할 수 있다. 고사리는 한번 심으면 장기간 수확할 수 있고 소요경비도 수확인건비 정도밖에 없으므로 경영상 유리하나 수확할 때 3~4회 정도만 수확하고 다음 잎은 내년을 위해 동화작용으로 영양을 축적할 수 있도록 남겨 두는 것이 중요하다. 수확할 때는 뿌리가 뽑혀서 상하지 않도록 손으로 꺾어지는 부위에서 딴다.

대개 1a당 10~15㎏의 근주를 심으면 2년째에는 20~30㎏의 나물을 수확할 수 있으며 3년째부터는 60~100㎏을 수확할 수 있어 유망하다.

"달래"

별명 : 달롱, 달롱게, 꿩마농(제주)

학명 : *Allium Monantum MAX*

일본명 : ヒメビル

漢名 : 小蒜, 野蒜

과명 : 백합과

분포 : 우리나라 전역의 산과 들, 밭이랑 등에 군생하며 일본, 중국, 몽골 등 동북아지방에 주로 분포한다.

1. 이용부위와 이용법

달래는 독특한 맛과 특유의 향취를 지닌 향신채로 달래초나물에서 물씬한 봄내음을 즐기게 해주던 산나물이었으나 근래에는 재배되어 겨울내내 즐길 수 있어 계절감각을 느낄 수 없게 된 것이 못내 아쉽지만 달래는 예나 지금이나 식욕을 돋구어 주는데는 변함이 없다.

달래는 비타민이 A, B_1, B_2, C 등 고루 들어 있고 특히 C가 많으며 칼슘, 인, 철분 등 무기질이 풍부한 영양가 높은 알카리성 식품이다. 파나 마늘은 산성식품인데 맛은 비슷하나 달래가 알카리성 식품인 것은 칼슘의 함량이 월등하기 때문이다.

달래는 옛날부터 강장식품으로 알려져 왔고 아울러 빈혈을 없애주고 동맥경화를 예방해주는 약용식품이기도 하다. 또 노화방지에도 효과가 있는 건강식품이다.

달래는 손질할 때 알뿌리의 얇은 껍질을 벗기고 수염뿌리를 잘라버리고 낱낱이 씻어야 한다.

달래초무침은 우리 조상의 예지를 엿보게 하는 음식인데 비타민 C는 열에 약하며 파괴되기 쉬운데 달래의 생나물무침에 식초를 곁들여서 비타민C의 파괴를 지연시킨 것은 참으로 과학적인 조리법인 것이다. 달래전도 지져 먹으며, 굵고 매운 것은 된장찌개에 넣어서 고유한 달래 맛을 즐길 수도 있다.

2. 생김새와 특성

다년생 구근식물로서 가을부터 봄까지 자라며 여름에는 줄기와 잎이 말라 죽고 땅 속의 구근이 휴면한다. 알뿌리는 인경(鱗莖)이며 백색이고 둥근 모양인데 2~6개의 새끼(자구)를 형성하여 자연분구하며 잎은 가늘고 25~30㎝로 길다. 윗면에 얕은 홈이져 있다.

5~6월경 40~60㎝의 긴 꽃대가 나와서 끝에 연보라색의 잔꽃이 산형화서로 핀다. 개중에는 꽃과 주아(珠芽)가 혼생하는 경우도 있다. 꽃이 지면 파처럼 까만 씨가 결실한다. 포기 전체에서 냄새가 나며 매운 맛이 있다.

내한성이 강하고 번식력이 왕성하며 생장이 빠르다.

3. 재배법

(1) 적지

양지바른 곳을 좋아하나 생육적온은 20℃ 안팎으로 다소 서늘한 기후를 좋아한다. 여름철에 25℃ 이상의 고온이 되면 생육이 정지되어 줄기와 잎이 말라 죽는다. 반그늘에서도 잘 자란다.

토질은 척박한 땅에서도 잘 자라지만 재배할 때는 보수력이 있고 배수가 잘 되는 비옥한 양토나 사질양토가 좋다.

(2) 번식

씨와 주아 그리고 모구와 자연분구된 자구로 번식 시킬 수 있다.

씨는 발아율이 극히 낮아서 상품생산용보다 종구(種球) 생산용으로 이용하는 것이 바람직하다. 파종은 씨가 익는 7월에 따서 7월 하순부터 8월 중순까지가 파종 적기다. 채종은 주아가 혼생한 것보다 씨만 결실한 것이 발아가 고르고 빠르다. 실생묘는 1년간 비배한 후 6월 말경에 뿌리를 캐내어 종구로 이용한다.

주아로 번식하면 모구나 자구로 번식시킨 것보다 크기가 잘아서 주로 종구생산용으로 이용한다.

모구나 자구를 이용한 번식은 6월말경 씨와 주아를 따서 번식용으로 이용하고 종구는 생산용으로 이용한다.

종구가 충분히 여문 뒤이므로 캐내어 1~2일쯤 햇볕에 말린 후 바람이 잘 통하는 서늘한 곳에 겹치지 않게 펴서 저장한다.

(3) 재배요령

노지재배와 하우스재배의 두 가지 형태가 있다.

노지재배는 10~11월과 3~4월에 수확을 목적으로 하는 것이고 하우스재배는 9월 이후에 하우스를 설치하여 겨울에 출하하는 재배방법이다.

달래는 뿌리가 곧고 깊게 자라므로 땅을 깊이 갈아엎어 부드럽게 해 준다. 밑거름으로 퇴비와 재 등을 고루 뿌리고 갈아 엎는다. 이랑은 120㎝ 너비로 하여 모구와 자구가 1 : 4의 비율로 섞인 종구를 흩뿌림이나 줄뿌림한다. 줄뿌림은 5㎝ 정도의 골을 파고 4~5㎝ 깊이로 뿌린다. 간격은 20㎝로 한다.

파종기가 여름이므로 가뭄이나 집중호우의 우려가 있으므로 생육초기의 관수에 주의한다.

하우스재배는 11월부터 기온이 내려가면 가온해주며 낮에는 20℃ 밤에는 10℃ 이하로 내려가지 않게 관리한다.

달래는 흡비성이 강한 식물이므로 밑거름을 많게 하고 웃거름은 종구 파종 후 50~60일쯤 지나서 웃거름을 주는 것이 좋은 상품을 생산할 수 있다.

(4) 수확

노지재배는 10~12월과 봄 3~4월, 하우스재배는 1~2월경에 수확한다. 종구생산은 6월에 수확한다.

달래는 뿌리와 잎을 상품화하게 되므로 깊이 파서 캐내어 뿌리에 손상을 입히지 않게 수확한다.

"냉이"

별명 : 나시, 나이, 나싱이, 나생이, 나상구, 나싱개, 나승개 등 지방마다 다르다.

학명 : *Capsella bursa−pastoris MEDICUS*

일본명 : ナズナ

漢名 : 薺菜

과명 : 십자화과

분포 : 전국의 농경지나 길섶, 강둑, 들녘이나 산에까지 널리 퍼져 자생하며 일본과 중국 등 북반구의 온대지방에 분포한다.

1. 이용부위와 이용법

냉이는 가장 널리 알려져 있고 또 누구에게나 사랑받는 서민적인 봄나물의 하나다.

나른해지기 쉬운 봄의 춘곤증(春困症)을 해소시켜주는 구수하고 담백한 맛의 된장과 함께 끓인 냉이국은 입맛을 되찾아 주기에 충분한 피로회복제다.

냉이는 흔한 들풀이지만 재배채소 못지 않게 단백질의 함량이 가장 많은 편에 속하며 칼슘, 철분, 인, 회분 등 무기질이 풍부한 알카리성 식품이다. 특히 냉이의 잎에는 비타민 A가 많고 B와 C도 다량 함유되어 있는 영양가 높은 식품이다. 냉이 100g만 먹으면 성인이 하루에 필요로 하는 비타민A 요구량의 $\frac{1}{3}$은 충당된다. 무기질이 국을 끓여서 무기질이 녹았다해도 국물에 있으므로 손실되지 않는 셈이다.

냉이는 옛날부터 약으로 이용했는데 신농본초경에는 동맥경화를 막아주고 간장에 지방이 끼는 것을 막아주고 정장작용과 이뇨, 해열, 지혈 등의 효과가 있다고 했다. 약욕할 때는 뽑아서 말려두고 쓴다.

오늘날에도 냉이는 건강식품으로서 감기나 몸살을 앓을 때 따끈한 냉이국이 해열제 구실을 하는 것을 알 수 있고 또 소화흡수를 촉진시켜 건위제 역할도 한다.

또 냉이는 혈행(血行)을 원활케 하며 혈압을 강하시키는 물질이 있다고도 알려져 있으며 간 기능을 강화시킨다고 한다.

뿐만 아니라 씨는 눈을 밝게 해준다고 하며 옛날 가난한 선비가 독서할 때 냉이씨를 물대접에 넣어 그것을 마셔 씨를 씹으면서 허기를 면했다는 일화와 함께 전해지는 구황식량(나물)이기도 했다. 씨는 이뇨제로 쓰인다.

냉이는 국을 끓일 때 쌀뜨물에 끓이면 더 구수하고 또 냉이를 날콩가루에 무쳐서 끓을 때 넣으면 동동 뜨는 것이 더 맛있다. 또 날콩가루를 무친 후 쪄서 양념장에 찍어 먹기도 하고, 살짝 데쳐서 나물로 무쳐도 향미롭다. 냉이는 향긋함과 단맛이 별미다. 또 뿌리만 떼어서 살짝 데쳐서 초고추장에 무쳐도 좋다. 연한 냉이는 생나물로 무쳐도 좋으며 비타민의 파괴가 적어 좋다. 옛부터 냉이죽은 환자의 입맛을 찾는 별식이었다.

냉이를 옛말에는 "나시"라 했고 지방에 따라 조금씩 이름이 다른데 이것은 그만큼 널리 활용했음을 말해준다.

2. 생김새와 특성

월년초로 땅 속에 흰 직근이 자라며 뿌리는 맛이 달다. 줄기는 10~40㎝로 곧게 자라며 전체에 털이 없다. 근생잎은 우상으로 깊게 결각지고 땅에 붙어 퍼진다. 5~6월경 줄기 끝에 흰색 꽃이 총상화서로 핀다. 꽃잎은 넉장이다. 꽃이 진 후 세모꼴의 열매가 결실하며 잔 씨가 많이 들어 있다.

냉이는 사람이 사는 환경 주위에 주로 많이 난다.

3. 재배법

(1) 적지

굳이 재배하지 않아도 얼마든지 채취할 수 있다고 하던 시절은 지났다. 농촌의 유휴노동력의 부족은 냉이도 재배해야 할 만큼 심각하고 또 영양가가 새로이 인식된 건강식품으로 수요가 증대하고 있으므로 집단재배가 바람직하다.

적지는 해가 잘 들고 배수가 잘 되는 양토나 사질양토가 이상적이다.

(2) 번식

씨로 번식하며 직근성이므로 이식은 곤란하므로 직파한다. 열매가 익으면 터져서 쏟아져버리므로 터지기 전에 잘라 큰 종이에 펴서 볕에 말리면 씨를 받을 수 있다. 이것을 곧 흩뿌림하면 가을에는 어린 모종으로 자란다. 땅은 비옥한 편이 실한 것을 수확할 수 있으므로 유기질비료를 밑거름으로 넣고 갈아엎었다가 뿌리는 것이 좋다. 내한성이 강하므로 그대로 월동시켜 다음해 봄에 수확할 수도 있고 월년초이므로 이듬해 봄에 수확하면 실한 것을 얻을 수 있다. 또 겨울에 비닐을 씌우면 겨울에도 출하할 수 있다. 웃거름으로 엷은 깻묵 썩힌 액비를 시비해준다.

"물냉이"

학명 : *Rorippa nasturtium BECK*

영명 : Water－cress

프랑스명 : Cresson de Fontaine

일본명 : オランダガラシ

漢名 : 晩霞芹

과명 : 십자화과

분포 : 주로 맑은 물이 흘러가는 곳에 자라며 우리나라에는 귀화했으나 환경오염으로 강이 오염되면서 소멸되고 있다.

유럽남부가 원산지이며 전세계에 귀화하여 토착화된 식물이다.

1. 이용부위와 이용법

물냉이는 유럽남부가 원산지인 귀화식물로서 영명은 Water-cress라 한다. 프랑스명은 Cresson de fontaine라 하는데 일반적으로 "크랫손"이라 하여 서양사람들이 즐겨 사용하는 향신료 및 샐러드용 채소다.

우리나라에 들어온 것은 선교사나 외교관에 의해 오래 되었지만 일반적으로는 보급되지 못하였다가 식생활의 패턴이 양식화되어 가고 외국인의 출입이 잦아져 그들의 기호에 맞는 식품이 요구되며 올림픽을 치르면서 상품으로 등장하게 되었다. 그전까지는 주로 외인주택가나 외국공관 등지에서 재배했으며 이것들이 퍼져서 강기슭에 귀화했는지는 확실치 않다.

유럽에서는 옛날부터 야생한 것을 먹었는데 14세기부터 프랑스에서 재배하기 시작했고 19세기부터 수요가 많아진 전세계적인 향신채로서 맵고 향긋하면서도 쌉쌀한 상쾌한 맛을 즐긴다. 단백질, 칼슘, 철분, 비타민 A, B_1, B_2, C 등이 다량 함유되어 있는 영양가 높은 채소이며 옥도 화합물이 함유되어 있어서 해독, 이뇨, 흥분작용을 하므로 당뇨병, 신경통, 통풍 등에 잘 듣는다고 하며 가열하면 약효가 소멸된다고 한다.

물냉이는 주로 생채로서 스테이크나 로스구이, 햄버거 같은 육류요리에 파세리처럼 곁들이고 생선요리에도 쓰인다. 튀김도 만들고 나물로 무칠 수도 있고 국에 넣을 수도 있다.

물냉이의 이용법은 비타민을 살리는 것인데 비타민 A는 상추의 20배, 비타민 C는 11배나 되며 비타민 B_{19}을 함유하고 있어서 항암효과가 있다고도 한다. 그래서일까 녹즙을 만들어 먹는 수요도 늘고 있다.

물냉이의 씨는 Gluconasturtiin이라는 배당채를 함유하고 있어서 가수분해하면 겨자유(芥子油)가 생기므로 겨자와 같게 사용할 수 있다.

2. 생김새와 특성

다년생 수생식물로서 미나리처럼 마디에서 쉽게 뿌리가 나서 번식된다. 생김은 냉이잎과 흡사하여 물냉이라 한다. 잎은 호생하며 원형의 기수우상복엽으로 짙은 녹색이며 맵고 향긋하다. 꽃은 4~5월경에 흰색의 잔꽃이 피며 씨는 갈색으로 매우 잘다. 근경은 굵고, 옆으로 기듯이 뻗어가며 줄기가 30~50㎝로 자라고 흰 수염털이 나와서 가지를 치며 무성해진다.

추위에는 강하나 더위에는 약한 편이며 여름에는 서늘하게 해준다. 또 석회분이 많은 알카리성 물에서 생육이 왕성하다.

3. 재배법

(1) 적지

샘물이 흐르는 곳이나 깨끗한 용수로 같은 맑은 물이 흐르는 곳이 좋으며, 물이 고여 있어서 수온이 높아지는 곳은 부적당하다. 공중습도가 높은 곳에서 품질이 좋은 것이 생산된다.

물의 양은 일정한 양이 연중 흘러가야 하며 물이 마르면 누렇게 변하면서 유독성분이 생기므로 물의 양에 특히 주의해야 한다.

물냉이는 청정채소나 같으므로 위생적인 환경이 제일조건이다. 수온은 12~15℃로 변동이 적은 곳이 좋다. 즉, 겨울에는 해가 들고 여름에는 반그늘이져서 수온이 높아지지 않는 곳이 좋다.

토질은 비옥한 점질양토나 사질양토가 적합하며 수심은 5~10㎝로 유지하는 것이 좋으나 깊어도 30㎝까지는 재배할 수 있다.

맑은 물이 흐르는 강기슭에 심을 때는 강 중앙은 모래나 자갈을 넣고 강 양쪽에 유기질이 많은 점질양토를 넣어서 심는 것이 이상적이다. 또 겨울에는 비닐을 칠 수 있고 여름에는 차광할 수 있는 조건이면 가장 좋다. 수온이 최고 20℃ 최저 9℃를 벗어나지 않게 하는 것이 생육을 악화시키지 않는 요건이다.

(2) 번식

씨와 꺾꽂이로 번식하며 파종은 4~10월까지 한여름만 빼고 언제든지 가능하다. 그러나 4~5월이 가장 좋다. 씨는 1a당 6ml를 준비한다. 습한 묘상에 흩뿌림하여 엷게 복토한 후 가볍게 눌러준 후 관수하고 그 위에 마르지 않도록 "피드모스"나 "파미큐라이트"를 덮어둔다.

본잎이 나오기 시작하면 관수를 많이 하며 10㎝쯤 자라면 밭(재배지)인 무논에 25㎝×15㎝ 간격으로 한군데 2포기씩 심어 물을 얕게 대어준다. 활착하면 물의 깊이를 5~10㎝로 해준다.

꺾꽂이는 3월 하순~6월까지 할 수 있으며 물을 충분히 준 모래에 꽂는다. 가정에서는 물컵에 꽂아도 쉽게 뿌리가 난다. 삽목상에 줄기를 10㎝ 길이로 잘라 15㎝ 간격으로 꺾꽂이 한다. 여름에는 삽목상위에 가리소로서 차광하여 온도가 높아지는 것을 방지해준다.

9월에 묘상에서 모종을 캐내어 재배지에 파종묘의 경우와 같이 정식한다.

(3) 양액재배(養液栽培)

영양소를 이용한 수경재배로서 엽채류와 같은 요령으로 한다. 양액재배는 수년 수확할 수 있는 이점이 있다. 여기에서 가장 중요한 것은 양액의 온도이며 적어도 겨울에 가온했을 때 20℃를 넘지 말며 10℃ 이하로 내려가지 않게 하여 여름에는 23℃ 이상 올라가지 않게 관리한다. 28℃를 넘으면 뿌리가 썩어 말라 죽는다.

양액재배는 흙을 쓰지 않고 물과 산소를 기본으로 하여 액비의 농도와 온도를 조절하여 재배하는 것이다. 액비는 500배 정도로 연하게 한다.

(4) 수확

수확은 연 평균 6회 정도 할 수 있으며 약 50일이면 상품화 할 수 있다.

봄에 심은 것은 가을부터 수확할 수 있다. 그러나 처음 심은 첫해는 수확치말고 번식에 중점을 두고 2년째부터 수확하는 것이 바람직하다.

수확은 15㎝ 안팎의 어린순을 가위로 잘라서 잘 씻어 신선도를 잃지 않게 비닐포장하여 출하한다.

꽃이 나오면 포기가 쇠약해지므로 결실시키지 말고 따버린다.

대개 심기 전에 밑거름으로 10a당 질소 12㎏, 인산 8㎏, 카리 10㎏의 비율로 유기질비료를 넣고 무논(재배지)을 만들었지만 수확하기 1~2주일 전에 웃거름으로 유기질액비를 엽면살포하면 더 좋은 상품을 수확할 수 있다.

물냉이는 니코틴의 해독작용도 있다고 하니 앞으로 애연가들에게도 크게 환영 받을 수 있는 귀중한 채소라 할 수 있다.

"도라지"

별명 : 도랏, 桔梗

학명 : *platycodon grandiflorum DC.*

일본명 : キキョウ

漢名 : 桔梗

과명 : 초롱꽃과

분포 : 우리나라 전역의 표고 1,000m 이하의 산야에 자생하며 일본과 중국에도 분포한다.

1. 이용부위와 이용법

도라지는 우리 민족이 가장 애용하는 산나물 중의 하나로 옛부터 기제사에 쓰였던 삼색나물 중의 하나이기도 하다.

도라지타령은 대표적인 우리민요의 하나로 누구나 즐겨 부를 만큼 정서면에서도 우리생활 속에 깊숙이 뿌리내리고 있다.

애절한 일화에 얽혀있던 도라지는 산에서 캐는 산나물의 영역을 벗어나 실용적인 면에서도 재배식물로 자리를 굳혔으며 그 수요도 식용외에 약용으로써 거담제로 국내 수요뿐 아니라 수출상품으로도 수요가 꾸준히 증대되고 있어 외화를 벌어 들이는 농산물이 되고 있다.

흔히 흰꽃이 피는 백도라지는 약용의 길경(桔梗)이고 보라색 꽃이 피는 산 도라지는 식용 도라지로 알고 있으나 이 둘다 약용인 사포닌 성분이 같아서 식용과 약용을 동일하게 이용한다.

우리나라의 도라지는 품질이 우수하여 일본, 홍콩 등지에 수출되며 자유중국(대만)에서는 한국에서만 수입하도록 지정하고 있는 유리한 수출약재의 하나다.

도라지는 어린 잎과 줄기를 데쳐서 나물로 먹을 수도 있으나 도라지하면 주로 뿌리를 지칭하는 것으로 알려져 왔다. 도라지 뿌리에는 단백질, 당분, 칼슘, 철분, 회분, 인 같은 무기질이 많을 뿐더러 비타민 B_1, B_2도 있는 알카리성 식품이다. 아울러 사포닌과 이뉴린, 나이시린 등이 함유되어 있어서 임상실험 결과 기침, 가래, 해열 등에 항균성이 있다고 알려져 있어 주로 거담제 및 호흡기계통 질환에 많이 쓰인다.

민간에서는 감기로 코가 막힌데는 도라지 20g을 썰어 물 3홉을 붓고 물이 절반쯤 되게 달여 먹으면 좋다고 한다. 또 치통, 설사, 복통 등에서 도라지껍질을 벗긴 후 쌀뜨물에 담가두었다가 볶아 먹으면 좋다고도 한다.

도라지의 생잎을 즙을 내어 옻이 오른 데 바르면 잘 낫는다고 한다. 약용할 때는 껍질을 벗겨서 말리기도 하고 껍질 채 깨끗이 씻어 말리기도 하는데 약효에는 별 차이가 없다.

도라지를 식용할 때는 껍질을 벗긴 후 잘게 쪼개어 소금에 문질러 씻어 쓴맛을 뺀 후 찬물에 여러번 헹군 후에 쓴다.

도라지나물은 끓는 물에 살짝 데쳐서 볶는다. 도라지의 가장 입맛 돋구는 요리는 생무침이다. 고추장과 고추가루에 갖은 양념으로 무친 도라지는 칼칼하면서도 담백하며 약간 쌉쌀한 맛이 우리가 가장 즐기는 맛이다.

이밖에 쇠고기와 파, 도라지를 섞어 꼬챙이에 꿰어 지진 화양적은 고급 요리이며 도라지전야, 도라지자반, 도라지정과, 도라지술 등 여러가지 조리법이 있다. 도라지술은 강장제로도 역할이 인정되고 있다.

옛날에는 흉년에 귀한 구황식량이었다.

지금은 잊혀진 향수의 하나로 산촌에서는 꽃 필 때 도라지꽃으로 쌈을 싸먹었는데 지금은 멋으로 꽃을 튀김하는 경우가 있다.

우리의 고유식품(요리)인 더덕이나 도라지요리는 건강식품으로써 관광상품으로 세계시장에 보급할 가치있는 산채들이다.

또 도라지꽃은 꽃꽂이의 소재로서 절화의 수요도 만만치 않다.

2. 생김새와 특성

다년생초본이며 줄기는 40~100㎝로 곧게 자란다. 잎은 호생하며 긴계란형이며 톱니가 있고 다소 두텁다. 간혹 잎이 대생 또는 윤생하는 것도 있다. 뿌리는 육질로 비대해지며 직근성이다. 식물채를 상처내면 끈적이는 흰 유액이 나온다.

꽃은 7~8월에 가지 끝에 크고 아름다운 종모양의 끝이 다섯갈래로 갈라진 꽃이 핀다. 꽃빛은 흰색과 보라색이다. 9월 하순경 광타원형의 삭과가 결실된다. 씨는 검은색이며 윤이 난다. 씨의 수명은 대개 1년 정도다.

3. 재배법

(1) 적지

햇볕이 잘 드는 곳이면 어느 곳에서나 재배할 수 있다. 토질은 배수가 잘 되는 사질양토나 식양토가 좋으며 통풍이 잘 되는 곳이 이상적이다. 부식질이 많고 비옥한 땅에서 좋은 뿌리가 생산된다.

(2) 번식

씨로 번식한다. 종자의 수명이 짧으므로 채종 후 8개월 이내에 파종하는 것이 유리하다.

파종시기는 가을의 10~11월과 봄 3~4월에 하며 중부 이북지방에서는 봄에 파종하고 남부지방에서는 가을에 다소 늦게 파종하여 가을에 싹이 트지 않고 월동하게 하는 것이 안전하다. 발아적온은 20~25℃다. 수분과 온도만 있으면 발아가 잘 된다.

도라지재배는 직파재배와 육묘이식재배의 두 가지 방법이 있으나 일반적으로 직파재배로 하고 있다.

파종상은 이랑 너비 90~120㎝로 하고 씨가 잘므로 모래와 섞어서 흩뿌림한다. 복토는 두꺼워지지 않게 주의한다. 복토 후 짚을 덮어서 건조를 방지한다. 파종량은 1a당 3~4*l*로 밀식하는 것이 증수된다.

(3) 재배관리

대개 20일이면 발아한다. 발아 후 5월 하순경 본잎이 3~4장 나왔을 때 6㎝ 간격으로 솎아 준다. 솎을 때는 비가 온 뒤에 솎으면 땅이 물러서 옆포기의 손상을 줄일 수 있어 좋다. 6월과 7월에 한차례씩 제초해 준다.

(4) 수확

도라지는 파종 후 2년부터 연중 어느 때나 수확할 수 있다. 특히 가격형성이 유리한 겨울 명절기의 출하를 위해서는 땅이 얼기 전에 캐내어 얼지 않을 정도의 움 속에 묻어두고 가격이 높이 형성될 때 출하한다.

도라지의 껍질을 벗겨서 말린 것을 백도라지라 하고 껍질 채 말린 것을 피도라지라 한다. 생약으로 출하할 때는 백도라지가 상품가치가 높다.

도라지는 생육기간(여름)에는 잘 벗겨진다. 옛날에는 건조시킨 것을 다시 물에 불려서 나물거리로 출하했으나 지금은 식용으로 공급할 때는 주로 생도라지를 이용하고 있다.

화훼용으로 재배하는 도라지는 현재 개량된 품종이 6종가량 있으며 꽃빛도 흰색, 보라색 외에 분홍색도 있고 꽃모양이 다소 다르다. 겨울 절화용으로 9월~3월까지 출하하는 것과 여름의 자연계절 출하의 두 가지 재배생산방법이 있다.

"더덕"

별명 : 白蔘, 沙蔘, 羊乳

학명 : *Codonopsis lanceolata TRAUTV*

일본명 : ツルニンジン

漢名 : 蔓蔘, 羊角菜

과명 : 초롱꽃과

분포 : 산과 들에 널리 자생하며 일본, 중국, 소련의 우스리 등에 분포한다.

1. 이용부위와 이용법

더덕은 사삼(沙蔘)이라고도 하며 옛부터 이용되어온 산나물인 동시에 귀한 약제이기도 하다.

더덕은 쌉쌀하면서도 단맛이 나는 것이 특색이며 독특한 향취가 특징적이다.

더덕은 어린 순을 나물로 먹기도 하지만 일반적으로는 더덕뿌리를 먹는다. 더덕뿌리를 더덕이라 하며 칼슘, 인, 철분 같은 무기질이 풍부하고 단백질, 지방, 탄수화물, 비타민B 등 영양가가 고루 갖추어진 고칼로리의 영양식품이다.

더덕은 섬유질이 억세고 수분함량은 적은 편이나 씹는 맛이 독특하여 오래 씹을수록 더덕 특유의 향을 제대로 즐길 수 있다. 더덕은 외형이 인삼과 비슷하나 주름이 많이 잡혀 있고 껍질이 억세다.

더덕손질은 껍질을 벗기고 깨끗이 씻어 물에 담그어 쓴맛을 우려낸 다음 큰 것은 반으로 갈라 칼자루나 방망이로 자근자근 두들겨 살을 곱게 편다. 이때 지나치게 두들기면 살이 흐트러진다. 더덕을 손질해 놓은 모양이 부풀부풀해서 겨울철 북어를 말릴 때 얼부풀어 더덕처럼 마른 것을 "더덕북어"라 할 만큼 모양이 특이하다. 더덕을 손질할 때 끈적이는 유액이 나오는데 이것은 사포닌 성분으로 인삼에 들어 있는 성분과 같으며 물에 잘 녹는다.

사포닌 외에 몇가지 약리적인 성분이 함유되어 있어서 건위, 강장제로 효과적이며 거담제로써 기침, 기관지염, 해열, 해독의 약효도 좋으며 고치기 힘든 부스럼이나 옴 등에도 특효가 있다.

더덕은 더덕구이, 더덕찜, 더덕장아찌, 더덕생무침, 더덕정과, 더덕누름적, 더덕자반 등 우리의 고유한 음식이 많으며 최근에는 스프, 드링크, 넥타, 차, 술 등 용도가 다양해지고 있다.

특히 더덕술은 강장제로 정장제로도 약효를 빨리 나타내므로 즐겨 이용한다.

더덕술 담그는 요령은 더덕을 껍질 채 깨끗이 씻어 물기를 뺀후 3~5㎝ 길이로 썰어 3배 가량의 소주와 함께 항아리에 담고 밀봉해서 서늘한 곳에서 3개월 숙성시킨다. 1개월쯤될 때 설탕을 더덕양의 1/3쯤 넣고 다시 밀봉하면 달고 향긋하며 노란 독특한 술이 된다.

더덕구이는 가장 보편적인 더덕요리인데 쓴맛을 뺀 더덕을 두들겨 편 뒤 물기가 가실 정도로 살짝 구운 뒤 고추장과 물엿, 마늘, 깨 등으로 양념장을 만들어 구운 더덕에 앞뒤로 양념장을 얇게 발라서 다시 타지않게 굽는다. 더덕구이의 묘미는 석쇠에 놓고 숯불에 타지않게 구운 것이 가장 맛있다.

더덕장아찌는 꾸덕꾸덕하게 말린 뒤 고추장 항아리에 박는다.

물먹고 체한 데는 약이 없다고 전해오는데 더덕은 물에 체한 데 특효약이라 한다.

더덕은 2월과 8월에 채취하여 말려서 약용하는데 뿌리가 희고 굵으며 쭉 뻗은 것일수록 약효가 좋다.

더덕은 건위제일 뿐 아니라 폐와 비장 신장을 튼튼하게 해주는 식품으로 전해져오고 있다.

더덕은 자연채취에서 재배작물로 전환되어가고 있다. 재배지역은 현재 전국적이라 할 수 있고 수요도 건강 고급식품에서 가공식품으로 약용식품으로 그 폭이 넓게 증대되고 있으므로 대량 재배는 바람직하다. 88년도의 집계를 참고해보면 재배면적 1,757ha, 생산량은 876M/T이다. 그러나 아직도 더덕은 고가의 고급 산채에 머물러 있다.

2. 생김새와 특성

다년생 덩굴식물이다. 줄기는 2~3m씩 자라며 다른 물체에 감겨 올라가며 자란다. 잎은 호생하며 짧은 가지 끝에 3~4장의 타원형 잎이 맞붙어서 난다. 그 끝에 8~9월경 종모양의 3㎝의 크고 아름다운 꽃이 핀다. 꽃은 바깥쪽은 녹백색이고 안쪽은 자색으로 꽃잎 끝이 다섯갈래로 갈라져 있어 아름답다. 열매는 9~10월에 암갈색으로 익는 원추형의 삭과로 씨가 많이 들어 있다.

더덕은 잎, 줄기, 뿌리 등을 자르면 양유(羊乳)라 하는 끈적이는 유액이 나온다. 더덕 특유의 독특한 향기가 있어 숲속에서도 쉽게 찾을 수 있을 정도다.

뿌리는 비대해지고 방추형이며 섬유질이 많고 가로로 주름이 많이 잡혔으며 울퉁불퉁 혹이 달린다.

3. 재배법

(1) 적지

더덕은 자생상태가 수풀속이어서 음지식물로 여겼으나 실험결과 해가 잘 드는 곳에서 생육과 뿌리의 비대가 왕성한 것으로 나타난 양지식물이다. 지역적으로는 전국의 어느 곳에서도 재배가 가능하며 대체로 서늘한 조건하에서 잘 자라며 일교차가 큰 산간이나 해안지역에서 뿌리비대가 잘 되므로 유리하다. 토질은 토심이 30㎝ 이상으로 깊고 유기질이 많으며 보수력이 있으면서도 장마때 물이 고이지 않을 만큼 배수가 잘 되는 사질양토나 식양토가 이상적이다.

(2) 번식

씨로 번식한다. 직파재배와 육묘이식재배의 두 가지가 있다. 직파재배는 재배기간이 길고 반면 갈림뿌리가 생기지 않아 상품가치가 높다. 반면 육묘이식재배는 한정된 토지를 집약적으로 이용할 수 있어 경영면에서 유리하나 갈림뿌리의 발생률이 높은 대신 뿌리의 비대성장은 직파재배보다 월등하여 생산량을 증대시키므로 육묘이식재배가 유리하다.

파종은 씨가 익으면 따서 직파하든가 밭이나 모래에 가매장했다가 봄에 뿌린다. 묵은 씨는 발아력이 저하되므로 주의한다. 파종시기는 가을 10~11월과 봄 3~5월 초순이 적기다. 이랑 너비 90~120㎝에 20~30㎝ 높이의 두둑을 만들어 밑거름을 파종 1개월 전에 넣어 갈아 엎었다가 5~10㎝ 간격으로 3~5알씩 점뿌림 한다.

씨가 잘므로 같은 양의 모래와 섞어 뿌리면 파종이 쉽다. 얇게 복토하고 충분히 관수한다. 발아적온은 15~20℃이며 어두운 곳에서 발아가 잘 되므로 볏짚을 덮든가 "씨비닐을 덮어주는 것도 한 방법이다. 이밖에 줄뿌림도 하나 점뿌림이 관리에 유리하다. 싹이 나와 4~5㎝ 정도 자라면 솎아준다. 이때 줄뿌림한 것은 5~10㎝ 간격으로 실한 것을 세우며 점뿌림은 실한 것 하나만 남기고 솎는다.

(3) 육묘관리

더덕은 광합성이 불량하면 뿌리의 비대성장이 나쁘므로 지주를 세워서 기른다. 파종 후 40~50일경에 세우되 가을 파종은 5월에 세워준다.

장마철에 침수되어 뿌리가 썩지 않게 배수에 주의한다.

육묘이식재배는 파종을 7~15㎝ 간격으로 줄뿌림이나 흩뿌린다. 더덕줄기가 30㎝쯤 자라면 터널식으로 지주를 세우고 70㎝쯤 자라면 순치기를 반복하며 꽃봉우리가 생기면 이것도 제거한다.

10월경 잎이 누렇게되면 뿌리를 캐내어 크기별로 분류하여 얼지 않게 땅에 묻어두었다가 다음해 봄에 3~4월 초순까지에 90~120㎝의 이랑을 만들어 정식한다. 이때 1년 후에 수확하려할 때는 60×10㎝ 간격으로 심고 2년 비배 후 수확하려 할 때는 30×15㎝ 간격으로 곧바로 세워서 심는다. 더덕이식에서 갈림뿌리의 발생률을 적게 하려면 캐서 심을 때까지 뿌리의 끝이 상하지 않게 주의할 필요가 있다.

(4) 수확

더덕수확은 가을의 첫 서리가 내린 뒤 줄기가 마른 다음 부터 이듬해 싹이 나오기 전까지가 가장 좋다.

직파시는 밭에서 2~3년 후에 수확하고 육묘이식재배한 것은 1~2년 후에 수확한다. 재배더덕은 가격을 조절할. 수 있으므로 수확 후 저온창고에 보관하든지 아니면 배수가 잘 되는 곳에 깊이 1.5~2m의 구덩이를 파고 두께 10㎝ 정도의 더덕과 5㎝ 두께의 왕겨나 모래를 1~1.5m 높이로 층층이 쌓아 넣고 볏짚을 덮은 후 빗물이 스며들지 않도록 비닐을 씌워 저장하였다가 가격이 높을 때 출하할 수 있다. 또 약재로 출하할 때는 수확 후 흙을 씻어버리고 햇볕에 말려서 상품화 한다.

더덕은 3~4월이 지나서 늦게 수확한 것은 아린 맛이 있으므로 여러날 우려서 아린 맛을 뺀 후에 식용한다.

"쑥"

학명 : *Artemisia princeps PAMP.*

일본명 : ヨモギ

漢名 : 艾, 灸草, 艾蒿, 醫草

과명 : 엉거시과

분포 : 전국의 길섶, 논밭둑, 산기슭, 제방, 강기슭에 군락을 이루고 자생하며 일본과 중국에도 분포한다.

1. 이용부위와 이용법

쑥은 우리나라의 역사 시작과 함께 등장하는 오랜 식물로써 약초 및 식용식물로 알려져 왔음을 단군신화에서 볼 수 있다. 삼국유사(三國遺事)에 의하면 환웅(桓雄)이 사람이 되기를 원하는 곰과 호랑이에게 신령스러운 풀인 마늘 20통과 쑥(靈艾) 한 자루를 주어 이것을 먹고 100일 동안 햇볕을 보지 않으면(굴 속에 살았음) 사람이 되리라 일렀는데 곰은 그대로 지켜서 21일만에 웅녀(熊女)가 되었으며 나중에 환웅과 결혼하여 낳은 아들이 단군이라는 건국설화에 나타나는 뜻있는 식품이다.

또 환웅이 신시를 건설하고 인간사를 다스릴 때 마늘과 쑥으로 병을 다스렸다고도 적고 있어 옛부터 귀한 약초였음도 아울러 말해주고 있다.

쑥이라 하면 흔히 파란 빛깔의 쑥떡을 연상할 만큼 우리의 민속음식이 되어 있다.

그러나 쑥떡은 옛날 주(周)나라의 유왕(幽王)이 너무 방탕하므로 이를 우려한 신하들이 3월의 첫 뱀날 곡수연 때 쑥떡을 바쳤더니 임금은 그 맛이 너무 좋아 혼자 먹을 수 없다고 종묘에 이 떡을 바쳤는데 나라가 크게 태평하게 다스려졌으므로 3월3일(삼짇날)에 쑥떡을 해먹는 풍습이 생겨나게 되었으며 삼짇날의 쑥떡은 수명을 연장하고 사기(邪氣)를 쫓는 액막이의 효력이 있다고 믿어 벽사(辟事)에 이용한 민속이 3월(음력)의 시식(時食)으로 발전했고 오늘날까지 전승 보편화 되었다.

3월의 시식에 빼놓을 수 없는 애탕(艾湯)은 쑥을 데쳐서 고기와 같이 이겨서 빚어 달걀을 씌워서 펄펄 끓는 맑은 장국에 넣은 것인데 오늘날 건위강장의 건강식으로도 크게 환영받는 쑥의 이용법이라 할 수 있다.

나른해지고 구미를 잃기 쉬운 봄철에 향긋한 쑥으로 만든 '쑥인절미' '쑥굴리''쑥전''쑥단자''애탕'등은 구미를 돋구기에 족하며 연한 잎은 1년 내내 튀김을 만들어 강장식으로 이용할 수 있으며 '쑥절편''쑥개피떡''쑥송편''쑥경단''쑥밥''쑥죽''쑥나물'등 다양하게 쓰인다. 쑥은 이른 봄에 어린 순을 따서 삶아서 냉동고에 보관하면 1년내내 이용할 수 있다.

이밖에 쑥은 무기질, V-C, V-A, V-B_1, B_2 등이 풍부한 알카리성 식품이며 옛날에는 보릿고개를 넘겨주던 귀한 구황식량이었다.

쑥은 쑥떡 다음으로 뜸을 뜰 때 사용하는 뜸쑥을 생각하리만치 약초로서의 위치도 대단하다. 5월 단오날 오시(午時 : 12시)에 뜯어 말린 쑥이 약효가 가장 좋다고 했다.

손쉽게 지혈제로 많이 이용되었으며 코피날 때 비벼서 콧구멍을 막으면 곧 지혈되며 연장에 베었을 때도 마찬가지다. 쑥은 해열, 진통, 해독, 구충작용을 하며 생즙은 혈압강하와 소염작용도 인정되고 있는가 하면 옛부터 지혈 외에 복통, 토사의 치료에도 쓰여 왔다.

쑥뜸은 백혈구의 수가 2~3배나 증가되어 면역물질이 생기는 것으로 믿어지고 있다. 또 잎을 고아서 환을 만든 것을 애고(艾膏)라 하여 강장제, 통경제로 쓰이며 쑥은 간장질환, 부종, 복수, 황달 등의 소염성 이뇨제로 쓰이며 신경통에도 특효가 있다 하여 한증막의 쑥찜질은 유명하며 목욕탕의 쑥탕유래도 여기에서 비롯된다. 쑥을 소주에 담그어 1개월 숙성시킨 쑥술은 강장, 이뇨, 건위, 정장, 지혈, 식욕증진, 진정등의 효과가 있다 하며 쑥차는 체질개선뿐 아니라 피부병에도 효과가 크다는 임상보고도 있다.

2. 생김새와 특성

다년생 초본으로 지하경이 옆으로 길게 뻗어 있으며 그 끝에 새순이 나와서 번식된다. 줄기는 곧게 50~100㎝ 정도로 자라며 윗쪽에 가서 가지를 친다.

잎은 국화잎 모양으로서 끝이 뾰죽하고 뒷면에 흰 솜털이 밀생하고 있으며 이 흰털이 뜸쑥의 원료가 되는 것이다. 꽃은 8~10월경 줄기 끝에 원추화서로 피며 꽃이 지면 그 줄기는 말라버린다. 쑥은 독특한 향취가 있으며 자란 것은 맛이 쓰다. 그러나 해독물질(害毒物質)은 없다.

3. 재배법

(1) 적지

번식력이 강하고 잘 자라는 생장력이 왕성한 잡초인만큼 함부로 농경지에 도입하는 것은 고려해야 한다. 단 신선한 잎에는 비타민과 약용성분이 풍부하므로 공지나 개간지 또는 겨울철 비닐하우스 재배는 권장할 만하다.

적지는 해가 잘 드는 다소 건조한 곳이 이상적이며 반그늘에도 적합하다.

다수확을 목적할 때는 비옥한 땅이 이상적이며 깻묵이나 닭똥 같은 것을 시비하는 것이 좋다.

(2) 번식

번식은 포기나누기나 꺾꽂이로 간단히 번식되며 늦가을이나 이른봄에 할 수 있다. 지하경을 2~3마디씩 잘라 묻으면 마디 마다에서 뿌리와 싹이 나온다. 다음해에 자라날 새순은 초가을부터 나오므로 이것을 쪼개어 심어도 쉽게 번식시킬 수 있다.

비닐하우스에 정식할 때는 밀식하는 것이 연한 것을 수확할 수 있어 유리하며 대개는 10~12㎝ 간격으로 심는다.

(3) 수확

수확시 밑에 싹을 남기고 잘라서 2~3회 출하할 수 있도록 도모한다.

자연생은 봄 3월부터 새싹을 뜯고 6~7월까지는 상순을 채취하고 가을까지도 윗잎은 이용할 수 있다.

쑥은 생채의 소비가 여의치 않다해도 건채로도 이용할 수 있고 약용으로도 이용할 수 있으므로 대량 생산을 시도하여 인건비의 앙등으로 쑥뜯는 손길이 줄어드는 것을 커버할 수 있을 것이다.

쑥에는 종류가 많은데 대개는 어린 순을 먹을 수 있다. 또 해안에서 나는 쑥은 약효가 더 좋은데 이조때부터 강화의 쑥은 유명하다.

"두릅"

별명 : 목두채(木頭菜), 문두채(吻頭菜), 요두채(搖頭菜), 총목(楤木), 총목(総木)

학명 : *Aralia elata SEEMANN*.

일본명 : タラノキ

漢名 : 楤木, 樹龍芽

과명 : 두릅나무과

분포 : 전국의 평지에서 1,500m 이상의 높은 산까지의 들이나 잡목림, 벌목한 뒤터 등에 집단으로 군생하며 동북아시아의 북부온대 즉, 일본, 중국, 소련의 우스리 아무르지방까지 넓게 분포하고 있다.

1. 이용부위와 이용법

두릅은 두릅나무의 새순을 가르킨 말로서 봄철의 산나물 중에서 으뜸이라 할 수 있다. 독특한 향기와 쌉쌀한 맛은 섬유질이 없는 육질의 산채에 향미를 더해준다. 두릅은 단백질과 칼슘, 인, 철 같은 무기질이 다량 함유되어 있고 비타민A가 풍부하며 비타민C도 많은 편이다. 특히 단백질을 구성하는 아미노산의 조성이 좋아 영양적으로도 우수한 산나물이다.

두릅은 이른봄 잎이 활짝 피기 전의 어린 순을 따서 식용하는데 끓는 물에 살짝 데쳐서 초고추장에 찍어 먹는 강회나 초고추장, 초간장에 무치는 나물도 맛있고 볶아도 먹는다. 두릅강회는 입맛 돋구는데는 그만이다.

또 튀김요리로도 인기를 얻고 있으나 옛부터 전래되어온 두릅산적은 양념한 쇠고기와 반으로 가른 두릅을 번갈아가며 꼬챙이에 꿰어서 밀가루를 입히고 계란을 씌워 번철에 지진 것인데 봄철의 귀한 음식이었다.

또 데쳐서 말려두어다가 일년 내내 이용할 수도 있다.

두릅나무는 산나물 못지 않게 귀한 약제이기도 한데 5~6월경 근피나 나무껍질을 벗겨 햇볕에 말린 것을 총목피(総木皮)라 하여 한방에서 당뇨병과 신장병의 묘약으로 쓰이며 근피와 잎, 열매 등은 건위제로 이용된다. 가을에 담는 두릅과실주는 자양강장, 건위정장, 식욕증진 등의 효과가 있다.

우리나라에서는 대개 자연계절의 채취 출하가 주종을 이루고 겨울의 비닐하우스에서의 촉성재배로 출하되고는 있지만 아직은 시험재배단계를 벗어나지 못하고 있다. 그러나 이웃 일본에서의 두릅수요는 놀라울 정도로서 유망소득작목이 되어 있고 관광지에서는 염장가공한 통조림 또는 병조림한 것이 특산물로 팔리고 있을 정도이며 부족량은 한국에서 수입할 수도 있다는 수요전망이다.

우리나라의 수요도 고급 채소로 다루어져 날로 증가 일로에 있는 만큼 두릅은 산채에서 재배채소로 전환될 날도 멀지 않을 것이다. 또 다른 채소에 비해 경작비가 절감되는 이점도 있다.

2. 생김새와 특성

낙엽관목으로 전형적인 양수(陽樹)로서 그늘이 되면 말라 죽는다. 키는 3~5m씩 자라며 줄기는 곧게 자라고 가지는 많이 치지 않는 편이다. 가지가 굵고 전체에 날카로운 가시가 많이 나있다. 잎은 호생하며 크고 2회우상복엽으로 소엽은 난형이며 가지 끝에 뭉쳐서 방사선 모양으로 붙는다. 줄기의 중간에는 거의 잎이 없다. 8월경 흰색 잔꽃이 복총상화서로 피며 열매는 3㎜ 정도의 아주 잔 구형의 액과가 검게 익는다. 내한성은 강하나 건조에 약하다.

3. 재배법

(1) 적지

극단적으로 양지를 좋아하므로 해가 잘 드는 곳이 가장 중요하다. 집단재배는 밝은 잡목림이나 벌채림 빈터, 조림지의 경계선 등을 활용하며 평지보다 약간 경사진 곳의 풍해가 적은 양지바른 오묵한 곳이 이상적이다.

잎이 크고 생육이 왕성하므로 토양수분의 영향을 받기 쉬우므로 습한 지대에 적합하다. 토질은 보수력이 많고 토심이 깊으며 배수가 잘 되고 유기질이 풍부한 비옥한 땅이 좋다.

(2) 번식

두릅나무의 번식은 실생과 뿌리꽂이로 하며, 실생은 가을에 씨가 익으면 따서 노천에 가매장하였다가 봄에 파종한다. 뿌리꽂이는 부정아를 이용하여 묘목을 생산하는 것으로서 가장 확실하고 단기간에 대량의 묘목을 생산할 수 있어 유리하다. 모수의 뿌리를 상하지 않게 캐서 뿌리의 굵기가 4㎜ 이상 되는 것을 10~15㎝ 길이로 잘라 건조하지 않게 밭에 가매장해 두었다가 싹트기 직전인 3월 초순부터 5월 초순 사이가 꺾꽂이 적기다.

밭은 45㎝ 너비의 두둑을 만들어 포기사이가 20㎝되게 10㎝ 깊이로 꽂는다. 복토는 7㎝ 정도로 하고 그 위에 짚을 덮어 건조를 방지한다. 대개 가을까지에는 30㎝ 정도로 자라므로 다음해 봄에 싹트기 전에 45~75㎝ 간격으로 심는다. 1a당 1,000주의 묘목이 소요된다. 이때 다소 깊이 심는 것이 유리하다.

(3) 재배관리

정식한 당년에는 제초와 비배에 힘쓰며 2년째 봄에 지상에서 30㎝ 쯤에서 전정하여 곁가지를 몇대 내게한다. 해마다 같은 요령으로 전정하여 키를 줄이고 곁가지를 많이 치게하면 4년뒤는 성목이 된다. 전정할 때 눈을 1~2개씩 남기고 전정해야 한다.

전정시기는 두릅을 수확한 직후가 좋으며 대개 4~5월 하순경이다. 성목이 되면 땅 속에서 가지가 여러개 돋아나 밀생하게 되므로 그대로 두면 줄기가 가늘어져서 두릅이 빈약하게 되므로 일부만 남기고 솎아주는 것이 좋다.

비료는 심을 때 밑거름으로 두엄과 닭똥을 넣고 심으며 여름에 웃거름으로 깻묵썩힌 액비를 시비하며 두릅채취 후에도 웃거름을 주는 것이 좋다. 해마다 유기질 비료를 주어 다수확을 도모한다.

(4) 촉성재배

두릅은 휴면이 깊지만 일정한 추위를 만나면 휴면이 타파되므로 이 성질을 이용하여 겨울에 출하하는 것을 말한다. 주로 하우스내에서 보온시설을 필요로 하며 전열온상을 이용하든가 하우스내에서 2중 터널의 온상을 만드는 경우도 있다. 대개 톱밥이나 왕겨, 모래 등을 이용한다. 깊이는 20㎝ 정도로 한다.

12월경 한차례 추위가 지나간 뒤 두릅나무 가지를 잘라다가 20㎝ 길이 이상되게 토막내어 눈이 2~3개 붙어있게 하여 자른 것을 5~7㎝ 깊이로 촘촘히 꽂는다. 1평에 700~900본 정도가 기준이다. 다 꽂은 뒤 관수한 후 1주일간은 차광하여 서늘하게 관리한다. 그후 온도를 높여준다. 낮에는 20°~25℃ 밤에는 10℃로 유지하며 관수는 자주한다. 흐린 날에도 2~3회 관수한다. 대개 촉성한지 30~40일이면 7~10㎝의 두릅을 수확할 수 있다.

두릅은 정아(頂芽)가 먼저 싹트고 다음에 곁눈이 나오므로 계속 수확할 수 있다.

(5) 수확

자연산 두릅은 4월 초순경부터 수확되며 10㎝ 정도로 잎이 피기 시작할 때까지이다. 노지에서 재배한 것은 비닐을 씌우면 1개월쯤 일찍 수확할 수 있다. 대개 1a당 200~300㎏ 수확할 수 있다.

하우스에서 촉성한 것은 3.3m²(1평당) 10~20㎏ 정도 수확된다.

노지재배의 경우 봄에 수확하고 지상에서 30㎝ 정도에서 전정해주면 새순이 4~5대 나와서 8월경에 다시 수확할 수 있다. 두릅은 생채의 수송력도 있으나 잎 끝이 마르면 상품가치가 떨어지므로 포장방법의 개발이 중요하다.

예를 들면 네모진 스치로폴 용기에 일정한 무게로 담아 포리에티렌으로 포장한 것을 박스에 다시 2~3층 담는 정도로 하면 습도도 유지되고 상하는 율도 적어서 상품가치를 높일 수 있다.

"음나무"

별명 : 엄나무, 엉개나물, 개두릅, 멍구나무, 호랑이가시

학명 : *Kalopanax Pictum NAKAI*.

일본명 : ハリギリ

漢名 : 嚴木, 刺楸, 海桐木, 刺桐

과명 : 두릅나무과

분포 : 전국의 산기슭, 들판이나 1,500m까지의 높은 산에도 자생하며 지리적으로는 동부아시아산으로 일본과 중국에도 분포한다.

1. 이용부위와 이용법

음나무는 녹음이 짙은 정자목인데 봄에 어린 순을 "엉개나물" 또는 "개두릅"이라 하여 즐겨 이용하는 산나물이다.

음나무순은 4월초에 연하고 어린 순을 따서 깨끗이 씻은 다음 생으로 무쳐 먹기도 하고 튀김옷을 입혀 튀겨도 맛있다. 또 끓는 물에 데쳐서 나물로 무침도 하고 양념고추장을 곁들여 쌈을 싸 먹기도 하는데 쌉쌀한 맛이 특징이다. 엉개나물 쌈은 잃었던 입맛을 찾아주므로 즐겨 이용했다. 음나무순은 전반적인 맛이 두릅만 못하다 하여 "개두릅"이라 한다.

음나무는 가시가 많기로도 유명한데 두릅나무보다 더 심하여 "호랑이 가시"라는 별명도 얻고 있는데 음나무 가지를 대문 앞이나 문 위에 걸어 놓으면 잡신의 범접을 막을 수 있다는 벽사의 민속도 있는데 영험스럽고 무서운 호랑이를 음나무 가시의 험상궂은 것에 빗대어서 표현한 이름이라 한다.

음나무의 수피와 근피는 한방에서 거담제로 쓰이는 약재이며 민간에서는 음나무 가지를 칼로 치듯이 썰어서 끓는 물에 푹 삶아 그 물로 식혜를 만들어 마시면 신경통에 좋다 하여 옛부터 이용했으며 가지삶은 물은 다갈색의 빛이 돌고 은은한 향이 있어 차게 식혀서 건강음료로도 마신다. 이 차는 강장, 해열에 효과적이며 요통, 신장병, 당뇨병, 피로회복 등에 좋다.

2. 생김새와 특성

낙엽교목으로 천연기념물로 지정된 노거수도 여럿 있는 대형의 녹음수다. 가지에 가시가 밀생하게 많이 있다. 잎은 호생하며 10~30㎝로 넓고 크며 흡사 팔손이잎과 모양이 비슷하며 대개 5~9갈래로 잎끝이 얕게 갈라진다. 손바닥 모양같은 잎은 쌈싸기에 알맞다. 꽃은 7~8월에 황록색의 잔꽃이 산형화서로 피고 10월에 둥근 핵과가 검게 익는다.

음나무는 대개 공원수, 녹음수, 정자목 등으로 심는데 높이 20m 줄기의 지름이 1m에 달한다. 생장이 빠르고 외줄기로 자라는 성질이 있으며 가지에 달려 있는 가시는 쉽게 제거할 수 있다.

재목은 훌륭하여 가구재, 악기재, 합판 등에 쓰인다. 특히 스님의 바릿대(식기)를 만든다.

3. 재배법

(1) 적지

들판이나 임지의 경계 등에 적합하며 어릴 때는 그늘에서도 잘 자라지만 크면서부터는 햇볕을 많이 받아야 하므로 이 점에 유의해야 한다. 토질은 별로 가리지 않으나 토심이 깊고 비옥한 곳이 이상적이다.

(2) 번식

씨와 뿌리꽂이로 번식하며 씨는 발아저해물질이 있으므로 가을에 따서 땅 속에 가매장하여 습층 처리한 후 이듬해 봄에 정선하여 흩뿌림한다.

뿌리꽂이는 부정아의 발아를 촉구하는 방법으로서 늦가을에 뿌리를 캐내어 15㎝ 길이로 잘라 마르지 않게 밭에 가매장 해두었다가 3월 말경 20㎝ 간격으로 10㎝ 깊이로 꽂는다. 그 위에 짚을 덮어 건조를 방지해준다. 활착률은 좋은 편이다.

다음해 봄에 원줄기를 전정하여 곁가지를 많이 치게 해주며 해마다 전정하여 성장을 억제해 새순을 많이 수확할 수 있도록 관리한다.

실생묘나 뿌리꽂이 한 묘종은 다음해 봄에 정식한다. 식재거리는 60~100㎝로 하며 자람에 따라 밴 곳은 솎아서 간격을 넓혀준다.

(3) 수확

음나무는 가시가 많으므로 수확에 애로가 있다. 가죽장갑을 끼고 새순이 피기 전에 비틀듯이 따든가 낫으로 쳐나가며 수확하여 옷을 벗기고 상품화시킨다.

"참죽나무"

별명 : 참중나무, 연엽채, 춘엽채

학명 : *Cedrela Sinensis A Juss*

일본명 : チヤンチン

漢名 : 香椿樹, 櫄香

과명 : 멀구슬나무과

분포 : 중국이 원산지이며 우리나라에는 고려말엽에 들어와 집주위 사찰경내에 식재되었는데 주로 경기도 이남에 식재되어 있다.

1. 이용부위와 이용법

참죽나무의 순을 “참죽”이라 하는데 대나무처럼 순을 먹는다 하여 붙여진 이름이다.

참죽나무는 지엽(枝葉)에 독특한 향기가 있으므로 중국에서는 香椿이라 하며 일명 樗香이라고도 하는데 참죽을 먹는 풍속은 중국과 우리나라 뿐이다.

이른 봄에 참죽나무 순이 돋아날 때는 붉은색을 띠므로 매우 아름다우며 맛과 향과 색이 조화를 이루는 귀한 산채다.

참죽을 따 데쳐서 무친 것을 참죽나물이라 하며 일명 연엽채, 춘엽채(椿葉菜)라 하여 봄의 맛있는 미각으로 손꼽는다.

참죽은 연한 순을 따서 날로 생무침도 하고 튀김옷에 고추장을 섞어서 입혀 튀김을 만들면 별미다. 또 참죽을 데쳐 물기를 짜고 갖은 양념으로 버무려 꼬챙이에 어긋매겨 꿰어서 밀가루와 계란을 씌워 지진 참죽전이나 참죽쌈, 참죽자반 등도 만들었으며 참죽 중에서 가장 뛰어난 음식은 참죽튀각이다. 참죽을 살짝 데쳐서 길이로 손바닥 크기로 늘어놓고 찹쌀풀을 되직하게 쑨 후 뜨거울 때 고추장과 들깨를 넣고 고루 섞은 다음 찹쌀풀을 솔로 고루 발라서(앞뒤로) 햇볕에 바싹 말려두고 기름에 튀긴 것인데 별미다. 절에서 가장 즐겨 만드는 고급식품이다. 전해오는 말에 의하면 어떤 익살맞은 사람이 절에 갔다가 대접받은 참죽튀각(부각이라고도 함)이 너무 맛있어 집에 돌아와 그 음식 이야기를 하려는데 나무 이름이 생각이 안나서 중들이 먹는 음식의 나무라고하여 그후부터 중나무(僧木)라 했는데 이 나무와 비슷한 가중나무가 있으므로 이를 구별하기 위해 전자는 참(眞)중나무, 후자는 가(假)중나무라 했다 한다. 그후에 죽순처럼 순을 먹는다하여 “참죽나무”라 하게되니 가중나무는 가죽나무가 되고 말았다고 전한다.

참죽나무의 수피는 다려서 부인의 산후 출혈의 지혈제로 특효가 있는 귀중한 민간약이며 또 어린아이의 감질(疳疾)에도 묘약이었으며 수렴제로써 지사제, 종기가 났을 때 피막(皮膜)을 만들어주는 효과도 있다.

참죽나무는 사찰 주위나 경기도, 충청도 일원에서 집 울타리로 심어 어린 순을 밑반찬으로 또 상비약으로도 즐겨 심었는데 봄의 새싹, 여름의 녹음, 가을의 단풍도 아름다워서 관상수로도 손색이 없다. 목재는 재질이 굳고, 결이 곱고 광택이 있으며 내휴, 보존성이 높아서 고급가구재, 악기재로 손꼽히며 뿌리는 염료로 쓰이는 유익한 나무다.

2. 생김새와 특성

낙엽활엽교목으로 수고 20m에 지름이 30~40cm에 달한다. 줄기는 곧게 자라며 가지가 적고 짧아서 좁은 수관을 만든다.

잎은 호생하고 기수우상복엽으로 길이가 60cm나 되며 소엽은 10~20개로 장타원형이며 길이 8~15cm로 가장자리에 톱니가 있다. 잎이 활짝 피면 녹음이 매우 아름답다. 6월에 종모양의 흰꽃이 원추화서로 가지 끝에 피며 길이가 40cm나 되는데 매우 향기롭다. 열매는 9~10월에 익는데 다갈색 타원형의 삭과로 익으면 5갈래로 갈라져 양쪽에 날개가 있는 씨가 열매가 터짐과 동시에 날아간다.

내한성, 건조에 약하며 양지를 좋아한다. 바닷가나 도시공해에는 비교적 잘 견딘다. 생장이 빠른 편이며 수명이 긴데 우리나라에는 400여년 된 것도 여럿있다.

3. 재배법

(1) 적지

해가 잘 드는 양지 바른 곳, 즉 집주위의 울타리나 경계용으로 심었으나 집단재배는 북풍이 가려지는 곳을 택한다. 중부지방에서는 내륙지방에는 부적합하며, 해안지방이면 중부지역에서도 가능하다. 토질은 토심이 깊고 비옥한 적당한 보수력을 지닌 사질양토가 이상적이다.

(2) 번식

번식은 실생과 뿌리꽂이로 번식된다. 실생은 9월에 씨가 익어서 터지기 직전에 따서 간직했다가 봄 2월쯤 물에 불려서 젖은 모래에 묻어서 휴면을 타파시킨 후 3월 말~4월 초에 파종한다.

뿌리꽂이는 늦가을에 뿌리를 캐내어 길이 5~7㎝로 잘라 밭에 가매장한다.

봄 3~4월에 20㎝ 간격으로 10㎝ 깊이로 꽂은 뒤 5㎝ 두께로 흙을 덮는다. 볏짚을 덮어 건조를 방지해준다.

(3) 정식

싹이 난 묘목은 1년간 비배했다가 다음해 봄에 포장에 1m 간격으로 정식한다. 참죽나무는 직근성이기 때문에 자주 이식하는 것은 바람직하지 못하다. 또 생장이 빠르고 곧게 자라므로 이식 후 상순을 전정하여 곁가지를 내게 해주어 수확하기 쉽고 수확량의 증대에도 힘쓴다. 대개 1.5~2m 정도에서 상순을 전정한다. 방임상태로 두면 키가 높이 자라 수확에 어려움이 있으므로 참죽 수확 목적인 집단재배시는 반드시 상순을 잘라주어 키를 줄여주는 것이 필요하다.

(4) 수확

참죽나무의 잎은 웅대하게 자라지만 순을 수확하는 것은 4월에 빨간 새순이 어리고 연할 때 13~15㎝쯤 되면 수확한다. 가락동 시장이나 경동시장에 참죽을 엮어서 들고나와 파는 아낙들을 흔히 볼 수 있다. 그러나 참죽은 바람을 오래 쏘이면 잎끝이 마르고 시들어 상품성이 상실되므로 습도를 보존하는 포장법의 개발이 필요하다.

농약 공해의 노이로제에 시달리는 현대인들이 옛것에서 안심하고 구미를 찾을 수 있는 개성있고 맛있는 식품재료인 참죽나무 재배는 농가 부업으로도 바람직하다.

"으름"

별명 : 山果, 野木瓜

학명 : *Akebia quinata DECAISNE*

일본명 : アケビ

漢名 : 木通, 林下婦人

과명 : 으름덩굴과

분포 : 전국의 산기슭, 양지나 덤불 속, 잡목림 등에 자생하며 일본과 중국에도 분포한다.

1. 이용부위와 이용법

으름은 덩굴로 자라는 낙엽수로 봄에 돋아나는 새싹을 나물로 이용하는 개성있는 산나물이다.

으름나물은 약간 쌉쌀하지만 삶아서 우려내면 풍미있는 나물로 볶아 먹어도 좋고, 초고추장에 무침도 구미를 돋구며 찌게나 국거리로도 손색이 없고 말렸다가 묵나물로도 이용한다. 또 어린 잎을 쪄서 말렸다가 건강차로도 이용한다. 정장과 강장의 효과가 있다.

으름은 바나나같이 생긴 다소 작은 육질의 열매가 열리는데 하얀 과육은 달고 맛있어서 날걸로 과일처럼 먹을 수 있으며 두터운 과육은 요리에 이용한다.

으름과육에 고기와 양파 버섯 등을 양념해 넣고 찜을 만들 수 있는데 으름찜은 독특한 별미다. 미숙과는 잘게 썰어서 볶아도 훌륭한 산나물이 된다.

으름열매는 씨가 많은데 이 씨는 기름을 짜면 훌륭한 식용유가 된다. 씨 1말에서 1되의 기름을 얻을 수 있다.

으름은 식용 외에 한방에서 木通이라 하여 으름덩굴의 뿌리를 봄과 가을에 캐서 말린 것으로서 "소염성 이뇨제"로 쓰며 신장질환, 부종, 각기 등의 이뇨제로 사용된다. 으름덩굴의 껍질을 벗겨 말린 것을 通草라 하여 木通과 함께 이뇨제로 쓰인다. 으름열매는 염장가공하여 저장식품으로도 이용할 수 있다. 으름의 회분 중에는 다량의 칼륨이 함유되어 있는 알카리성 식품이다. 뿌리 말린 것을 소주에 담그어서 약술도 만든다. 목통의 유효성분은 "아케빈"이라고 하는 결정성 배당체다.

으름덩굴은 관상용 덩굴식물로도 훌륭하며 줄기는 꽃꽂이의 소재로도 환영받는다.

2. 생김새와 특성

덩굴성 낙엽수로 잎은 잎자루가 달린 장상으로 5장의 장타원형의 잎이 맞붙어 있다. 꽃은 5월에 피며 잎과 함께 긴 꽃대를 내어 연자주색으로 꽃 핀다. 암꽃과 수꽃이 따로 있다.

꽃이 지면 10㎝ 길이의 장타원형의 장과가 결실한다. 열매는 외피가 연자주색이며 흰가루가 씌워져 있다. 늦가을에 익으면 두터운 과피의 봉선(縫線)이 터져서 속에 흰빛의 반투명한 과육이 드러난다.

이 과육은 맛이 달고 까만 씨가 많이 들어 있다.

으름의 뿌리는 길고 비대해 있다.

3. 재배법

(1) 적지

으름덩굴은 매우 튼튼하여 아무 곳에나 잘 자라지만 잔뿌리가 지표 가까이에 많이 분포하고 있어서 건조에 약하다. 가장 이상적인 곳은 해가 잘 들고 배수가 잘 되며 바람이 심하지 않는 남향이나 동남향의 완만한 경사지가 좋다.

토질은 유기질이 풍부한 보수력 있고 공기 유통이 잘 되는 비옥한 땅이 좋다. 산성 내지 약산성에서 잘 자란다.

(2) 번식

씨와 꺾꽂이 휘묻이 등 여러가지 방법으로 번식시킬 수 있다.

실생번식은 싹이 잘 난다. 10월에 익은 열매를 따서 과육을 물에 잘 씻으면 까만씨가 많이 나온다. 이것을 직파하든가 모래와 섞어 가매장하였다가 봄에 파종한다. 2~4년 후면 정식할 수 있을 정도로 자란다. 실생묘는 봄의 나물 채취용일 때는 대량생산이 가능하므로 이용할 수 있으나 열매를 수확하기까지 10년이 소요되므로 실용적이 못된다.

꺾꽂이는 이른봄 싹트기 전에 지난해 자란 가지를 3~4마디(10~15㎝)씩 잘라 반정도 묻히게 꽂으며 장마 때도 할 수 있다. 활착률이 좋다.

휘묻이는 쉽게 번식되며 길게 뻗은 줄기의 마디 밑에 상처를 낸 후 휘어서 땅에 묻어 두면 그곳에서 뿌리가 나므로 그 끝을 잘라 독립된 개체를 얻을 수 있다.

휘묻이는 확실한 번식법이기는 하지만 대량생산의 어려움이 있으므로 꺾꽂이가 바람직한 번식법이다.

(3) 식재

등책에 올리든가 해가리개용으로 식수할 때 주의할 것은 지표가 건조하지 않도록 주의한다. 생장이 빨라서 곧 무성해지지만 1포기만 심으면 결실기에 가서 결실이 잘 되지 않으므로 2~3주 이상을 한데 심는 것이 결실에 좋으므로 정원수로 보급할 때는 이 점에 유의해야 한다.

으름덩굴은 분화초로 가꾸어 상품화 하고 있는데 25㎝ 화분에 3대를 심어 철사로 둥글게 틀어올리면 분재로도 훌륭하다.

대량재배는 1a당 10~15주 정도로 하고 포기사이 3m, 깊이 50㎝에 지름 50㎝의 구덩이를 파고 밑거름을 넣은 후 1개월 뒤에 심는다. 심는 시기는 낙엽진 후~싹트기 전인 봄에 정식한다.

싹은 줄기에 호생하는 짧은 가지에 지난해 여름에 형성되어 다음해 봄에 개화하므로 깊은 전정은 피하는 것이 좋다. 전정시기는 휴면기에 하며 결실하기 시작하면 전정하지 않는다. 밴 곳만 솎아서 채광이 잘 되게 해준다.

큰모종이면 다음해부터 결실하고 대개 3년째부터 결실한다.

(4) 수확

으름재배는 수확목적부터 정하고 재배에 착수하는 것이 바람직하다.

"씀바귀"

별명 : 쓴귀물, 싸랑부리, 씸배나물, 쓴나물

학명 : *Ixeris dentata NAKAI*

일본명 : ニガナ

漢名 : 苦菜, 黃瓜菜

과명 : 엉거시과

분포 : 산기슭, 밭둑, 길섶, 들녘 등 전국에 널리 퍼져서 자생하며 일본과 중국에도 분포한다.

1. 이용부위와 이용법

씀바귀는 맛이 쓰다하여 쓴나물, 쓴귀물, 씸배나물, 苦菜 등 많은 이름으로 불리우는 들풀인 봄나물이다.

씀바귀는 옛부터 약용을 겸한 식용으로 즐겨 이용했다. 봄에 씀바귀를 많이 먹으면 여름에 더위를 타지 않는다는 이야기도 전해질만큼 식욕을 증진하는 산채다. 또 열, 속병, 악창을 다스린다고도 했으며 씀바귀를 짓찧어 즙을 마시면 얼굴과 눈동자의 누런기(황달기)를 없애준다고도 하는 민간요법도 있다.

씀바귀는 맛이 쓰지만 독이 없으므로 건위제로 약에 쓰이며 많이 먹어도 해가 없으므로 구황식량으로 흉년에 애용되기도 했다. 함경도에서는 "자주씀바귀"를 서토리채(西土里菜)라 하여 옛부터 구황식량으로도 유명하다.

씀바귀는 봄에 어린 연한 순과 뿌리를 함께 캐서 살짝 삶아서 우려 쓴맛을 뺀 뒤 나물로 무치면 쌉쌀하고 향긋하여 뿌리의 싸각거리는 맛이 별미다.

씀바귀는 고들빼기처럼 김치도 담그어 먹는데 삭히는 요령은 고들빼기와 같다.

삶아서 볶음도 하고 말렸다가 묵나물로도 이용한다.

씀바귀에는 비타민과 가용성 탄수화물이 풍부하며 단백질, 지방, 회분, 질소물, 전분 등이 함유되어 있는 알카리성 식품이다.

2. 생김새와 특성

다년초로서 30㎝ 안팎으로 자라며 뿌리가 손가락 굵기만하게 굵고 길다. 뿌리에 영양가가 많다. 잎은 근출잎으로 호생하며 피침형으로 가장자리가 가시처럼 된 거치가 있다. 어린 잎의 잎줄기는 자주색을 띤다.

뿌리나 잎 모두를 자르면 흰 유즙이 나온다.

꽃은 5~6월에 피며 꽃이 필때도 근출잎이 그대로 남아 있으며 꽃은 노랑, 흰색으로 두화과 산방화서로 핀다. 7월에 수과가 익으며 관모가 있다.

3. 재배법

(1) 적지

씀바귀는 고들빼기처럼 뿌리도 귀중한 산채이므로 비옥하고 표토가 깊은 보수력 있는 토질이 이상적이다.

잡초같은 들풀이기 때문에 성질이 강하여 아무곳에나 잘 자라지만 집단재배는 직사광선이 강한 곳에서는 빨리 꽃대가 나와서 뿌리에 심이 박히므로 해가 들어도 반그늘진 곳이 좋다.

(2) 번식

직근성이므로 씨로 번식한다.

7월에 씨가 익으면 따서 직파하면 잘 발아한다. 파종량은 1a당 2l정도가 필요하며 120㎝ 이랑 너비로 두둑을 만들어 20㎝ 간격으로 줄뿌림한다. 씨가 가늘므로 2~3배의 모래와 섞어서 뿌리면 씨가 몰리지 않고 고루 뿌릴 수 있다. 대개 10일이면 싹이 튼다. 발아초기에 다른 잡초와의 경쟁에서 져서 삭아지는 경우가 많으므로 제초에 힘쓰며 본잎이 2~4장 나오면 생육에 지장없이 잘 자란다. 비료의 요구량이 많은 식물이므로 밑거름을 넣고 심는 것이 유리하다.

파종기가 여름이므로 폭우와 가뭄에 대비하여 파종 후 짚을 덮어 건조와 유실을 방지해준다.

(3) 수확

씀바귀는 잎과 뿌리를 함께 이용하므로 뿌리를 상하지 않게 수확해야 한다. 또 꽃대가 나오지 않는 것이 우량품이므로 여름에 뿌려 가을에 수확하려면 비배해야 하고 다음해 봄에 수확할 때는 꽃대가 나오기 전에 수확하도록 한다.

"고들빼기"

별명 : 쓴나물, 애기벋줄

학명 : *Ixeris sonchifolia HANCE*

일본명 : チョウセンヤクシソウ

漢名 : 黃花菜, 苦苣菜, 野苣

과명 : 엉거시과

분포 : 중부이남의 산야나 들가 길섶 등에 자생하는 잡초취급을 당하는 들풀이다. 일본과 중국에도 분포한다.

1. 이용부위와 이용법

고들빼기는 흔한 들풀이지만 쓴나물이라고도 하고 황화채(黃花菜)라고도 하여 봄에 어린 순을 나물로 먹는 것이 보통이었으나 근래에 와서는 고들빼기 김치라 하여 전라도의 특색있는 김치였던 것이 전국적으로 가을의 별미김치로 싸근하고 향긋한 맛을 즐겨 너 나할 것 없이 담그어 먹는 김치감으로 재인식되고 있다.

고들빼기의 쓴맛은 입맛을 돋굴뿐 아니라 건위소화제의 역할도 해준다.

고들빼기김치는 꽃대가 나오지 않은 고들빼기를 뿌리째 뽑아서 쌀뜨물이나 삼삼한 소금물에 1주일쯤 우려서 쓴맛을 제거한 후 갖은 양념으로 버무려 김치를 담근다.

봄의 어린싹은 섬유질이 적고 단백질, 탄수화물, 회분, 지방 등의 성분이 있어 겉절이도 하고 살짝 데쳐서 물에 담그어 우려낸뒤 나물로 초무침이나, 볶아서 조리한다. 알카리성 식품으로서 산성채질을 개선해주므로 약으로도 먹을 수 있다. 잎을 자르면 흰 유즙이 나오지만 독이 없으므로 먹을 수 있으나 유즙이 쓴맛을 낸다.

2. 생김새와 특성

1~2년초로서 씀바귀와 혼돈되기 쉬우나 고들빼기는 꽃이 7~9월에 피고 씀바귀는 5~6월에 꽃이 피므로 쉽게 구별된다.

고들빼기는 60㎝ 안팎으로 곧게 자라며 전체에 털이 없고 잎은 피침형, 긴원형으로 거치가 있다. 잎의 표면은 녹색이고 뒷면은 분백색이다. 뿌리에서 나는 잎은 꽃필 때 사라지고 원대에 달린 잎은 호생한다. 꽃은 7~9월에 원추화서로 피며 연노랑색의 두화(頭花)다. 열매는 수과로 가을에 검게 익으며 흰 관모가 달려 있다.

고들빼기에는 왕고들빼기, 가는잎 고들빼기, 이고들빼기 등이 있는데 모두 같은 용도로 이용할 수 있다.

3. 재배법

(1) 적지

고들빼기는 비교적 비옥한 농경지에 흔히 자라는 만큼 재배지는 부드러운 토양이 바람직하며 우량품을 생산하려면 보수력이 있고 비옥한 땅이 좋다.

온도와 광선에는 영향받지 않는다.

(2) 번식

씨로 하며 가을에 씨가 익으면 날아가기 전에 원대궁을 베어서 묶어 1~2일 걸어두면 씨를 털 수 있다. 씨를 털어 솜털(관모)을 비벼서 제거한 후 직파해도 좋고 건조하지 않게 저장했다가 봄에 일찍 뿌려도 된다. 가을에 뿌린 것은 다음해 봄에는 나물로 이용할 수 있다. 비료는 깻묵 썩힌 액비를 웃거름으로 주는 정도면 족하다.

집단재배는 우량품의 다수확이 목적이므로 파종시 밀파하면 연하고 큰 것을 수확할 수 있다. 또 고들빼기 특유의 쓴맛도 다소 감소되므로 겉저리거리 생채로 출하할 수 있어 유리하다.

(3) 수확

고들빼기는 꽃대가 나오면 근생잎은 누렇게 변하므로 꽃대가 나오기 전까지가 적기다. 또 꽃대가 나오면 뿌리도 심이 생겨 식용가치를 잃게 된다.

따라서 가을 김장철을 대비한 재배일 때는 7월 하순에 파종하는 것이 좋으며 고들빼기김치는 계절감 없이 즐길 수 있으므로 주년생산할 수도 있다.

"곰취"

별명 : 곤달비, 왕곰취

학명 : *Ligularia fischeri TURCZ*

일본명 : オタカラコウ

漢名 : 熊蔬

과명 : 엉거시과

분포 : 전국의 깊은 산의 수림 밑이나 습하고 비옥한 높은 산의 초생지에 자생한다. 일본과 중국 북부, 소련의 우수리 등지에 분포한다.

1. 이용부위와 이용법

곰취는 산나물 중에서 드물게 날 것으로 먹을 수 있는 귀한 산나물의 하나다. 참나물같은 향긋한 내음과 연하고 매끄러운 향미는 어린 잎을 생채로 쌈을 싸먹기도 하고 삶아서 쌈을 싸먹기도 하는데 상추쌈을 제쳐두고 즐길 수 있는 별미라고 옛부터 산간에서 귀하게 여기던 산나물이다. 삶은 것은 나물로써 무침이나 볶음, 국거리, 찌게감 등 다양하게 조리할 수 있으며 삶아서 말렸다가 묵나물로도 이용되는 귀한 산나물인 동시에 구황식량이기도 했다.

2. 생김새와 특성

곰취는 다년초이며 잎이 머위잎과 흡사하며 긴 잎자루가 선다. 근경은 굵고 밑부분에 거미줄 같은 털이 있고 윗부분에는 짧은 털이 있다.

잎은 뿌리에서 돋아나는 근출잎(根出葉)이며 85㎝로 자라는 것도 있다. 잎자루의 길이는 50여㎝로 그 끝에 콩팥~심장형의 30㎝ 남짓한 녹색의 연한 큰잎이 달린다. 잎은 털이 없고 매끄러우며 가장자리에 톱니같은 거치가 있다.

곰취의 잎은 삶아도 파란색이 그대로 있고 또 참나물 같은 향기와 담백한 맛이 없어지지 않는다.

7~8월에 긴꽃대가 나와서 노랑빛의 꽃이 총상화서로 피는데 밑에서부터 피어 올라간다. 가을에 수과가 결실한다.

3. 재배법

(1) 적지

표토가 깊고 습한 비옥한 땅이 이상적이며 반그늘진 곳이 좋다. 습도만 조절할 수 있으면 해가 드는 곳에서도 재배할 수 있다.

(2) 번식

씨와 포기나누기로 하며 실생은 가을에 씨가 익으면 채종하여 직파하든가 봄에 뿌리면 된다.

산나물류의 파종에 있어서 주의할 것은 파종 후 흙을 덮고 누른 다음 반드시 볏짚이나 낙엽을 위에 덮어서 건조를 방지함과 동시에 보습(保濕)에 유의해야 한다.

일단 발아하면 야생초인 만큼 생장력이 왕성하여 비교적 잘 자라므로 재배는 쉽다.

포기나누기는 뿌리를 캐내어 근경에 싹을 붙여서 쪼개어 심으면 된다. 포기나누기 할 시기는 낙엽진 늦가을이나 싹트기 전인 이른 봄에 한다.

(3) 촉성재배

촉성이나 억제재배로 산악지대의 관광지의 별미식품으로 출하할 수 있다. 이때는 파종한 모종을 가을에 비닐하우스에 밀식하여 2중터널을 씌우면 저온에는 강한 편이므로 연하고 충실한 나물을 수확할 수 있다. 심을 때 지상부를 잘라버리고 심는다.

(4) 수확

곰취는 주로 어린 순을 나물로 이용하므로 뿌리를 상하지 않게 잎줄기에서 베어내면 곁순이 다시 나와서 새싹이 나오게 되므로 1년에 2~3회 수확할 수 있다. 깻잎처럼 다수확은 못되어도 쌈거리로 별미의 산나물이 될 수 있다. 단, 연한 것이 생명이므로 재배할 때는 차광하여 반그늘을 만들어 주는 것이 중요하다.

출하기를 놓친다든가 생산이 과잉된다 해도 삶아서 건조시켜 두고 묵나물로서 관광선물용으로 1년내 출하할 수 있어 유리하다.

"초피나무"

별명 : 제피나무, 젠피나무, 전피나무, 좀피나무

학명 : *Zanthoxylum piperitum DC*

일본명 : サンショウ

漢名 : 蜀椒

영명 : Japanese pepper

과명 : 운향과

분포 : 중부 이남의 산기슭이나 야산, 평지의 잡목림 나무 그늘에 자생하며 일본, 중국 등 아시아 동부와 북미의 온대에 분포한다.

1. 이용부위와 이용법

초피나무는 제피나무, 젠피나무라고도 하며 민물고기(淡水魚)요리의 비린내를 없애는 향신료로서 오랜 옛날부터 널리 사용된 야생과수라 할 수 있다.

초피나무를 식용한 역사는 아득한 신라 때부터였는데 평강공주의 전기에 온달의 집에서는 초피나무 죽을 먹었다는 대목이 있는 것으로도 미루어 짐작할 수 있다.

오늘날 널리 이용되는 것은 추어탕의 비린내를 없애는데 빼놓을 수 없는 양념으로 누구나 다 잘 알고 있으며 중국의 五香(초피, 회향, 계피, 정향, 진피)의 하나로도 쓰이는 귀한 향신료다.

초피나무는 어린 잎에 독특한 향기가 있어서 향신료로 널리 쓰이며 또 덜 여문 열매도 향미와 독특한 매운맛이 있어서 식용으로 쓰인다. 어린잎과 미숙과는 장조림도 만들고 김치의 조미료로도 이용되며 열매의 과피와 씨는 향신료 및 약재로 蜀椒이라 하여 방향성 건위제로 쓰인다.

열매에는 2~4%의 정유가 함유되어 있으며 "산숄"(San shol)은 매운맛을 내는 성분이며 이밖에 단백질, 탄수화물, 지방, 무기산 등이 함유되어 있다. 주성분은 "시트로네랄"이다.

한방에서 과피를 말린 것을 가루로 하여 건위정장제로 이용하며, 씨를 말린 것은 이뇨제로 약용한다. 또 굳어진 생잎의 즙은 국부의 마취와 해독작용이 있으므로 타박상이나 종기, 벌레 물린데, 생선독의 해독제로 이용되며 옻이 올랐을 때는 잎을 달여서 그 물로 씻으면 잘 낫는다.

열매는 과피 속의 씨앗이 6월까지는 흰데 이때까지가 향신료로 제일 좋으며 6~10월까지에 따서 잎, 열매, 줄기 모두를 약술로 만들 수도 있다.

2. 생김새와 특성

낙엽관목으로 키는 3m씩 자라며 암・수나무가 따로 있다. 가지를 많이 치며 잎이 5~9쌍의 기수우상복엽으로 잔잎의 가장자리에 물결치듯 거치가 있고 두텁다. 가지나 잎자루의 밑쪽에 가시가 1쌍씩 대생한다. 봄에 새잎과 함께 꽃대가 나와서 황록색의 잔꽃이 피어 가을에 둥근 열매가 맺는다. 열매는 삭과로 붉게 익으며 과피가 벌어지면 검은 씨가 나온다.

초피나무와 산초나무(Z. Schinifolium s. et. Z.)는 흡사하여 혼돈하기 쉬운데 산초나무는 잔잎이 6~10쌍으로 더 많고 가시가 불규칙하게 1개씩 호생하며 꽃은 꽃잎이 있고 잎에 초피나무 같은 향기가 없다. 따라서 산초나무는 식용으로는 쓰지 않으며 열매를 소염제로 타박상이나 유종에 쓴다. (주로 외과용)

3. 재배법

(1) 적지

초피나무는 따뜻한 지방에 자생하나 온도의 적응력은 넓은 편이다.

천근성으로서 뿌리가 옆으로 퍼지므로 건조에는 약하다. 따라서 잡목림의 간벌한 수림 밑 정도의 반그늘진 곳이 이상적이다. 여름에 건조하지 않으면 양지에서도 재배할 수 있다. 토질은 배수가 잘 되면서도 보수력이 있는 비옥한 사질양토나 부식질이 많은 흙이 적합하다.

(2) 번식

씨와 접붙이기로 번식시키며 실생은 9월에 씨가 익으면 따서 젖은 모래에 가매장했다가 늦가을이나 이른 봄에 파종한다. 파종량은 1a당 1l 정도가 소요된다. 90㎝ 너비의 이랑을 만들어 2줄로 줄뿌림하며 가을에는 흙을 3㎝ 정도로 두텁게 복토하며 봄이면 2㎝로 한다. 뿌린 후 짚을 덮어 건조를 방지해주며 발아 후 본잎이 3장쯤 나올 때 밭에 내어다 심는다. 이식거리는 60㎝ 이랑에 포기사이 10㎝ 간격으로 3줄로 심는다. 이렇게 한 것은 촉성재배용으로 이용할 수 있으나 이식하지 않고 솎아주고 가을까지 그대로 두고 비배하였다가 다음해에 정식할 수도 있다. 정식간격은 2.5m 이랑에 1.5m 포기사이로 심는 것이 관리에 편하다.

접붙이기는 대목으로 초피나무나 산초나무의 실생 2~3년생 묘를 이용하여 3월 중순~하순까지 20일간이 가장 적당하다.

접순은 새가지에서 골라 2월 중순에 잘라 마르지 않게 서늘한 곳에 저장해둔다.

대목은 지상 10㎝에서 잘라 접수와 비스듬이 맡붙여 마주접붙이기의 요령으로 접붙인다. 마주 붙인 후 비닐로 단단히 묶는다. 접붙인 부분이 묻힐 정도로 흙을 묻어 차광해두어 싹이 나오면 벗겨버린다. 가을까지 50㎝ 이상 자라므로 이것을 정식한다.

해가 잘 들지 않고 통풍이 안 되는 곳에서는 결실이 잘 되지 않으므로 주의한다.

(3) 촉성재배

촉성재배에 쓰이는 것은 실생묘를 이식하여 가을에 50㎝쯤 자란 것을 서리가 내린 후 캐내어서 단을 묶어 가식해두고 12~2월까지 하우스에 90㎝ 너비의 벳드를 만들어 전열선을 배선하여 2중터널을 치고 포기사이 3㎝로 심어 처음에는 25℃로 하고 싹이 트면 20℃로 낮춘다. 촉성한지 30일이면 새로 나온 잎을 수확할 수 있다.

(4) 수확

초피나무는 심은지 3년째부터 결실하며 7~8년이면 성목이 되어 20~30년은 계속 수확할 수 있다.

잎을 수확할 목적일 때는 싹이 튼 후부터 5~6일 간격으로 30~40일간 수확할 수 있다. 열매를 수확할 때는 열매가 붉어지기 전인 7월까지 열매송이채 따서 말려 과피와 씨를 따로 분리하여 향신원료와 약용으로 구분해서 수확한다.

초피나무 잎은 생선횟집에서 곁들임으로 귀히 쓰이며 진공포장하여 일본으로 수출되는 전망이 밝은 산나물이다.

"머위"

별명 : 머우, 머구

학명 : *Petasites japonicum MAXIM*

일본명 : フキ

漢名 : 款冬

과명 : 엉거시과

분포 : 습한 들이나 강기슭, 계곡, 산기슭 등지에 자생하며 전국에서 흔히 볼 수 있다. 일본과 중국에도 분포한다.

1. 이용부위와 이용법

머위는 "머우"라고도 하며 굵은 잎자루를 나물로 먹는 향기롭고 독특한 맛이 나는 산나물이다.

머위잎에는 비타민 A를 비롯해서 비타민이 고루 함유되어 있으며 칼슘성분이 많은 알카리성 식품이다.

머위는 잎을 따버리고 잎자루를 삶아서 물에 담그어 아릿한 맛을 우려낸 후 껍질을 벗겨버리고 조리한다. 삶을 때 공기에 접하면 갈색으로 변하므로 끓는 물에 빨리 넣고 삶는다. 삶아지면 찬물에 헹구면 녹색의 먹음직한 고운 나물이 된다.

머위나물은 볶음, 조림, 장아찌, 정과 등으로 조리하며 머위잎은 삶아서 쓰고 아릿한 맛을 우려내고 머위쌈이라 하여 쌈도 싸먹을 수 있다.

이른 봄에 꽃이 먼저 피는데 꽃봉오리는 비늘같은 포엽에 싸여 돋아나므로 이것이 채 피지 않은 꽃봉오리일 때 따서 살짝 데쳐서 잘게 썰어 셀러리, 초고추장무침, 튀김, 무침 등으로 조리하면 향기와 맛이 두드러진 진미의 산채가 된다.

머위 잎자루의 껍질은 방부효과가 있어서 산나물들을 염장할 때 이것을 함께 넣고 절이면 곰팡이가 생기지 않는다.

머위의 꽃봉오리는 건위, 진해, 해열의 효과가 있으며 식욕을 증진하는 약이 되기도 하며 차로 만들어 이용하기도 하고 술에 담그어 약술을 만들기도 한다.

삶은 머위나물은 염장가공도 하고 말렸다가 묵나물로도 이용한다.

2. 생김새와 특성

다년초로서 뿌리는 육질로 굵고 땅 속 깊이 수직으로 자라며 지하경이 지표에서 5~10㎝ 깊이에 3~4개 나와 7~8마디쯤 자라 마디마다에 새싹이 나와서 잎이 핀다. 근경에 세근(細根)이 나오는데 지표 3~35㎝에 분포한다. 자웅이 따로 있다. 꽃이 잎보다 먼저 피는데 이른 봄에 비늘 같은 포엽에 싸여 돋아나 꽃대가 5~30㎝로 자라면서 그 끝에 다닥다닥 붙은 작은 꽃이 산방화서로 핀다.

꽃봉오리일 때 따서 식용한다. 꽃빛은 수꽃은 황백색이고, 암꽃은 백색이며 관모가 있다. 꽃이 진 후에 근경에서 잎이 돋아나며, 잎자루가 육질로 지름이 1㎝, 길이 60㎝로 자라며 그 끝에 둥근 신장형의 큰잎이 붙어 있다. 잎의 크기는 15~30㎝나 되며 뒷면에 거미줄같은 털이 있다. 잎은 녹색이지만 밑부분에 자주빛이 돈다.

3. 재배법

(1) 적지

머위는 매우 튼튼한 식물이지만 고온과 건조에는 약한 편이다. 잎이 크고 연하며 수분 증발이 심하기 때문에 굵은 직근이 땅 속 깊이 자라게 되는데 직근은 주로 수분을 흡수하고 지표 가까이에 있는 근경이나 세근은 양분을 흡수하기 때문에 지하수가 높으면 뿌리가 썩어 발육이 좋지 않으므로 배수가 잘 되고 보수력이 있는 비옥한 땅이 좋다.

약간 경사가 진 반그늘이 좋다. 산성에는 강하나 모래땅이나 자갈밭은 좋지 않다.

(2) 번식

씨와 포기나누기로 하며 집단재배는 포기나누기로 번식시킨다.

포기나누기는 포기를 캐내어 근경(자주빛)을 15㎝ 길이로 잘라 30㎝ 간격으로 심는다.

이때 싹이 반드시 붙어 있어야 한다.

심는 시기는 10월과 봄 3월 초순에 심는다. 심은 후 흙을 얕게 복토하고 건조하면 발아가 더디므로 짚을 덮어주어 건조를 방지한다.

비료는 속효성비료를 쓰며 다비성식물이므로 밑거름 및 웃거름도 1년에 3~4회 시비하는 것이 다수확의 비결이 될 수 있다.

(3) 촉성재배

머위는 비교적 저온에서도 쉽게 촉성된다. 비닐 터널을 씌워서 보온하면 쉽게 싹이 튼다. 대개 1~2월경에 촉성하면 1개월쯤 일찍 수확할 수 있다.

(4) 수확

머위는 4월부터 수확하며 1년에 2~3회 수확한다. 대개 45㎝쯤 자랄 때 잘라 잎을 따고 단을 묶어서 출하한다.

근주를 양성해두면 다음 해부터 해마다 수확할 수 있다. 포기나누기도 해마다 할 수 있으나 4년만에 한번씩 갱신하는 것이 좋다.

"비비추"

학명 : *Hosta longipes NAKAI*

일본명 : イワギボウシ

영명 : Funkia

과명 : 백합과

분포 : 중부 이남의 습한 평지에서부터 높은 산에 이르기까지 널리 자생하며 일본, 중국 등 아시아 동부에 분포한다.

1. 이용부위와 이용법

비비추는 재배채소처럼 연하고 향긋하며 매끄러우면서도 감칠맛이 나는 산나물같지 않은 산나물이다. 산나물의 쓴맛이나 떫은 맛, 억센 섬유질 등의 단점이 되는 특성이 하나도 없다.

봄에 죽순처럼 말려서 돋아나 나팔처럼 벌어지는 어린 순을 따서 살짝 데쳐서 나물로 무치거나, 볶거나, 국거리, 찌게거리, 샐러드, 튀김 등 다양하게 조리할 수 있다. 삶아서 말렸다가 묵나물로도 이용한다. 또 길게 나온 잎줄기는 뿌리쪽에서부터 잘라 잎을 떼어버리고 잎줄기만을 삶아서 초고추장이나 마요네즈를 곁들이면 훌륭한 술안주로 이용할 수도 있다. 또 말려두었다가 쓰면 흡사 박고지처럼 씹히는 맛이 좋고, 꽃봉오리도 따서 튀김이나 샐러드에 이용하면 향기롭고 별미다. 줄기는 염장가공도 할 수 있어 신선한 것을 언제나 이용할 수도 있다. (잎이 피어버린 것은 쓰다)

비비추에는 철분과 비타민 C가 많이 함유되어 있는 영양식품이다. 또 건위, 정장, 이뇨, 강장의 약효도 인정되고 있으며, 잎의 즙은 부스럼이나 여드름에 효과가 있다고도 한다.

비비추에는 산옥잠화, 넓은 옥잠화, 주걱 비비추 등 유사종이 많은데 모두 어린 순을 먹을 수 있다.

비비추류는 밀원식물도 되고 그늘에서 잘 자라며 관상가치도 있어서 관상용으로 정원수 그늘에도 즐겨 심어지는 식물이다.

2. 생김새와 특성

다년초로서 흡사 옥잠화와 닮았다. 원대궁이 없이 잎이 모두 뿌리에서 단을 묶은듯이 뭉쳐서 나온다. 순이 올라올 때는 흡사 죽순과 같으나 곧 잎이 벌어져 피기 시작한다. 잎은 난형~타원형으로 긴 잎자루가 있으며 광택이 없고 쭈굴쭈굴하며 엽맥이 뚜렷하다.

잎줄기는 10~30㎝쯤 자란다. 7~8월에 30~40㎝의 긴 꽃대가 나와서 종모양의 홍자색 꽃이 한쪽으로 몰려서 총상화서로 꽃 핀다. 한송이의 꽃은 4㎝ 크기로 관상용으로도 훌륭하다. 꽃이 진 후에 피침형의 삭과를 맺는다. 이 열매는 익으면 3쪽으로 갈라져 씨가 쏟아진다.

3. 재배법

(1) 적지

반그늘진 곳이 좋다. 양지쪽이나 숲이 우거진 곳에서도 자라지만 우량품의 생산을 목적할 때는 공중습도가 높고 햇볕이 가끔 들어오는 숲속(낙엽수림)의 밭이 이상적이다. 토질은 표토가 깊고 유기질이 풍부한 비옥한 땅이 좋다. 보수력도 있고 배수도 잘 되는 것이 적합하다.

(2) 번식

씨와 포기나누기로 번식시킨다. 실생은 가을에 잘 익은 씨를 따서 직파한다. 습기있는 묘상에 흩뿌림 한 후 흙을 덮고 잘 누른뒤에 짚을 덮어둔다. 과습해도 썩기 쉽고 건조하면 그해에는 발아하지 않는 경우가 생기므로 겨울에 추위를 만나야 휴면이 타파되므로 유의한다.

포기나누기는 포기에서 곁눈이 나와서 퍼지므로 가을에 10월이나 봄의 싹트기 전에 캐내어 싹을 2~3개씩 붙여 쪼개어 포기사이를 20㎝ 간격으로 심는다. 뿌리(근주)는 상하기 쉬우므로 건조시키든가 얼리지 않도록 빨리 심는 것이 중요하다. 정식 후 뿌리쪽이 마르지 않도록 낙엽이나 짚을 덮어준다.

정식한 다음해부터 수확할 수 있으며 대개 4년에 한번씩 포기나누기 하여 갱신해준다.

(3) 촉성 연화재배

초원같은 곳을 택하여 90㎝ 너비의 이랑을 만들어 정식하여 비배하였다가 겨울에 2중비닐을 씌우면 조기출하 할 수 있다. 이때 톱밥이나 왕겨를 덮어서 연하고 긴 줄기가 나오게 연화할 수 있다.

(4) 수확

순을 목적으로 수확할 때는 줄기가 채 나오지 않은 잎이 벌이질 때가 적기이며 이 나물은 잎과 함께 이용한다. 칼로 땅 속에 줄기를 따듯이 자른다.

줄기를 목적할 때는 잎이 너무 억세어지면 쓴맛이 나므로 줄기를 밑쪽에서 잘라 잎을 따고 줄기만 이용한다.

수확할 때 주의할 것은 한포기에서 전부 채취해버리면 다음해에는 말라버리는 경우가 생기므로 1~2 잎은 반드시 남기고 수확하도록 한다.

수확이 끝나면 엷은 액비를 웃거름으로 주어 비배한다.

"돌나물"

별명 : 돈나물, 石菜, 錢菜

학명 : *Sedum Sarmentosum BUNGE*

일본명 : ツルマンネングサ

漢名 : 佛甲草

과명 : 돌나물과

분포 : 전국의 들이나 산기슭의 습한 곳, 언덕의 돌틈 등에 무성하게 자생한다. 일본과 중국에도 분포한다.

1. 이용부위와 이용법

돌나물은 "돈나물"이라고도 하며 우리나라에서는 옛날부터 김치감으로 널리 쓰여온 산나물이다.

산림경제(山林經濟 이조 숙종 때 朴世堂著)의 산야채품부에 "石菜"(돌나물)라 하여 수록되어 있을 정도로 식용한 역사가 오랜 우리의 고유 식품재료이면서도 재배 채소화 되지 못한 들풀이다.

돌나물은 김장김치가 떨어지고 햇김치감이 나오기 전의 어중간한 철의 요긴한 김치감으로서 봄철의 구미를 돋구는 새콤하고 시원한 돌나물김치로 크게 환영받았다. 그러나 요즈음은 배추가 1년 내내 있어서 김치감의 궁함을 모르게 되자 돌나물김치는 구색을 맞추는 특미김치나 혹은 기호식품 같은 위치에 놓이게 되어 돌나물김치를 담그는 방법조차 모르는 젊은 아낙도 드물지 않은 세상이 되고 말았다.

그러나 돌나물은 섬유질이 적고 비타민 C와 인산이 풍부하며 새콤한 신맛도 있어 식욕을 촉진하는 건강식품으로 많은 장점을 살려 고유한 맛을 전승하도록 긍지를 살려가야 한다.

돌나물이 재배채소로 자리를 굳히지 못한 것은 어느 집에서나 장독대 돌틈에 심어서 손쉽게 자가공급할 정도로 번식도 잘되고 재배가 쉬웠기 때문에 경제성이 없었던 것이다. 그러나 주거생활이 흙 한줌 없는 아파트생활 공간으로 바뀌고 있는 현실에서 돌나물의 대량재배는 우리의 맛을 찾는다는 뜻외에 비타민 C의 공급원으로도 환영받을 수 있으며 분화초로 가꾸어 무공해 가정채소겸 관상용으로도 수요의 폭을 넓혀갈 수 있다.

돌나물은 1년내내 새순을 따서 이용할 수 있으므로 신선한 김치감으로 유리하며 살짝 저렸다가 초고추장에 묻혀도 별미다. 잎의 즙은 해독, 화상의 약재로 쓴다.

2. 생김새와 특성

다년초로서 마디에서 뿌리가 내리면서 옆으로 뻗어가는 성질이 있어 잘 번식된다.

잎은 다육질로서 긴타원형으로 불과 1~2㎝로 호생하며 처음에는 마디에 꽃송이처럼 뭉쳐서 붙어있으나 이것이 자라면 15㎝ 내외로 그 끝에 5~6월에 선황색의 꽃이 많이 핀다. 7월에 삭과가 익는다. 돌나물은 뽑아서 버려두어도 말라죽지 않고 마디에서 곧 뿌리가 나와서 활착할 정도로 튼튼하고 번식력이 강하다.

3. 재배법

(1) 적지

기후는 가리지 않으나 토질은 다소 습한 보수력이 있는 땅이면 어느 토질에서도 잘 자란다.

(2) 번식

포기나누기로 쉽게 번식된다. 마디에서 뿌리가 나서 퍼질만큼 번식력이 왕성하므로 한줄기씩 뜯어서 15㎝간격으로 심으면 된다. 집단재배시는 줄기를 6㎝ 길이로 썰어서 흩뿌리고 흙을 얇게 덮어주면 쉽게 싹이 나온다. 이때 모래를 덮어 청정채소로 가꿀 수도 있다. 밀식하는 것이 연하고 긴 것을 수확할 수 있다. 다수확을 위해서는 연한 액비(깻묵썩힌)를 웃거름으로 주는 것이 좋다. 묵은 포기는 2년에 한번씩 갱신해주어 새순이 많이 나도록 촉진한다. 꽃대가 나오면 적심해주어 곁가지가 많이 나게 만든다.

겨울에는 비닐터널만 씌우면 1년내내 수확할 수 있는 장점도 있다.

"우산나물"

별명 : 삿갓나물

학명 : *Syneilesis palmata MAX*

일본명 : ヤブレガサ

漢名 : 兎兒傘

과명 : 엉거시과

분포 : 전국의 야산에서부터 표고 1,000m씩 되는 고산지대까지 수림밑의 반그늘진 습한 곳에 군락을 이루며 자생하고 있다. 일본과 중국에도 분포한다.

1. 이용부위와 이용법

우산나물 또는 "삿갓나물"이라고도 하며 옛날부터 즐겨 이용된 향기로운 산나물의 하나다. 새순이 올라와서 잎이 채 벌어지기 전의 모양이 우산을 펼친 모양 같기도 하고 삿갓모양 같기도 해서 얻은 이름들이다. 우산나물에는 참나물처럼 향긋하면서 독특한 향기가 있는 것이 특색이다.

이른 봄에 나오는 어린 순과 잎을 먹는데 본잎이 5~6장 나올 때까지의 연한 부분을 따서 생채로 샐러드나 튀김에 이용할 수 있으며 삶아서는 나물로 무침, 볶음, 국거리, 찌게거리로 조리하며 삶아서 말렸다가 묵나물로도 이용한다.

2. 생김새와 특성

다년초로 줄기는 곧게 60~100㎝쯤 자라며 곁가지를 많이 치지 않는다. 줄기는 보통 암갈색을 띤다. 잎은 단풍잎처럼 여러 갈래로 찢어져 있고 다소 두텁지만 질은 연하다. 잎은 긴 잎자루가 있고 줄기에 호생하며 질은 녹색이다. 8~9월경 가지끝에 원추화서로 흰꽃이 피며 꽃잎이 없는 두상화(頭狀花)로 익으면 털이 달린 씨가 익는다. 뿌리는 굵고 짧으며 뭉쳐서 난다.

3. 재배법

(1) 적지

여름에 건조하지 않는 반그늘진 서늘한 곳이 좋다. 토질은 유기질이 많은 부드러운 흙으로 보수력이 있으면서도 배수가 잘되는 비옥한 땅이 좋다.

습기있는 땅을 좋아하지만 물이 고이는 곳에서는 썩기 쉽고 겨울에는 얼기 쉬우므로 피한다. 낙엽수림 밑이나 북향의 경사지가 이상적이다.

(2) 번식

씨와 포기나누기로 번식시킨다. 실생은 가을에 씨가 익으면 따서 직파한다. 이랑은 60㎝ 너비에 높이 10㎝로 하여 씨가 잘므로 모래와 섞어서 흩뿌림 한 후 흙을 3㎝ 두께로 덮은 위에 볏짚을 덮어서 건조를 방지해준다.

다음해 4월 초순경이면 싹이 튼다. 발아하면 덮었던 짚을 제거해주며 차광망을 쳐서 직사광선을 가려준다.

포기나누기는 3~4월에 싹이 움직이기 시작할 때가 포기나누기의 적기다. 포기를 캐내어 싹을 1개씩 붙여서 쪼개어 정식한다.

실생묘나 포기나누기 한 것은 밑거름으로 유기질비료를 충분히 넣은 밭에 이랑 너비 1m의 두둑을 만들어 15㎝ 간격으로 밀식한다. 이때 너무 깊이 심지 않도록 주의한다. 너무 깊이 심으면 뿌리가 2층으로 나기 때문이다.

(3) 수확

우산나물의 수확기는 봄에 어린 순이 15~20㎝쯤 자랐을 때가 적기다. 순과 줄기, 잎 등 모두 수확하며 줄기가 굳어지면 끝쪽의 연한 순과 잎을 수확할 수 있으므로 수확기간이 비교적 긴 산나물이다.

"독활"

별명 : 땃두릅, 땅두릅

학명 : *Aralia continentalis KITAGAWA*

일본명 : ウド

漢名 : 獨活

영명 : Udo salad plant

과명 : 두릅나무과(오갈피나무과)

분포 : 전국의 해발 1,500m까지의 산야, 계곡, 산기슭, 강기슭 등에 군락을 이루어 자생한다. 일본, 중국 등 동아시아의 온대지방에 넓게 분포하고 있다.

1. 이용부위와 이용법

독활은 일명 "땃두릅" 혹은 "땅두릅"이라 하며 봄의 대표적인 산나물의 하나로 향기가 뛰어나고 씹히는 맛이 싸각거려서 상쾌하면서도 담백한 맛이 일품이다.

땅에서 나는 두릅이라 하여 땅두릅이라 하는데 봄에 돋아나는 순이 흡사 두릅같다. 땃두릅 나물은 다른 산나물과는 달리 생채(生菜)로서 먹을 수 있고 튀김으로도 향미로우며 삶아서 나물로 초고추장에 무침도 하고 볶음, 저림 등으로 조리하며 삶아서 말렸다가 묵나물로도 이용한다. 염장가공하면 장기 저장 할 수 있다. "샐러드"용으로도 쓰이는데 서양에서는 "우도 샐러드 프랜트"라 하여 이용하고 있다.

독활에는 Asparagine이 다량 함유되어 있으며 그밖에도 포도당, 서당, 녹말 등의 성분이 있어 약용하는데 감기, 두통, 요통, 신경통에 진정, 해열제로 사용하며 부종에도 효과가 있다. 여름에서 가을에 걸쳐 잎을 따서 볕에 말렸다가 다려서 식전에 복용하면 건위, 소화촉진에 효과가 있다.

어린 싹, 채 피지 않은 어린 잎, 꽃봉오리, 열매, 뿌리 등은 약술의 원료로 쓰인다.

2. 생김새와 특성

초본 같지 않은 대형의 숙근초다. 높이 1~2m까지 자라며 엉성하게 가지를 치고 전체에 거치른 털이 있다. 봄에 새로 나오는 싹은 자주빛을 띠고 있으며 마디가 있고 털이 나 있다. 향기가 진하고 약간 떫은 맛이 있다.

잎은 난형의 소엽으로 된 재우상복엽(再羽狀複葉)으로 마디 마다에 호생하며 잎자루가 있다. 8~9월에 줄기 끝에 산형화서로 녹색의 잔꽃이 핀다. 꽃이 진 후에 둥근 액과를 맺으며 암적색에서 익으면 검게 된다. 땅 속의 근경은 괴상(塊狀)으로 굵고 섬유가 많은 육질이다.

3. 재배법

(1) 적지

환경에 적응하는 힘이 있으나 될 수 있는 대로 해가 잘 들고 바람이 잘통하는 곳이 좋으며 온도의 격차가 심한 고냉지가 이상적이다. 토질은 건습을 가리지 않으나 배수가 잘 되지 않는 땅은 피한다. 표토가 깊고 부식질이 많은 유기질이 풍부한 배수가 잘 되는 땅이 적지다.

(2) 번식

독활의 번식은 씨와 포기나누기로 하며 실생은 대량의 모종을 얻을 수 있으나 포기의 양성에 2년씩 걸리는 것이 단점이며 씨가 건조에 약하고 싹트는데 더디다.

파종은 가을에 씨가 익으면 따서 물에 씻어서 갈아앉는 씨를 자루에 넣어 냉장고에 넣든지 땅 속에 가매장했다가 봄 3~4월에 뿌린다. 이랑 너비 1.2m로 파종상을 만들어 10㎝ 간격으로 줄뿌림한다. 흙을 덮은 뒤 건조하지 않도록 볏짚이나 왕겨를 위에 덮어준다. 건조하면 발아하는데 3주일씩 걸리지만 보통 2주일이면 싹이 튼다. 발아하면 때때로 관수해주고 밴 곳을 솎아준다. 본잎이 2~3장 나오면 두엄을 충분히 넣은 표토 깊은 밭에 이랑 너비 75㎝로 하여 포기 사이 20~25㎝ 간격으로 이식하여 가을까지 비배한다. 2년째 가을에는 연화촉성용으로 쓸 수 있다.

포기나누기는 가장 확실한 번식법인데 이른 봄에 포기를 캐내어 줄기 밑쪽에 싹이 붙어 있으므로 뿌리에 싹을 붙여서 칼로 잘라 쪼갠다. 대개 1포기에서 3~4개로 나눌 수 있는데 이때 싹이 상하지 않게 주의한다. 뿌리가 너무 길 때는 9~12㎝ 정도로 잘라서 심는다. 연화재배했던 포기는 번식용으로 포기나누기 하면 쇠약해져 있으므로 피한다. 포기나누기 한 것은 곧 정식한다. 이랑 너비 90cm, 포기사이 50cm로 하여 싹이 위로 오게 하여 심고 10cm 정도 흙을 덮어준다. 1a에 200~250주 심을 수 있다. 실생묘의 정식도 같은 요령으로 한다.

(3) 촉성 및 연화재배

노지에서 새로나온 싹을 채취하면 짧아서 상품가치가 떨어지므로 포기 주위에 흙을 북돋아 주어서 연하고 긴 우수상품으로 만든다. 또 2중 비닐을 씌우면 1개월가량 일찍 출하할 수 있다.

하우스에서 촉성하여 겨울에 출하할 때는 가을에 서리를 맞힌 뒤 지상부를 10cm쯤 남기고 자른 뒤 캐낸다. 독활은 충분히 추위를 만난 후라야 휴면이 타파되어 싹이 트므로 유념한다. 3~4일 그늘에서 말린 후 전열선을 배선한 하우스에 심는다. 뿌리의 밑쪽은 고온에 약하므로 싹트기까지는 25℃로 하고 싹튼 후는 20℃로 낮춘다. 고온에서는 썩는 경우가 있으므로 관수로서 온도를 조절해준다. 촉성재배 때는 밀식하는 것이 좋다. 대개 50~60일이면 수확할 수 있다.

(4) 수확

산야에 자생한 것은 3~5월에 싹이 나와서 잎이 벌어지기 전이 채취적기다. 촉성한 것(연화)은 20~30cm 길이로 자랄 때 땅 속의 흰줄기를 칼로 잘라낸다. 연화시킨 것은 향기가 떨어지나 쓴맛은 적다.

"둥굴레"

별명 : 황정(黃精), 玉竹

학명 : *Polyponatum odorum Var. pluriflorum OHWI*

일본명 : アマドコロ

漢名 : 黃精,

과명 : 백합과

분포 : 전국의 평지에서 높은 산, 들판이나 산기슭, 심산의 수림 밑 등의 비옥한 땅에 군락을 이루고 자생한다. 일본, 중국 등에도 분포한다.

1. 이용부위와 이용법

둥굴레는 흔히 "황정"이라 하여 자양강장제로 쓰이는 약초로 알려져 있으나 땅을 비집고 나오는 뾰얀 어린 싹은 연하고 단맛이 있어서 즐겨 이용되는 산나물이다. 둥굴레의 싹은 살짝 데쳐서 나물로서 무침도 하고 볶음, 찌게거리로도 이용하며 마요네즈에 무쳐도 맛있다. 튀김도 만들 수 있고 삶은 것은 말렸다가 묵나물로도 이용한다.

뿌리는 영양가 높은 자양식품으로 단맛이 있어서 삶아 먹기도 하고 쪄서도 먹으며 밥에 섞어 짓기도 하고 장아찌도 만들고 튀김 조림이나 볶아서 반찬도 만들 수 있다. 둥굴레 뿌리에는 전분이 68%나 함유되어 있어서 옛부터 흉년에는 구황식량으로도 귀중시 된 식물이다. 잘게 썰어 말린 것을 옥죽(玉竹)이라 하여 약술로 빚어서 자양강장제로 먹는데 피로회복에 효과가 있다. 엿을 만들기도 한다.

뿌리는 한방에서 황정(黃精)이라 하여 강정(强精), 강장(强壯), 유정(遺精), 요통, 해열, 타박상 등에 약용한다. 황정은 원래 진황정(Polygonatum falcatum A. GRAY)을 사용했으나 지금은 둥굴레 뿌리도 황정이라 하여 통용하고 있다.

옛날 華佗(명의였음)가 산에 들어가 신선이 둥굴레를 먹는 것을 보고 와서 알려주어 그것을 먹고 '아번'은 100세까지 장수했다는 전설이 전해져오는 자양강장제다.

둥굴레는 꽃과 잎이 아름다워 관상가치가 높아 정원수 그늘에 심는 정원초화로도 재배할 수 있다.

2. 생김새와 특성

다년생초본이며 지하경이 옆으로 뻗으며 굵은 육질로 황백색을 띠고 단맛이 있다. 근경에 수염뿌리가 난다. 묵은 줄기 자리에 해마다 한개씩 마디가 생겨 흡사 대나무 마디같다. 지하경의 끝에서 줄기가 1대씩 나오며 30~50㎝로 자라며 줄기끝이 휘어져 구부러진다. 잎은 5~10㎝ 길이의 긴타원형으로 10여장이 호생한다. 이 잎들은 위를 향한 것이 특이하다. 잎에는 평행맥이 많고 뒷면은 흰빛을 띤다. 줄기가 모가 나는 것으로 진황정과 구별된다. 꽃은 4~6월경 엽액에 자주색을 띤 가는 꽃자루가 나와서 흡사 종모양의 은방울꽃을 닮은 작고 갸름한 녹백색의 꽃을 밑으로 드리워 1~2송이씩 조롱조롱 꽃 피운다. 꽃이 지면 둥근 장과를 맺으며 9~10월에 검게 익는다.

둥굴레에는 많은 유사종이 있으며 모두 먹을 수 있다.

3. 재배법

(1) 적지

둥굴레는 산나물로나 뿌리의 약재로서뿐 아니라 관상식물로도 집단재배가 바람직하다.

재배적지는 양지를 즐기지만 반그늘진 곳에도 재배할 수 있다. 따라서 동남향의 경사지나 산간의 묵밭 같은 곳을 이용하면 된다 비옥한 땅이 좋은 상품을 만들 수 있으므로 유기질이 많은 땅을 택한다.

(2) 번식

씨와 포기나누기나 또는 지하경을 6㎝ 길이로 잘라서 모래에 묻어두면 싹이 나므로 이식하면 된다.

밑거름으로 유기질비료를 넣고 일반채소처럼 1m 두둑에 15㎝ 간격으로 심으면 된다. 파종은 가을에 채종하여 직파하든가 아니면 모래땅 속에 가매장하였다가 봄 4월에 뿌린다.

(3) 촉성재배

관광지에서는 겨울에 비닐하우스에서 촉성재배로 조기출하할 수 있다. 11월에 하우스에 10㎝ 간격으로 밀식하여 새순이 15㎝쯤 자랄 때 베어서 출하한다. 남은 뿌리는 그대로 깻묵 썩힌 액비로 웃거름을 주어 비배하면 3월 초에 다시 수확할 수 있다.

(4) 수확

파종묘는 다음해부터 수확하는 것이 유리하며 뿌리를 수확할 목적일 때는 정식한 2년째부터 가능하다.

둥굴레는 어린싹이나 뿌리뿐 아니라 꽃이나 어린 열매도 먹을 수 있으므로 너무 억세어서 굳어지기 전이면 언제나 수확출하가 가능한 유리한 점을 갖고 있다.

뿌리의 수확은 늦가을과 이른 봄이 상품(약용일 때)으로 거래되지만 일년내내 수확할 수 있다.

"민들레"

별명 : 앉은뱅이 꽃, 蒲公英

학명 : *Taraxacum platycarpum H.DAHLST*

일본명 : タンポポ

漢名 : 蒲公草, 地丁, 金簪草

영명 : Dandelion

과명 : 엉거시과

분포 : 우리나라 전역의 평지에서 높은 산에까지 자생하고 있으며 주로 온대에서 한대에 걸쳐 분포하며 특히 북반구에 많은 식물이다. 주로 해가 잘 드는 양지에 많이 난다.

1. 이용부위와 이용법

민들레는 봄의 대표적인 들풀의 하나지만 어린 싹을 즐겨 먹는 산나물이다. 뜯었을 때 흰 유액이 나오며 쌉쌀한 맛이 독특한데 이 쓴맛이 소화를 촉진하고 식욕을 증진시키는 역할을 한다. 쓴맛은 심한 편이 아니므로 데쳐서 2~3시간 우려낸 후 조리하면 나물로서 초무침이 산뜻한 입맛을 낼 수 있으며 말렸다가 묵나물로도 이용한다. 또 꽃은 피기 전에 따서 말린 것을 포공영(蒲公英)이라 하여 한방에서 옛부터 해열, 발한(發汗) 건위제로 약용했으며 비타민 A와 같은 화학구조를 가지고 있어서 야맹증의 치료약으로도 이용되며 변비에도 효과가 있다. 꽃은 옷을 입혀 튀김으로 만들어도 맛이 있다. 또 뿌리와 함께 소주에 담그어서 약술도 만든다. 생약의 포공영은 민들레의 꽃과 뿌리를 일컫는 것으로 민들레에는 "이눌린", "팔미틴", "세로친"등 특수성분이 함유되어 있어서 건위, 강장, 이뇨, 해열, 천식, 거담 등의 효과가 인정되어 있다. 잎이나 뿌리 모두에 쓴맛이 있다.

우리나라에서는 민들레를 산나물이나 약초로 다루지만 유럽에서 특히 프랑스에서는 즐겨 먹는 잎채소의 하나라 하며 개량종은 상추보다 더 맛이 있어 "샐러드"용으로 널리 쓰이고 있다. 민들레의 어린 싹에는 비타민 B_1, C가 많이 함유되어 있다.

흔한 민들레지만 집단재배하여 개량해가면 값진 소득원으로 등장시킬 수도 있다.

2. 생김새와 특성

민들레는 다년초로 뿌리가 직근성이며 굵어져서 땅 속 깊이 뿌리 박는다. 잎은 줄기가 없이 뿌리에서 나는 근생잎이며 옆으로 사방으로 퍼진다. 연하고 피침형이지만 특징있는 톱니가 불규칙하게 나있다. 4~5

월경 중심부에서 15~30㎝의 속이 빈 꽃대가 나와 그 끝에 밝은 노랑빛 또는 흰빛의 꽃이 한송이씩 핀다.

지름이 5㎝ 전후로 크며, 이 꽃은 햇빛(광선)에 영향을 받아 개폐작용을 하는 특징이 있는데 아침에는 벌어졌다가 해가 지면 오므러지는 재미있는 현상을 나타낸다. 꽃이 지면 흰색 큰 관모(冠毛)가 삿갓모양으로 붙어 있어 바람에 날려 낙하산 모양으로 공중에 날아서 여러 곳으로 흩어져서 번식된다. 우리나라에는 유사종이 많다.

서양민들레라고 하는 식용민들레는 귀화식물화 되어 있는 것을 흔히 볼 수 있는데 전체적으로 크고 꽃이 가을까지 계속 피는 것으로 쉽게 구별할 수 있다.

3. 재배법

(1) 적지

생활력이 강하여 대개의 환경에 적응하여 잘 자라지만 굳이 적지를 고르려면 배수가 잘 되고 해가 잘 드는 곳이 좋으며 비옥한 땅이면 더욱 좋다.

(2) 번식

씨로 번식하며 씨가 날아가기 직전에 채취했다가 봄의 3월 중에 30㎝ 간격으로 줄뿌림하면 쉽게 발아한다. 싹이 트면 솎아서 15㎝ 간격으로 세운다. 육묘기간엔 비배와 제초에 힘쓴다.

(3) 연화재배

이른 봄이 출하목표일 때는 겨울에 잎을 베어버리고 월동시킨 후 이른 봄에 싹이 트기 시작하면 흙을 북돋아주어서 연화시켜 출하한다.

동계의 출하목표일 때는 가을에 뿌리를 캐서 비닐하우스에 밀식하였다가 2중비닐로 가온없이도 되므로 싹이 트면 채취하여 출하할 수 있다. 이는 움파생산과 같다.

비닐하우스 재배에서 보다 우수한 상품을 출하하려면 10~15㎝ 간격으로 정식한 후 싹이 나와 8~10㎝쯤 자랄 때 신문지로 싸매어서 연화시키면 "샐러드"용으로서 훌륭한 채소로 상품화 할 수 있다.

민들레는 연화재배로 베어낸 후에 다시 싹이 나오므로 봄에 다시 상품화 할 수 있어 1년에 적어도 3회의 수확이 가능한 경제성이 높은 산채다.

"비짜루"

별명 : 비지깨나물, 밀풀,

학명 : *Asparagus Schoberioides KUNTH*

일본명 : キジカクシ

과명 : 백합과

분포 : 제주도와 남부, 중부지방의 산기슭, 수림 속에 자생한다. 일본과 중국에도 분포한다.

1. 이용부위와 이용법

비짜루는 봄에 나오는 어린 순을 "비지깨나물"이라고도 하고 경상도에서는 "밀풀"이라 하는 흡사 식용 아스파라가스처럼 연하고 단맛 나는 맛있는 산나물이다.

비짜루 순은 살짝 삶아서 나물로, 국거리로, 볶음, 샐러드 등 향미있는 산채로 이용할 수 있으며 말렸다가 묵나물로도 이용한다. 그린아스파라가스와 맛이 흡사하다.

2. 생김새와 특성

다년초로 줄기는 50㎝~1m씩 자라며 원주형으로 윗쪽에서 가지를 많이 치며 잎모양의 잔가지가 무성하다. 잎은 2능형(2稜形)의 작은 막질이고 큰가지나 원줄기에는 밑을 향한 가시처럼 된다. 잎같이 생긴 가시는 2~7개씩 한군데 뭉쳐서 달리며 비스듬이 굽어 끝이 뾰죽하다.

꽃은 5~6월에 엽액에 2~6개씩 모여 피며 담록색이고 열매는 둥글며 장과로 빨갛게 익는다.

매우 튼튼하고 번식력도 왕성하다.

3. 재배법

(1) 적지

전국의 어느 곳에서나 재배가 가능하며 토질은 보수력이 있는 비옥한 사질양토가 이상적이다. 이것은 굵고 건실한 새순을 채취하기 위함이다.

(2) 번식

번식은 주로 씨로하며 파종은 3~4월경 1.2m 너비의 파종상을 만들어 20~30㎝의 이랑너비로 줄뿌림한다. 씨는 발아를 촉진시키기 위하여 하룻동안 물에 불린 후에 뿌린다. 파종 후 3㎝ 두께로 흙을 덮은 위에 볏짚을 덮어 건조를 방지한다. 1주일~10일 후부터 발아하게 되는데 이때에는 볏짚을 벗겨버리고 솎아준다. 간격은 15~20㎝로 세우고 비배한 후 다음해 봄 3~4월에 정식한다. 연하고 굵은 순을 얻기 위해서는 퇴비를 밑거름으로 넣은 밭에 심도록 한다.

(3) 연화 촉성재배

연화재배로 수확량을 증대시키고 품질도 높인다. 정식한 다음해 봄부터 포기 위에 톱밥이나 모래를 15~20㎝ 높이로 덮어 북주어서 새로 나올 순을 연화시킨다. 연화재배로서 채취기를 놓쳐서 굳어지기 쉬운 것을 방지하는 방편도 되어준다.

비닐하우스에 양열물을 넣고 연화 촉성하여 겨울에 출하할 수도 있다.

(4) 수확

연화재배일 때의 수확적기는 북을 준 흙의 위가 깨어져 금이 생길 때 흙을 헤치고 순을 칼로 잘라서 채취한다.

대개 2~3일 간격으로 수확한다.

"천문동"

별명 : 부지깽이나물, 호라지(비)좆

학명 : *Asparagus lucidus LINDLEX*

일본명 : クサスギカヅラ

漢名 : 天門冬

과명 : 백합과

분포 : 울릉도와 따뜻한 중부, 남부지방의 해안가 산기슭의 사질토에 많이 자생하며, 중국과 일본에도 분포한다.

1. 이용부위와 이용법

천문동은 강장제로 쓰이는 약초로서 더 잘 알려져 있으나 봄의 어린 싹은 달면서도 담백하고 씹으면 버섯같이 싸각거리는 독특한 맛이 있는 진미의 산나물이다. 울릉도에서는 눈 속에서 돋아나는 이 나물을 "부지깽이나물"이라 하여 산채 중의 으뜸으로 손꼽는다.

부지깽이나물은 삶아서 나물로 무침이나 볶음, 찌게 등에 이용하며 말렸다가 묵나물로도 쓰인다.

천문동의 뿌리는 옛부터 강장제로 쓰였는데 중국의 枹朴子는 입산생활 할 때는 천문동을 삶든가 쪄서 먹으면 곡기를 끊고도 살 수 있다고 했으며 또 가루로 만들어 술에 타먹어도 좋고 짓찧어서 액고(液膏)를 만들어 먹으면 좋다. 이것을 100일간 계속해 먹으면 체력이 건강해지는 것은 창출이나 황정의 배가 되며 신통력도 생기고 200일 먹으면 얼굴이나 체력이 전연 변치않아 늙지 않으며 송진과 꿀로 개서 환약을 만들어 먹으면 더욱 좋다고 했다. 杜紫微는 이것을 먹고 80명의 첩을 거느렸고 130명의 자식을 낳았으며 140세까지 살았는데 하루에 300리를 걸었다는 강장제로서의 효능을 과장한 전설이 있다. 그만큼 옛날에는 유명한 강장제로 알려져 있었던 탓으로 우리나라에는 "호라지(비)좆"이라는 별난 별명도 붙여져 있다.

일반적으로는 자양강장제, 해열제, 진해제, 이뇨제 등으로 쓰인다. 피로를 회복하고 식욕을 증진시키며 정신을 안정시키는 등 여러가지 효과가 있다. 뿌리는 약용 외에 식용으로도 쓰이는데 소금 한줌을 넣고 삶아서 하룻밤 우려낸뒤 껍질을 벗기고 설탕이나 꿀을 넣고 조려서 정과도 만들고 술에 담그어 천문동 약술도 빚고 반찬거리로도 이용한다.

2. 생김새와 특성

다년초로서 봄에 손가락 같은 육질의 연한 순이 나오는데 이것을 산나물로 이용한다. 줄기는 덩굴처럼 길게 2m씩 자라며 가늘다. 잔가지는 가는 잎모양으로 줄기에 호생하며 끝이 뾰죽하여 가시 같다. 5~6월에 담황색의 잔꽃이 엽액에 2~3개씩 피며 열매는 팥알만하게 둥근 장과가 담녹백색으로 익으면 속에 까만 씨가 1개씩 들어 있다.

땅 속에 방추상의 구부러진 괴근이 많이 달려 길이가 6~15㎝로 외면은 적갈색이고 반투명하며 연하고 맛은 달고 뒷맛이 약간 쓰다.

3. 재배법

(1) 적지

매우 튼튼하므로 웬만한 곳에서도 잘 자란다. 해가 잘 드는 곳을 좋아하며 배수가 잘 되는 사질양토나 부식토가 적합하며 염분에는 강한 편이다.

(2) 번식

씨와 포기나누기로 번식하며 파종은 가을에 씨가 익으면 따서 직파하든가 봄에 3~4월경에 뿌린다. 파종용 묘판은 미리 밑거름으로 두엄, 깻묵 같은 유기질비료를 넣어 갈아 엎어 둔다.

묘상은 이랑 너비 120㎝에 높이 10㎝ 정도의 두둑을 만들어 흩뿌림한 후 볏짚을 덮어 건조를 방지해준다. 파종 후 2~3주일이면 싹이 트므로 볏짚을 벗기고 제초와 비배관리한다. 실생묘는 늦가을이나 이른 봄에 20㎝ 간격으로 정식한다.

포기나누기는 이른 봄에 포기를 캐내어 뿌리에 싹을 붙여서 쪼개어 심는다.

(3) 수확

나물로 출하할 때는 새순이 굳어지기 전의 어린 순을 채취한다. 뿌리를 수확할 때는 실생묘는 3년 후부터 채취하며 순은 2년째부터 수확할 수 있다.

옛날에는 흉년에 구황식량 구실도 했다지만 현재는 주로 약용으로 수확하며 식용으로도 개발할 가치가 충분하다.

"용채"

별명 : 메꽃나물(가칭)

학명 : *Ipomoea aquatica FORSK*

일본명 : ヨウサイ, カンコン, エンシャイ, アサガオナ

漢名 : 空心菜, 竹葉菜

영명 : Chinese Water Spinach : Water Convolvulus

말레이지아명 : Kang Kong

과명 : 메꽃과

분포 : 서아시아(아라비아까지), 인도대륙, 동남아시아, 인도네시아에 걸쳐 넓게 분포하는데 중국남부의 해남섬, 광동성, 월남북부 등 주로 동양의 열대권에 자생한다. 우리나라에는 아직 도입되지 않았지만 보급되기를 바라는 마음에서 다루었다.

1. 이용부위와 이용법

용채는 중국 남부와 동남아시아가 원산지인 열대성 산채로써 줄기의 속이 비었다고 하여 중국에서는 "공심채"(空心菜)라고도 하며 말레이지아에서는 "캉콩"(Kangkong)이라 하는데 얼핏 보면 고구마 덩굴 같은 줄기가 땅에 퍼져 무성하다. 메꽃 같은 아름다운 꽃이 피는 덩굴식물인데 고구마 같은 알뿌리는 생기지 않고 마디에서 잔뿌리가 나지만 잎과 줄기를 먹는 맛있고 영양가 높은 잎채소다.

용채는 단백질, 지방, 탄수화물, 회분, 칼륨, 칼슘, 나트륨, 마그네슘, 철, 인, 비타민A, B_1, B_2, C, 니아신 등 영양가가 고루 함유되어 있고 특히 비타민과 단백질의 함량이 많으며 칼슘은 시금치의 4배, 비타민 A는 5배, C는 1.8배나 되는 유망한 채소다. 중국에서는 소화해독의 민간약으로도 이용된다고 한다.

용채는 중국사람이 가는 곳에서는 어디서나 재배하여 즐겨먹는 채소인데 태국, 인도네시아, 필리핀, 대만, 미국 남부, 말레이시아, 일본 등에서 재배되어 상품화 되고 있다. 앞으로는 남미나 인도대륙, 아프리카 등 채소가 귀하면서도 고온다습한 지역의 비타민 공급원으로 크게 확대공급될 전망이며 또 크게 환영받을 유망채소로 주목되고 있다.

우리나라도 중동지역에 많은 인력을 송출하고 있으며 그들의 부식거리는 기후와 풍토가 달라서 많은 어려움을 겪고 있는 것이 현실인 만큼 유용한 채소는 국내에서뿐 아니라 그곳에서 땀흘려 국가에 이바지하는 많은 근로자의 보건을 위해 발전보급시켜야 할 것이다. 여기에 적합한 것이 용채다.

용채는 현재 개량된 잎이 큰 품종과, 재래종인 잎이 좁고 작은 것이 혼용되고 있으나 잎이 큰 것을 선택하는 것이 유리하다. 이 품종은 잎이 크고, 부드러우며 줄기도 굵고 부드럽다. 국거리나 나물로 무치든가 볶으면 맛이 좋다.

2. 생김새와 특성

덩굴성 1년초~다년초로서 줄기는 길게 땅에 붙어 기듯 자란다. 줄기의 속은 비었고 마디에서 잔뿌리가 나와서 가지를 치지만 이 가지를 따서 채소로 이용한다.

잎은 호생하며 길이 6~9cm, 너비 1.5~4cm의 장타원형으로 밑쪽은 심장형이며 긴 잎자루가 있다. 전체적으로 매끄럽다.

꽃은 줄기와 가지의 엽액에 1~몇개씩 집산화서로 피는데 나팔꽃이나 메꽃처럼 깔데기모양을 한 길이 3~5cm, 지름이 3~4cm의 흰색 또는 분홍색의 아름다운 꽃이 핀다. 개량된 큰잎인 것은 대개 꽃빛이 희고 재래종은 꽃이 5cm로 크고 분홍색에 중심부가 자주색을 띤다. 열매는 6mm 크기의 동그란 삭과다

잎이 큰 품종은 봄에서 여름에 걸쳐 출하되며 6~8월에 개화하고 잘 결실되며 소엽종은 여름에서 가을에 걸쳐 출하되고 10~11월에 꽃이 피며 씨는 결실되지만 발아율이 40% 정도라 한다.

물가에 많으며 고온다습을 좋아한다.

3. 재배법

(1) 적지

연못가, 개울가, 논둑 등 수습한 곳이나 수경재배도 가능하다. 자생지에서는 논의 잡초처럼 또는 하천이나 연못 늪 같은 곳에 야생하고 있다 한다. 물가에서 잘 자란다. 관수만 충분히 할 수 있으면 육지에서도 재배가 가능하다.

수경재배는 팥알 만한 왕모래를 용토로 이용하여 배양액으로 재배한다.

(2) 번식

씨와 줄기꽂이로 번식시킨다. 씨는 종피가 단단하므로 파종하기 전에 하루쯤 물에 담그어 불린 다음 파종하면 발아가 잘 된다. 파종시기는 봄5~7월까지 수시로 할 수 있다.

파종상자는 15㎝ 높이의 것을 준비하여 밭흙4, 부엽토4, 모래2의 비율로 섞은 흙에 3㎝ 간격으로 1㎝ 깊이에 4~5알씩 점뿌림한다. 발아적온은 25℃다.

본잎이 2장 나오면 2대씩 세우고 솎아주며 3~4장 때는 10㎝ 간격으로 넓혀 정식한다. 흙이 마르지 않도록 관수에 힘쓴다. 꺾꽂이는 고구마처럼 자라난 줄기를 10~15㎝쯤 잘라 밑쪽잎을 따고 2~3마디가 땅에 묻히게 꽂으면 쉽게 뿌리가 나서 활착한다. 꺾꽂이묘도 10㎝ 간격으로 이식해준다. 생육적온은 24℃~30℃다.

(3) 수확

줄기가 30㎝쯤 자라면 밑쪽을 5~6㎝쯤 남기고 잘라 수확한다. 이렇게하면 밑에 남은 줄기에서 곁가지를 다시 많이 치게 되므로 같은 요령으로 수확한다. 연중 수시로 수확할 수 있어 매우 유리하다. 겨울에 난방으로 온도만 유지되면 다년생이 되고 그렇지 못할 때(서리 맞으면) 1년생으로 끝난다.

"신립초"

별명 : 명일잎

학명 : *Angelica utilis MAKINO*

일본명 : アシタバ

漢名 : 鹹草

과명 : 미나리과

분포 : 일본의 남쪽 해안과 섬에 자생하며 우리나라에서는 근래에 도입 재배가 시도되고 있다.

1. 이용부위와 이용법

신립초는 근래에 그 영양가가 알려져 일본에서 도입되어 건강식품 약용채소로 인기를 얻어 붐을 형성해가고 있는 미나리과의 맛있는 나물이다.

일본에서도 야생 산채로써 새로이 재배채소로 권장하고 있다.

신립초는 일본의 유배지였던 "하찌죠지마"(八丈島)에서 유배되어간 죄수들이 해안에 야생한 신립초(伸立草)를 먹기 시작했다고 하는데 이것을 나물로 항상 먹는 그 섬사람들은 건강하게 장수하며 그곳 사람들은 고혈압을 전혀 모르고 산다는 것이 세상에 알려져 건강채소로 인식되면서 붐이 일기 시작했다.

신립초는 생명력이 얼마나 왕성한가 하면 오늘 순을 따면 내일 다시 순이 나올 정도라 한다. 그래서 그곳에서는 신립초는 정력이 왕성한 남성을 뜻한다 하여 여인들은 "신립초"라하면 얼굴을 붉힌다고 하는 강정강장식품이다.

신립초에는 비타민 B_1, B_2, B_6, B_{12}, C, 철분, 인, 칼슘 등이 많이 함유되어 있어서 빈혈, 고혈압, 당뇨병, 신경통에 탁월한 효능이 있으며 특수 성분(약효)이 들어있어서 이뇨완하, 강심작용, 식욕증진, 피로회복, 건위정장 및 신진대사를 도와서 병후, 산후, 냉증 등에 자양 강정효과도 뛰어나며 탈모도 방지해주는 기적의 약초이기도 하다.

신립초는 미네랄과 비타민이 특히 많으며 칼슘은 시금치의 4.7배나 되고 철분도 시금치보다 월등히 많으며 시금치에는 없는 비타민 B_{12}가 있어 회춘의 약초이며 불로장수의 약초라고도 한다.

영양만점인 신립초는 어린 순을 데쳐서 나물로 무치거나 볶아먹고 튀김으로도 요리하는데 향기롭고 약간 쌉쌀하다. 쇠면 쓴맛이 강해진다.

열매는 약술을 담그어서 피로회복, 자양강장제로 이용한다. 또 드레싱, 쿠키에도 쓴다.

잎은 녹즙을 내어서 마시면 병의 예방 및 치료도 될뿐 아니라 노화방지에도 한몫하게 되므로 현대인의 성인병 노이로제를 해결할 수 있는 좋은 건강자양식품이다.

일본의 자생지에서는 신립초를 사료로 먹는 젖소는 우유가 30%나 더 생산된다고 하니 그 영양가를 입증하고도 남는다.

신립초는 자르면 누런 즙이 나오는데 이것이 이뇨 강심 완하작용을 해주는 성분이다. 목욕제로서 보온효과와 미용효과도 크다.

신립초는 따면 다음날 곧 또 잎이 나온다고 하여 일본에서는 "명일잎"(明日葉)이라고 한다. 신립초는 얼핏 보아서는 "갯강활"하고 비슷하나 갯강활은 줄기가 자주빛이다.

2. 생김새와 특성

다년초로 자생지에서는 겨울에도 시들지 않고 녹색으로 생장을 계속한다. 생장력이 왕성한 것이 특징이다. 줄기는 1m쯤 자라고 잎은 2회 3출복엽으로 광택이 있으며 줄기나 잎을 자르면 누런 즙이 나오고 독특한 향기가 있다. 잎은 호생하며 긴 잎자루 밑쪽이 줄기를 감싸듯 하고 있다. 잎의 질은 다소 두텁고 불규칙한 거치가 있다.

꽃은 8~10월에 가지 끝에 연노랑색의 잔꽃이 복산형화서로 핀다. 늦가을에 타원형의 열매가 결실한다.

3. 재배법

(1) 적지

해안가에 자생하지만 매우 튼튼해서 재배는 쉽다. 해가 잘 드는 곳이 중요하며 오전에는 해가 들고 오후에는 그늘이 지는 곳에서도 잘 자라지만 양지만 못하다. 토질은 보수력이 있으면서도 배수가 잘 되는 유기질의 비옥한 땅에서 생육이 더 왕성하다.

(2) 번식

씨와 포기나누기로 번식시킨다. 실생번식은 가을에 씨를 채종하였다가 봄 4월 중순부터 6월까지 사이에 뿌린다. 발아적온은 20°~30℃로 다소 고온일 때 싹이 튼다. 대개 3~6주일이 걸려야 발아한다. 생육적온은 25°~32℃다. 따라서 추운지방에서는 가온시설 하에서 재배하는 것이 유리하다. (겨울)

파종은 상자에 뿌렸다가 본엽이 3~4장 나왔을 때 30㎝ 간격으로 정식하는 방법과 대량재배는 이랑 너비 100㎝의 다소 높은 두둑을 만들어 흩뿌림 한 후 복토하고 그 위에 볏짚을 덮어서 건조를 방지해준다. 싹이 나면 덮은 것을 벗기고 1년간 솎아가며 비배한다. 대개 포기 사이를 30㎝ 간격으로 세운다.

(3) 수확

첫해는 비배하고 수확하지 않으며 다음해 봄부터 싹이 나오면 순을 자른다. 쇠어지면 향도 짙어지고 쓴맛도 강해지므로 연하고 어릴 때 수확한다.

자르고 나면 다시 순이 올라오며 잎을 따면 봄부터 10월까지 연한 순은 계속 수확할 수 있다.

가정채소로 보급하면 2~3일에 한장씩 딸 수 있어 녹즙용으로 환영받을 수 있다.

병충해도 별로 없는 강한 식물이다.

"참비름"

별명 : 비름, 개비름, 털비름

학명 : *Amaranthus mangostanus L.* : *A. inamoenus WILLD*

일본명 : アオビユ, ヒユ

漢名 : 莧菜

영명 : Indian Spinach

과명 : 비름과

분포 : 전국의 들이나 밭둑 등에 귀화하여 야생상태를 이룬다. 원산지는 인도, 열대아시아가 원산지지만 말레이지아, 인도네시아, 중국 등지에서 채소로 재배한다.

1. 이용부위와 이용법

우리나라 들판이나 밭, 길섶 등에 흔히 자라며 줄기가 빨간색을 띤 것을 "개비름"이라 하여 봄부터 가을까지 어린 순을 뜯어 즐겨 나물로 이용하며 해열, 해독, 지사작용이 있어서 약용으로 즐겨 쓴다. 그러나 참비름은 잎, 줄기가 모두 녹색이고 크게 자라며 억센 느낌이 들어 흔히 이용하지 않는다.

참비름은 열대~아열대에 걸쳐 자생한 것이 우리나라에 들어와 귀화식물화 된 것인데 인도에서는 "탐파라"(tampala)라 하여 채소로 재배하고 있고 중국에서도 "莧菜"라 하여 채소로 재배하며 미국에서는 "인디안시금치"라 하여 즐겨 이용하는 들나물이다.

참비름에는 단백질, 지방, 회분, 탄수화물, 칼륨, 칼슘, 나트륨, 마그네슘, 철, 인, 비타민 A, B_1, B_2, C, 나이아신 등이 함유되어 있는데 시금치에 비해서 칼슘은 4.6배, 철분은 1.1배, 비타민A는 3배나 되며 단백질과 탄수화물이 많으며 유해한 수산(蓚酸)이 전혀 없으므로 영양가가 고루 갖추어진 참비름은 기피할 이유가 없다.

참비름은 잎이 연하므로 시금치처럼 국거리로도 이용하고 데쳐서 나물로 무쳐도 되며 기름에 볶아도 맛있다.

참비름은 잎에 털이 까실하지만 데치면 부드러워진다.

2. 생김새와 특성

일년초이며 개비름보다 전체적으로 크고 억센 느낌이 간다. 또 줄기와 잎이 모두 녹색이다. 높이 40~100㎝로 자라며 긴잎자루에 끝이 오묵한 장타원형의 잎이 달리는데 호생한다.

여름에서 가을에 걸쳐 엽액에 녹색의 잘디잔 꽃이 모여 달리며 이것이 수상화서를 이룬다. 열매는 뚜껑처럼 갈라져서 흑갈색의 윤채나는 씨가

1개 들어 있다.

3. 재배법

(1) 적지

더위와 건조에 매우 강하며 튼튼하여 잡초화 될 만큼 잘 자란다.

해가 잘 들고 비옥한 가벼운 흙이 좋다. 밭에 잘 나는 것도 그런 토양을 좋아하기 때문이다. 집단재배는 보수력도 있고 비옥한 사질양토가 이상적이다.

(2) 번식

씨로 번식하며 가을에 씨가 익으면 베어서 털어 채종했다가 봄 4~7월까지 어느때고 뿌릴 수 있다. 가을에 씨가 떨어져서 봄에 자연히 싹이 날 만큼 발아력이 좋다. 120㎝ 너비의 이랑을 만들어 흩뿌림 한다.

(3) 수확

20㎝쯤 자랄 때 베어내면 다시 곁순이 나와서 무성해지므로 3회정도 수확할 수 있다. 꽃대가 올라오면 잎만 따서 삶아 말렸다가 묵나물로도 이용할 수 있다. 단 채종주는 베지 말고 그대로 개화결실시켜야 좋은 씨를 채종할 수 있다.

"참나리"

별명 : 나리, 알나리, 땅깨나리, 卷丹

학명 : *Lilium lancifolium THUNB* : *L. tigrinum KER-GAWL.*

일본명 : オニユリ

漢名 : 卷丹

영명 : Tiger Lily

과명 : 백합과

분포 : 전국의 산야에 자생하며 지리적으로는 중국, 만주, 일본 등에 분포한다.

1. 이용부위와 이용법

나리류는 지금처럼 분류되지 않았던 옛날에는 먹고 못먹는 것으로 나누어서 먹을 수 있는 것은 진짜 나리라 하여 "참(眞)나리"라 하고 먹지 못하는 것은 "개나리"라 했는데 흰나리가 들어와 꽃이 아름답고 순결하게 느껴져서 관상가치가 높아 널리 보급되면서 중국명 백합(百合)이 흰 백자 白合으로 착각되면서 나리는 흰나리를 지칭하는 이름이 되어버려 어느 사이엔가 흰나리는 "나리" "참나리"는 "개나리"로 불리어 혼돈을 빚는 경우가 많다. 흰나리는 못먹는다.

참나리는 꽃빛이 붉고 꽃잎이 뒤로 말렸다하여 "권단"(卷丹)이라고도 하는데 우리나라 산야에 흔히 자라고 있고 옛날부터 알뿌리(인경)를 식용 또는 약용으로 이용했으므로 어느 가정에나 한 두 포기는 있을 정도로 친숙한 식물이다.

참나리의 구근에는 단백질, 지방, 인, 석회, 철, 무기질과 비타민C가 함유되어 있고 주성분은 탄수화물인데 약25%로 그 중 18%가 녹말이며 포도당도 들어있어서 약간 씁쌀하면서도 단맛이 나는 영양가 높은 식품이다. 옛날에는 귀중한 구황식량이었다.

과거 일정 때는 참나리와 중나리 등 나리의 구근들이 많은 양이 수집되어 해마다 일본으로 보내졌던 시절도 있었다.

참나리뿌리는 쪄도 먹고 구워도 먹었으며 말렸다가 찧어 가루로 만들어 물에 가라앉혀 녹말을 만들어 죽도 쑤고 국수도 만들었으며 밥에 섞어 짓기도 했다. 그러나 맛있는 요리도 만들 수 있는데 조림도 하고 국거리로도 맛있다.

또 어린 순은 데쳐서 나물로 무쳐먹든가 볶아도 맛있다.

한방에서는 참나리 뿌리를 百合根 또는 卷丹이라 하여 봄에서 가을까지에 채취하여 끓는 물에 살짝 데쳐서 볕에 말려두고 해열, 거담, 해독제로 해소, 천식, 혈담, 종기 등에 약용하며 민간에서는 자양강장 진해제로 쓰고 있다.

우리나라에는 많은 나리류가 자생하고 있으며 모두 알뿌리를 식용할 수 있다.

우리는 흔한탓에 개화기에 산야에서 꺾어다 꽃꽂이에 쓰는 것이 고작이지만 일본에서는 오래 전부터 풍미의 채소로 취급하여 재배가 성행했던 덕으로 해마다 막대한 양의 참나리 구근이 미국으로 수출되고 있다. 물론 용도는 주로 관상용이지만 "바이러스"에 약한 흰백합보다 튼튼하고 짙은 꽃빛이 그들의 취향에 맞아 크게 환영받으며 많은 품종이 개량되어 있어 원예식물화 되었다.

자유당 시절에 미국 바이어가 참나리 구근을 대량 요구해온 적이 있었다. 그때 농협을 통해 수집을 타진해봤더니 집단재배하는 곳도 없고 야생한 것의 몇10만개의 대량수집도 어렵다는 답변으로 아까운 상담을 물거품으로 돌린 기억은 아직도 새로운데 농산물 개방으로 울상지을 것이 아니라 우리에게 하늘이 준 천연자원에서 얼마든지 활로를 찾을 수 있으므로 농민 스스로 개발하여 하늘의 도움을 받아야 할 것이다. 다만 이런 경우 정책적인 뒷받침이 절실히 요구되는데 방역에 관한 것, 상품성 재고, 수요국의 수요대상품목 등의 지도계몽이 뒤따라야 성공할 수 있다.

2. 생김새와 특성

다년초로 땅속에 둥근 인경(鱗莖)이 생기는 구근식물이며 다른 나리류와는 달리 주아(珠芽)가 생기는 특성이 있다.

줄기는 외대로 곧게 1~2m씩 자라며 검은 자주색을 띤다. 잎은 호생하며 다닥다닥 붙고 피침형이다. 엽액에 완두콩알만한 짙은 갈색의 윤채나는 주아가 달린다. 꽃은 7~8월에 피며 가지 끝에 4~20송이씩 피며 7~10㎝ 크기로 황적색 바탕에 검은 자색의 반점이 많이 있고 꽃잎이 뒤로 말려 밑을 향하여 핀다.

참나리는 주아로 번식되며 씨가 결실되지 않는다.

인경은 5~8㎝ 크기로 둥글며 비늘쪽 같은 인편은 육질로 희며 감싸듯 구형을 이룬다.

3. 재배법

(1) 적지

해가 잘 들고 다소 습기가 있는 보수력이 있으면서도 배수가 잘 되며 유기질이 많은 비옥한 땅이 좋다. 동남향의 다소 경사진 곳, 왕모래가 많이 섞인 점질양토에서도 재배가 가능하다.

(2) 번식

자연분구, 주아, 인편꽂이 등으로 번식시킨다. 자연분구는 잎이 누렇게 된 늦가을에 구근을 파보면 옆에 자구(새끼)가 생겨있으므로 이것을 따서 독립시킨다. 나리류는 봄에 심으면 발육이 좋지 않으므로 원칙적으로 가을에 심는다. 너무 일찍 심으면 싹이 나와 겨울에 상하게 되므로 10월말~11월 중에 심는다. 인편꽂이는 알뿌리의 비늘쪽을 떼어서 너비 1m의 이랑을 만들어 20㎝ 간격으로 골을 켜고 인편을 3㎝ 간격으로 세우고 모래가 많이 섞인 흙으로 복토한다. 배수가 나쁘면 썩기 쉽다. 다음해 봄에는 활착하여 싹이 나고 뿌리도 난다.

주아는 가을에 떨어지기 전에 따서 역시 1m 너비의 이랑을 만들어 3㎝ 간격으로 1㎝ 깊이에 점뿌림한다.

3년쯤 그대로 두고 비배해야 하므로 미리 밑거름을 지효성인 유가질 비료를 넣고 심으며 해마다 겨울에 웃거름으로 잘 썩은 퇴비나 깻묵 같은 것을 지표에 덮어준다. 생육적온은 15°~20℃다.

(3) 수확

수확은 적어도 3년 뒤부터 하며 구근의 비대성장을 위해서는 꽃이 나오면 적심하여 개화시키지 말아야 한다.

뿌리의 수확기는 10~11월이다.

"갯방풍"

별명 : 갯향미나리, 산호채(珊瑚菜)

학명 : *Glehnia littoralis Fr. SCHMIDT*

일본명 : ハマボウフウ

漢名 : 珊瑚菜

과명 : 미나리과

분포 : 전국의 해안 모래밭에 자생하며 일본, 중국, 대만, 시베리아, 우스리, 사할린, 시베리아 북미의 서해안까지 널리 분포하고 있다.

1. 이용부위와 이용법

갯방풍은 한방에서 방풍과 약의 효능이 같으므로 방풍대용으로 쓰는 약초로 알려져 있다. 그러나 갯방풍은 해변의 모래땅에 나는 독특한 향기와 맛을 지닌 고급 산채다.

갯방풍의 어린 싹은 줄기부분이 붉은 빛을 띠어 곱고 향기로우며 연하고 매운맛과 단맛이 있어 생선회에 곁들이면 별미다. 연한 잎은 생채로서 먹을 수 있는데 초저림이나 초무침(강회), 국거리, 샐러드, 김치 등에 이용하며 데쳐서 나물로 무쳐도 되고 볶아도 맛있다.

갯방풍의 뿌리에는 에탄올이 함유되어 발한, 해열, 진통작용이 있어서 감기에 쓰이며 건조시킨 뿌리는 목욕재로써 목욕물에 넣으면 혈액순환을 좋게 하고 탕에서 나와도 몸이 쉬이 식지 않는 보온효과가 크므로 환영받는다.

갯방풍의 뿌리는 한약재와 목욕재로 수출되고 있으며 우리나라 생산품의 품질이 우수하여 해외시장에서 환영받고 있다.

2. 생김새와 특성

다년초로 뿌리는 굵고 길어 땅 속 깊이 수직으로 뻗어 있어 길이가 25㎝쯤 된다. 뿌리의 빛깔은 황적색을 띠고 주름져 있으며 향기롭고 약간 단맛이 있다. 이른 봄에 땅 속에서 흰줄기와 발그레한 잎자루에 노르끼리한 잎이 돋아난다. 이때가 식용할 수 있는 가장 맛있는 시기다. 잎은 미나리 잎 모양으로서 2회 3출복엽으로 호생하며 강한 햇볕에도 견딜 수 있도록 두텁고 광택이 나며, 짙은 녹색이다. 잎 가장자리에 투명한 고른 거치가 있다. 높이 20㎝쯤 자라며 5월 하순경 줄기 끝에 흰 잔꽃이 많이 모여 산형화서로 꽃피며 7월 말경 꽃에 비해 비교적 큰 씨가 결실한다. 열매는 둥글며 긴 털로 덮였고 껍질은 콜크질이며 능선이 발달해 있다.

갯방풍은 연작을 싫어하는 것이 결점이다.

3. 재배법

(1) 적지

염분기가 있어도 상관없으므로 간척지나 해안의 사구지(砂丘地)등을 활용하는 재배도 생각해볼 수 있다.

해마다 해수욕장이 개발 증설되고 있으므로 이러한 수요처를 고려한 해안지대의 한촌에서의 재배도 가능하다.

갯방풍은 각지의 해안에 자생할 정도이므로 토질이나 기후는 가리지 않으나 보수력이 있고 배수가 잘 되는 사질양토가 이상적이다. 모래땅일 때는 유기질비료를 섞어서 보수력을 높여준다.

해가 잘 드는 곳이 좋으며 연작을 싫어하므로 4~5년에 한번씩 돌려짓기를 할 필요가 있다.

갯방풍은 육묘만 되면 재배가 쉬우므로 다른 특용작물처럼 많은 노력이 필요치 않아 다소 거리가 먼 곳도 상관 없다.

(2) 번식

씨로 번식한다. 씨는 완숙하면 물의 침투성이 약한 탓으로 발아력이 떨어지므로 씨가 익기 시작한 7월 말에 열매가 다갈색으로 변하여 씨가 깍지에서 쏟아지기 직전에 채종하여 직파하든가 모래와 섞어 땅에 가매장 했다가 봄에 뿌린다. 파종은 이랑 너비 60㎝에 줄뿌림한다. 파종량은 1a당 3l 정도다.

파종 후 20일이면 발아한다. 발아기에 건조하지 않도록 주의한다.(짚을 덮을 것)

너무 밴곳은 솎아서 6~7㎝ 간격으로 세운다.

(3) 재배요점

너무 비옥한 땅에서는 굵은 것이 생산되지만 근주로서는 촉성연화 재배할 때 생산량이 감소되기 쉽다.

근주생산시는 비료의 3요소가 필요하며 인산과 칼리가 부족하면 연화재배할 때 생산량이 줄기 쉬우므로 용성인비 같은 것을 밑거름으로 준다. 6~7월에 웃거름으로 1a당 질소 2kg, 인산 3kg, 카리 3kg의 비율로 시비한다.

(4) 촉성연화재배

파종 양성한 근주는 10월 하순~11월 초순경에 뿌리를 상하지 않게 캐내어 묵은 잎을 제거하고 줄기의 부분을 2cm쯤 남기고 자른뒤 마르지 않게 30~40cm의 도랑을 파서 머리가 묻힐 정도로 흙을 덮어 가매장한다.

갯방풍은 연화재배의 기간이 길어 장기간에 걸쳐 수확할 수 있으므로 비닐하우스에 연화상을 만든다. 양열물을 60cm 두께로 넣고 모래를 덮은 위에 근주를 목을 가지런히 하여 비스듬이 눕혀 묻는다. 다 묻은 후 5cm 쯤 새모래로 덮는다. 연화온도는 18~23℃다. 공석을 덮어 씌워두면 10일쯤이면 3cm 정도 자란다. 고온과 과습을 피하며 미지근한 물을 관수한다. 대개 2주일쯤 되면 12~13cm로 자라므로 공석을 벗기고 이틀쯤 햇볕을 쪼여서 줄기에 붉은빛이 나도록 착색시킨다.

(5) 수확 및 출하

자생지에서는 모래에 파묻혀 있는 것처럼 보일 정도로 작아 보이지만 잘 자라면 20~30cm쯤 된다. 자생지에서 새순 수확기는 땅 속에서 흰줄기가 나와서 잎자루가 발그레하고 잎이 노란빛을 띠고 있을 때가 적기다.

연화 촉성재배 한 것의 수확기는 싹이 12~13cm쯤 자라서 햇볕에 착색시킨 다음날이 수확적기다. 대개 잎에 녹색의 광택이 나타난다. 수확은 잎자루를 쥐고 당기면 쉽게 떨어진다. 이것을 깨끗이 씻어서 포장하면 된다.

수확 후 과습하지 않게 관수하여 덮어 씌워 두면 새싹이 다시 자라난다. 두번째부터는 1주일에 한번씩 수확할 수 있으며 12~13회까지 수확할 수 있다.

수확이 끝난 근주는 캐서 25~30㎝ 간격으로 심어 비배하면 개화결실하므로 채종주로 이용할 수 있다.

"톱풀"

별명 : 가새풀, 배암세

학명 : *Achillea Sibirica LEDEB*

일본명 : ノコギリソウ

漢名 : 神草, 鋸草

영명 : Milfoil

과명 : 국화과

분포 : 전국의 산야나 길섶에 자생하며 일본, 중국, 사할린, 시베리아, 우스리, 유럽, 북미 등 북반구에 널리 분포한다.

1. 이용부위와 이용법

톱풀은 일명 "가새풀"이라고도 하며 잎의 깊이 찢어진 결각이 날카롭게 생겨서 양날선 톱니를 연상시키므로 붙여진 이름이라 한다. 생김새가 특이해서 덤불 속에서도 쉽게 찾을 수 있는 즐겨 이용하는 봄 산나물의 하나다.

어린 싹의 잎 줄기를 데쳐서 우린 뒤 나물로 무쳐도 먹고 기름에 볶아도 좋다. 쓴맛을 싫어할 때는 소금물에 데쳐서 몇시간 찬물에 담그어 우려내면 된다. 이 쓴맛이 약이 되는 건강식품이다.

톱풀은 옛날 중국에서 불로장수의 선약(仙藥)으로 귀히 여겼는데 톱풀이 나는 곳에는 신의 정기가 어리어있어서 범이나 늑대같은 맹수가 없고 독충도 없다고 했을 정도로 신비의 식물로 여겼었다. "신농본초경"에는 톱풀을 먹으면 원기가 왕성해지고 피부에 윤기가 나며 눈이 밝아지고 앞을 내다보는 혜안이 생기며 두뇌가 명석해지며 장복하면 허기진 것을 모르고 늙지 않아서 점점 건강해진다고 적고 있다.

톱풀은 한방에서 건위제, 진경제(鎭痙劑), 감기약, 강장강정제로 이용한다. 약초일 때는 잎, 줄기, 꽃, 열매 등 전부를 이용하여 볕에 말렸다가 약용한다.

톱풀은 세계에 100여 종 있는데 학명의 Achillea는 그리스신화의 트로이전쟁의 영웅 아키레스장군의 이름에서 비롯된 것인데 이 식물의 약효를 가르쳐주어서 상처를 고쳤으므로(지혈제) 그의 이름을 따서 "아킬레아"라 부르게 되었다는 전설도 있다.

톱풀은 원예작물화되어 있어서 아킬레아라하여 정원초화로 재배되며 서양개량종에는 꽃빛이 빨강, 노랑, 분홍 등 다양하며, 우리나라에도 여러가지가 자생하고 있다.

2. 생김새와 특성

다년초로서 높이 50~100㎝로 자라며, 근경은 옆으로 길게 뻗어가며 한군데서 여러대가 나온다. 잎은 호생하며 좁고 길이 10㎝로 길며 양쪽에 빗살처럼 결각이 져 있어서 흡사 톱니같다. 잎빛은 짙은 녹색이며 줄기가 나오기 전의 근생잎(根生葉)은 10여장 땅에 퍼지므로 이것을 채취하여 나물로 한다.

꽃은 7~10월에 가지 끝에 흰 잔꽃이 산방화서로 피면 소담스럽다. 열매는 수과로 가을에 익는다.

3. 재배법

(1) 적지

해가 잘 드는 곳을 좋아하나 반그늘에서도 잘 자란다. 토질은 보수력이 있고 배수가 잘 되는 부식질이 많은 비옥한 사질양토가 좋다.

(2) 번식

씨와 포기나누기로 번식한다. 실생번식은 가을에 씨가 익으면 채종했다가 봄 3~4월에 흩뿌림한다. 발아가 잘 되고 재배가 쉬운 식물이다.

포기나누기는 가을 11월이나 봄 싹트기 전인 4월초에 포기를 캐낸 후 싹을 2~3개씩 붙여 쪼개어 20~30㎝ 간격으로 심으면 된다.

(3) 수확

톱풀은 순을 치면 또다시 곁순이 나오므로 나물로 2~3회 수확할 수 있다.

약초로 이용할 때는 개화기에 수확한다.

"참나물"

별명 : 반디나물, 거린당이, 머내지

학명 : *Pimpinella brachycarpa NAKAI*

일본명 : ミツバヒカゲセリ

漢名 : 野芹菜, 紫花

과명 : 미나리과

분포 : 전국의 심산 수림 밑 음지의 비옥한 땅에 자생하며 지리적으로는 일본, 중국, 유럽 등에 분포한다.

1. 이용부위와 이용법

참나물은 옛부터 즐겨 먹어온 수요가 많은 산나물의 하나다.

참나물은 향채(香菜)의 하나로서 "샐러리"와 미나리의 향기를 합친 듯한 상쾌하면서도 독특한 개성 있는 향기가 구미를 잃기 쉬운 봄철에 입맛을 되찾아주는 맛있고 매력 있는 귀한 산나물이다.

미나리나 참나물은 동양 특유의 향채인데 우리나라에서는 미나리는 채소로 재배하는데 참나물은 채소의 경지에 이르지 못하고 봄에 자연생을 수집채취하여 유통 소비하고 있으며 아직도 산나물에 머물러 있는 실정이다. 근래에 시험재배되고 있으나 일본이나 중국에서는 옛날부터 재배한 역사가 오랜 채소에 속한다.

참나물은 비타민이나 철분, 칼슘 등이 많이 함유되어 있는 영양가 높은 건강식품이다. 참나물은 주로 생채로 활용하며 쌈도 싸먹고(쑥갓처럼) 샐러드로도 이용할 수 있으며 특히 참나물김치를 담그는데 줄기가 자주색인 참나물로 담근김치는 발그레한 국물이 우러나 향기와 더불어 식욕을 증진시키는 북부지방의 봄철 별미김치로 손꼽는다. 또 살짝 옷을 입혀 튀김으로 만든 것도 맛있다. 일반적으로는 끓는 물에 살짝 데쳐서 나물로 무침이나 볶음, 국거리 등으로 향미를 즐기며 들깨즙으로 갖은 양념에 무친 참나물 생김치는 맛과 영양면에서 톱 클라스의 건강식품이다.

참나물은 영양 뿐만 아니라 고혈압, 중풍을 예방하고 신경통과 대하증에도 좋으며 지혈과 해열제로서의 효과도 있다는 약용식품이기도 하다.

유럽에서는 열매에 방향성정유가 있으므로 민간에서 최유약(催乳藥)으로 쓴다 하며, 일본에서는 소오스와 과자의 향료로도 쓰고 있다. 우리나라에서는 귀한 구황식량이었다.

2. 생김새와 특성

다년초로 높이 50~80㎝로 자라며 전체에 털이 없다. 뿌리에서 나오는 잎은 잎자루가 길며 원대궁에 올라가면서 잎자루가 짧아진다. 잎은 세개씩 달리는 3출잎으로 잔잎은 끝이 뾰죽한 난형으로서 가장자리에 거치가 있다. 꽃은 6~8월에 가지 끝에 흰 잔꽃이 복산형화서로 핀다. 가을에 둥글납작한 열매가 결실한다.

참나물은 파드득나물에 비하여 꽃이 성글게 피는 복산형화서이다. 참나물의 잎줄기는 붉은 것이 많다.

3. 재배법

(1) 적지

해가 잘 드는 곳이면 공중습도가 있는 곳이 좋고, 그렇지 못할 때는 반그늘진 곳이 연한 것을 생산할 수 있다. 토질은 비옥하고 보수력이 있으며 부식질이 많은 사질양토나 부식토가 좋다. 지나치게 굳은 땅과 건조한 곳은 생육이 좋지 않다. 토양산도는 중성정도가 이상적이다.

(2) 번식

씨와 포기나누기로 번식시킨다. 참나물은 지상부를 주로 수확할 목적으로 재배하게 되므로 근주의 양성이 우선되어야 한다. 한 번 심어서 활착하면 말라 죽는 일은 없지만 1년 내내 수확할 수 있으므로 근주양성이 중요하다.

실생번식은 씨의 수명이 짧은 편이므로 서늘한 곳에 간수하여 건조시키지 말아야 한다. 씨가 익는 가을에 채종하여 다음해 봄 4~5월에 뿌린다. 파종하기 전에 씨를 1주일 동안 물에 불려서 파종하면 발아가 촉진된다. 이랑 너비 75㎝의 두둑을 만들어 흩뿌림이나 줄뿌림한다. 씨가 잘므로 모래와 섞어 뿌리면 고루 뿌릴 수 있다. 파종 후 흙을 다소 얇게 덮어준다. 대개 10여 일이면 싹이 난다.

1년간 비배하였다가 다음해부터 수확한다.

포기나누기는 싹트기 전이나 잎줄기를 수확한 직후에 할 수 있다. 싹을 몇 개씩 붙여서 쪼개어 심는다. 식부 간격은 30㎝ 안팎이 좋다.

3. 촉성연화재배

참나물은 김치감으로 겨울에 출하할 수 있으므로 비닐하우스에서 촉성하며 줄기를 연하고 길게 하기 위하여 연화재배한다.

실생묘의 1년 비배한 것을 11월에 120㎝ 이랑에 밀식하여 왕겨나 톱밥을 15㎝ 길이로 덮어서 보온하면 1~2월에는 수확할 수 있다. 자연생보다 다소 향기가 떨어지는 것이 흠이다.

참나물재배에서 주의할 것은 질소비료를 과용하면 추대를 촉진시키므로 밑거름으로 사용하고 칼리나 인산질을 많이 준다.

4. 수확

자연수확기는 4월~5월이지만 1년 내내 추대하지 않은 것을 수확할 수 있다.

"파드득나물"

별명 : 바드득나물, 반디나물, 참나물

학명 : *Cryptotaenia japonica HASSKARL*

일본명 : ミツバ, ミツバゼリ

漢名 : 鴨兒芹, 野蜀葵

과명 : 미나리과

분포 : 전국의 산중 계곡이나 늪가 등의 습기가 많은 수림 밑의 그늘진 곳에 자생하며, 일본, 중국 등 아시아동부와 북미의 온대에도 분포한다.

1. 이용부위와 이용법

파드득나물은 "반디나물" 또는 "참나물"이라고도 하여 아주 향기롭고 상쾌한 맛이 있는 산나물이다. 참나물과 흡사해서 참나물이나 파드득나물이나 통털어서 참나물이라고도 하고 혹은 파드득나물이라도 하여 구별하지 못하는 경우가 흔하다.

파드득나물의 잎은 참나물처럼 3출잎이지만 앞뒷면이 윤채가 난다. 또 키도 참나물보다 작고, 자생지도 계곡이나 늪가 같은 습지에 자란다. 꽃이 빼곡히 원을 이루며 피므로 쉽게 구별된다.

참나물처럼 줄기가 붉은 것도 있고 파란 것도 있어서 혼돈이 심하다.

파드득나물은 샐러리와 미나리를 합친 듯한 상큼하고 독특한 향기와 담백한 맛이 있는 산나물인데 비타민 A와 C가 특히 많고 단백질, 탄수화물, 철분, 칼슘이 다량 함유되어 있으며 지방, 인산, 석회, 무기질 등 여러가지 영양소가 고루 함유되어 있는 재배채소에 못지 않는 영양가 높은 건강식품이며 재배채소에 부족하기 쉬운 섬유질도 적당히 있어 이상적인 식품이다.

파드득나물은 잎과 줄기, 꽃봉오리, 뿌리까지 나물로 이용하며 어린 순과 잎줄기(추대하기 전까지의)는 생채로서 샐러드로 이용할 수도 있고 초무침도 맛있으며 튀김으로 그 향미를 즐기며 생선회의 비린내를 없애는 곁들임으로 애용된다. 또 일반적으로는 살짝 데쳐서 나물로 무침이나 볶음으로 조리하며 국거리에도 넣어 향미를 즐긴다. 미나리 대신 생선매운탕에 넣어보면 또다른 맛을 즐길 수 있다. 꽃봉오리도 튀김으로 쓴다. 뿌리는 굵고 육질이며 단맛이 있어서 그 향과 맛을 살려 조림도 만들고 튀김이나 볶음도 맛있다.

파드득나물은 향채 뿐만 아니라 조금씩이라도 상용(常用)하면 약효도 기대할 수 있는 약미식품인데, 비타민 A, C의 함량이 많아 피부의 신진대사를 왕성케하므로 노화를 방지하는 미용식이 되며, 신경기능을 강화하므로 민간에서는 신경통, 류마티스에 좋다고 한다. 또 뇌의 활동을 향상시키며 시력도 좋게 하므로 새로운 각도에서 즐겨 이용한다.

조혈강장작용이 있어 빈혈, 심장병의 예방에도 한몫을 하며 신경을 안정시키므로 고혈압, 불면증에도 효과가 있는 약용식품으로 알려져 있다.

파드득나물은 널리 보급되지는 못했으나 재배단계에 있으며 관광지 상대의 수경재배로 이루어지고 있다. 앞으로 재배채소로 끌어올리고 싶은 산나물이다.

일본에서는 옛날부터 채소처럼 재배하여 상품화하고 있다.

2. 생김새와 특성

다년초로 높이 30~50㎝로 자라며, 식물채에 털이 없고 독특한 향기가 있다. 뿌리는 굵고 육질이며 수염뿌리가 많이 난다. 잎은 호생하며 끝이 뾰죽한 난형의 석장의 잎이 붙어나는 3출잎으로 가장자리에 톱니가 있다. 잎은 짙은 녹색이며 뒷면이 표면보다 윤이 난다. 밑쪽 잎은 긴 잎자루가 있고 밑부분이 넓어져서 원대궁을 감싸고 있으며 윗쪽으로 올라갈수록 잎자루가 짧아지고 끝쪽에서 잔가지를 친다. 6~7월에 잔가지 끝에 흰색의 잔꽃이 복산형화서로 핀다. 가을에 평편한 장타원형의 둥글납작한 열매가 결실하여 검게 익는다.

파드득나물은 고온과 장일하에서는 추대하는 성질이 있다. 또 연작을 싫어하므로 재배할 때는 3년정도로 윤작할 필요가 있다. 씨는 건조를 싫어하며 수명은 2년이다.

3. 재배법

(1) 적지

해가 잘 들고 공중습도가 높은 곳이나 반그늘진 서늘한 곳이 좋다. 토질은 보수력이 있고 부식질이 많은 비옥한 사질양토가 좋다. 점질토에서는 발육이 나쁘며 뽑았을 때 뿌리의 흙이 잘 떨어지는 흙이 이상적이다. PH 5.5~6 정도가 좋다.

(2) 번식

씨와 포기나누기로 번식시킨다. 씨는 건조시키면 발아력이 상실되므로 가을에 씨가 익으면 채종하여 비닐봉지에 넣어 5℃ 정도에서 보관한다. 씨는 8℃부터 발아가 시작되며 18~20℃가 발아적온이다. 실생번식은 근주양성에 중요하며 파종시기에 이르면 추대하는 포기가 많아지고 너무 늦어지면 생육기간이 짧아서 충실한 근주를 얻을 수 없게 된다. 대개는 4월 하순~5월 초순에 뿌린다. 그러나 10~15℃의 서늘한 기후에서는 1년 내내 파종할 수 있다.

파종하기 전에 씨를 1주야 물에 불렸다가 파종하면 발아가 고르고 촉진된다.

이랑 너비 75㎝의 두둑을 만들어 모래와 섞어서 흩뿌림한다. 복토는 얇게 하고 위에 볏짚을 덮어서 건조를 방지해준다. 건조하면 발아가 좋지 않다. 10a당 15l의 씨가 소요된다. 대개 10여 일이면 발아한다. 싹이 나면 볏짚을 제거하며 건조하지 않도록 관리한다.

포기나누기는 싹트기 전이나 잎줄기를 수확하고 난 직후에 할 수 있다.

(3) 촉성재배

봄에 파종한 모종이 10월 이후 잎이 누렇게 된 뒤 서리를 한 두번 맞게 하여 포기를 캐내야 촉성 도중에 뿌리가 썩는 것을 줄일 수 있다.

비닐하우스에 120㎝ 너비의 이랑을 만들어 파낸 근주를 밀식한다. 가온하면 조기 출하할 수 있다. 대개 전열선을 배선한 촉성재배도 있다. 이때는 온도가 상승하기 쉬우므로 관수로서 온도를 조절하여 20℃ 전후로 서늘하게 유지해주면 겨울에도 출하가 가능하다.

연화재배는 차광하에서 싹이 5㎝쯤 자라면 모래나 톱밥 왕겨 등을 10㎝로 북주듯 덮어서 다시 자라면 같은 요령으로 2~3회 되풀이한 뒤 1~2일 잎을 햇볕에서 착색시켜 북준 것을 헤쳐버리고 낫으로 베어내면 된다. 남은 근주에서 다시 싹이 나오므로 여러 번 수확할 수 있다.

어린 것을 횟집에서 이용하는 목적의 재배는 봄에 파종하여(밀파) 60일이면 뿌리채 뽑아 출하하게 되는데 수경재배에서 이용하는 방법이다.

"윤판나물"

별명 : 큰가지애기나리

학명 : *Disporum Sessile D, DON.*

일본명 : ホウチャクソウ

漢名 : 淡竹花

과명 : 백합과

분포 : 울릉도, 제주도 남부의 산속 구릉지의 수림 밑이나 그늘진 초원에 자생하며 일본, 중국, 사할린에도 분포한다.

1. 이용부위와 이용법

윤판나물은 봄에 어린 싹이 돋아날 때는 애기나리와 흡사해서 "큰가지애기나리"라고도 한다. 그러나 막상 꽃이 피고 보면 오히려 진황정의 꽃과 흡사한 봄에 어린 순을 나물로 먹는 산채다.

윤판나물에는 꽃이 흰색인 것 노랑색인 것 황금색인 것 등 여러가지가 있어서 모두 어린 싹을 먹을 수 있어서 윤판나물이라 하지만 오히려 꽃이 아름다워서 원예식물로써 정원초화로 즐겨 가꾸어진다.

윤판나물은 4월경 어린 순을 채취하여 소금물에 삶은 뒤 우려낸 후 나물로 무치기도 하고 기름에 볶아 먹기도 한다.

자생지가 한정되어 있어서 흔한 나물은 아니다. 대개 진황정, 둥글레 애기나리들과 섞여서 자생하고 있다.

2. 생김새와 특성

다년초로서 높이 30~60㎝로 자라며 근경이 옆으로 뻗어간다. 줄기는 곧게 자라서 위에 가서 가지를 많이 친다. 잎은 호생하며 5~15㎝길이의 긴 타원형이며 엽맥이 뚜렷하다. 꽃은 5~6월에 가지 끝에 종모양의 통꽃이 밑을 보고 드리워서 1~3송이씩 핀다.

꽃의 크기는 3㎝정도로 끝쪽은 녹색이고 밑쪽은 백색인 것, 꽃빛이 모두 노랑색인 것은 우리나라 자생종인데 매우 아름답다. 꽃에는 짧은 꽃대가 있다. 가을에 1㎝크기의 동그란 장과가 검게 익는다.

3. 재배법

(1) 적지

수림 사이의 반그늘진 곳이 적합하다. 토질은 보수력이 있고 배수가 잘 되는 유기질이 많은 비옥한 땅이 좋다.

(2) 번식

씨와 포기나누기로 번식시킨다. 씨가 익는 가을에 채종하여 과육을 물에 씻어 제거한 후 직파한다. 줄뿌림이나 흩뿌림한다.

포기나누기는 가을에 줄기가 마른 뒤나 봄 싹트기 전에 싹을 2~3개 붙여서 쪼개어 심는다. 간격은 20~30㎝가 좋다.

"뚝깔"

별명 : 흰미역취, 부럭갬취

학명 : *Patrinia villosa JUSSIEU*

일본명 : オトコヘシ

漢名 : 孩兒菊, 烟脂麻, 苦菜, 敗醬

과명 : 마타리과

분포 : 전국의 산중턱 이상의 초원이나 수림(잡목림)속 등의 양지바른 곳에 자생하며 일본, 중국 등 동부아시아에 분포한다.

1. 이용부위와 이용법

뚝깔은 가장 많이 이용되는 보편적인 산나물인데 채집기간이 길어서 이른 봄 싹이 나올 때부터 꽃봉오리가 나오는 여름까지 연한 상순의 줄기와 잎을 먹을 수 있어서 즐겨 애용된다.

어린 싹일 때는 미역취와 비슷하며 흰꽃이 피므로 "흰미역취"라고도 하는데 뚝깔은 털이 많아서 쉽게 구별된다.

뚝깔은 어린 싹을 생으로 튀겨서 요리해도 맛있고, 국거리로도 이용하며 데쳐서 나물로 무치기도 하고 기름에 볶아도 좋으며 찌게에도 넣는다. 또 말렸다가 묵나물로도 이용하는 구황식량이기도 했다. 뿌리는 해열 해독제로 쓰인다.

2. 생김새와 특성

다년초로서 높이 1m 안팎으로 자라며 흰털이 많은 것이 특징이다. 지하경과 땅 위에서 포복경이 나와서 옆으로 뻗어가며 새싹이 나와 번식된다. 잎은 난형~장타원형으로 크게 갈라지는 것도 있고 전혀 찢어지지 않는 것도 있다. 질은 녹색이며 거치가 있다. 줄기는 굵고 실하며 잎이 대생한다. 위로 가면서 가지도 대생으로 치며 꽃은 7~8월에 잔가지 끝에 흰 잔꽃이 산방화서로 많이 핀다. 열매는 가을에 익으며 타원형으로 약간 모가 진다.

3. 재배법

(1) 적지

해가 잘 들고 보수력이 있는 비옥한 땅이 이상적이다. 재배가 쉽다.

(2) 번식

씨와 포기나누기, 뿌리꽂이 등으로 번식한다. 씨는 가을에 채종하여 직파해도 되고 봄 3~4월에 뿌려도 된다. 씨가 날아가기 전에 채종해야 한다.

이랑 너비 120㎝의 두둑을 만들어 흩뿌림이나 줄뿌림한다. 장대하게 자라는 나물이지만 어린 순을 채취하려면 밀파하여 추대하지 않게 하는 것이 유리하다.

포기나누기는 가을이나 이른 봄에 포기를 싹이 2~3개 붙은 채 쪼개어 20㎝ 간격으로 심으면 된다. 뿌리꽂이는 포복경을 싹을 붙여서 10~15㎝ 길이로 잘라 15~20㎝ 간격으로 심는다. 활착이 잘 되는 식물이다.

(3) 수확

봄에 나오는 어린 순은 4~5월까지 수확하며 상순은 7월까지도 수확할 수 있다. 순을 따면 곁순이 다시 자라나므로 2~3회는 수확할 수 있다.

"마타리"

별명 : 가얌취, 미역취, 패장초(敗醬草)

학명 : *Patrinia Scabiosaefolia FISCH*

일본명 : オミナエシ

漢名 : 黃花龍牙, 敗醬

과명 : 마타리과

분포 : 전국의 들판이나 산기슭, 수풀 속에 섞여 자생하며 주로 양지바른 곳에 많다. 지리적으로는 일본, 중국 등 동부아시아의 온대에 넓게 분포한다.

1. 이용부위와 이용법

마타리는 가을의 대표적인 들풀의 하나지만 "패장(敗醬)"이라는 생약명으로도 알려져 있는 약초다. 그러나 봄에 돋아나는 어린 순은 "가얌취"라고도 하여 약간 쓴맛이 있으나 나물로 이용한다.

마타리의 어린 순은 끓는 소금물에 데쳐서 물을 서너번 갈아가며 우려낸 후 나물로 무치기도 하고 기름에 볶기도 하여 조리한다. 잘 우려진 것은 찌게나 국거리로도 이용할 수 있다.

마타리나 뚝깔의 뿌리를 모두 "패장근"이라하여 한방에서 종양의 소염성 해열제로, 배농성 이뇨제로, 또는 정혈(淨血)해독, 부종의 이뇨제로, 부인질환 등에 쓰며, 코피나 토혈의 지혈제로도 이용하고 의혈을 푸는 데도 쓴다.

패장(敗醬)은 신농본초경에는 노란꽃이 피는 마타리를 지칭했고 이시진(李時珍)의 본초강목에는 흰꽃이 피는 뚝깔을 지칭하고 있어서 중국에서는 이 두 식물 모두를 패장이라하여 개화기의 전초(全草)를 약용한다. 그러나 현재 홍콩의 한약시장에서 팔리고 있는 "패장"은 "말냉이(Thalaspi arvense L)"를 패장이라 하고 있어 패장의 정의는 매우 어렵다. 우리나라에서는 마타리를 패장이라 하고 있다. 패장이란 말은 뿌리에서 장(豆醬) 썩는 것 같은 냄새가 난다 하여 붙여진 이름이다. 개화기의 줄기를 잘라 물에 2~3일 꽂아두면 액이 나와서 장 썩는 냄새가 나는데 뚝깔에서 나며 마타리에서는 나지 않는다.

2. 생김새와 특성

다년초로 높이 60~150㎝로 곧게 자라며 줄기는 가늘지만 강직하다. 근경은 굵고 옆으로 뻗는다.

잎은 대생하며 우상으로 갈라지고 눈털이 있다. 꽃은 7~8월에 가지 끝에 노랑 잔꽃이 산방화서로 꽃핀다. 열매는 타원형으로 가을에 익는다.

3. 재배법

(1) 적지

해가 잘 들고 배수가 잘 되는 다소 건조하고 비옥한 땅이 좋다.

(2) 번식

씨와 포기나누기로 번식한다.

실생번식은 가을에 씨가 익으면 채종하여 직파하든가 다음해 봄에 뿌린다.

포기나누기는 옆으로 뻗는 근경에서 새싹이 나오므로 이것을 쪼개어 심으면 된다. 뿌리를 약초로 재배하는 것이 아니라 어린 순을 나물로 목적한 재배일 때는 실생번식으로 밀파하여 연하고 긴 순을 채취하는 것이 좋다. 자라면 쓴맛이 강해지므로 어리고 연할 때 수확하도록 한다.

"개미취"

별명 : 미역취, 자완, 자원

학명 : *Aster tataricus L.*

일본명 : シオン

漢名 : 紫菀, 返魂草

과명 : 엉거시과

분포 : 중부이북의 심산 습지에 자생하며 지리적으로는 일본, 중국 동북부, 시베리아 몽골 등에 널리 분포한다.

1. 이용부위와 이용법

개미취는 "취"자가 붙은 나물 중에서 유독 묵나물로 만들어서 먹는 산나물이다.

봄에 어린 순을 나물로 채취하여 끓는 물에 데쳐서 우려낸 뒤 일단 말렸다가 묵나물로서 다시 뜨거운 물에 불린 후 삶아 조리해서 먹는다. 묵나물이지만 무쳐도 되고 기름에 볶아도 맛있다.

개미취는 일면 자완(紫菀) 또는 자원(紫苑)이라고도 하며 뿌리를 한방에서 진해, 거담제로 약용한다. 최근 중국에서는 항균, 항암작용이 있다 하여 주목되고 있는 약초이기도 하다.

약용할 때는 봄에 뿌리를 채취하여 씻어서 말려두고 쓴다.

그러나 개미취는 자완이라는 이름으로 관상용 화초로서의 수요가 가장 많다. 국화꽃 같은 연보라색 꽃이 많이 피므로 정원초화로 또는 분화초로 많이 가꾸어진다.

2. 생김새와 특성

다년초로 높이 1~1.5m로 자라고 줄기는 곧게 자라서 윗부분에서 가지를 친다. 잎은 피침형으로 크며 가장자리에 거치가 있다. 앞 뒤 모두에 짧은 털이 있다. 근생잎은 땅에 퍼지지만 줄기에 나는 잎은 호생한다. 꽃은 7~10월에 가지 끝에 산방화서로 연보라색의 2.5~3㎝ 크기의 국화꽃 같은 두화(頭花)가 핀다. 열매는 수과로 적갈색의 관모가 있다.

잎줄기 모두가 털이 있어 까실하다.

땅 속의 근경은 적갈색으로 굵고 단단하며 10㎝정도로 짧고 잔뿌리가 많이 나며 일종의 냄새가 있다.

3. 재배법

(1) 적지

해가 잘 드는 곳이나 반그늘진 곳에서도 잘 자란다. 토질은 보수력이 있고 배수가 잘 되는 유기질이 많은 비옥한 사질양토나 양토가 좋다.

(2) 번식

씨와 포기나누기로 번식시킨다. 곁순이 땅에서 많이 나오므로 6월경 이것을 따서 심어도 되고 3년에 한번씩 포기를 갱신해야 할 정도로 잘 증식되므로 가을이나 봄 싹트기 전에 싹을 2~3개씩 붙여서 쪼개어 심으면 된다.

겨울에 건조방지를 위하여 퇴비를 위에 덮어주면 웃거름도 되고 좋다.

심는 간격은 20㎝로 하며 밀식시키는 것이 연한 순의 수확에 도움을 준다.

"쇠뜨기"

별명 : 쇠띠, 깨뜨기, 즌솔, 뱀밥, 필두채

학명 : *Equisetum arvense L.*

일본명 : スギナ(영양경), ツクシ(포자경)

漢名 : 接續草, 問荊, 筆頭菜, 土筆

영명 : Common Horsetail

과명 : 속새과

분포 : 전국의 햇볕이 잘 쪼이는 논밭둑, 제방, 들판 등에 자생하며, 일본, 중국 외에 아프리카 아메리카 등 북반구의 난대, 온대, 한대에 널리 분포한다.

1. 이용부위와 이용법

처치 곤란한 잡초로 천대받던 쇠뜨기는 근래에 신비의 약초로 과학적인 입증이 알려져 새로운 각도에서 각광을 받는 건강식품으로 인기를 얻어 붐을 형성해가고 있다. 소가 즐겨 먹어서 쇠뜨기라 한다.

흔해빠진 쇠뜨기를 왜 재배까지 해야 하느냐 반문할 것이지만 건강식품은 공해, 특히 농약이나 화학비료 도시매연 자동차의 배기가스 등의 피해가 없는 곳에서 재배된 것일수록 약효가 증대되기 때문이다.

쇠뜨기는 신이 인간에게 준 가장 귀한 선물의 하나라고까지 선전하고 있다.

우리나라에서도 쇠뜨기를 뱀밥이라고도 하는데 지혜로운 뱀이 인간보다 먼저 이 식물의 약효를 알고 먹고 있었던 것을 쇠뜨기밭에는 뱀이 많으니까 뱀의 밥일 것이라고 생각하고 그렇게 이름 붙였는데 오늘에와서는 뱀의 지혜에 놀라게 된다.

쇠뜨기는 유사이전의 식물이었을 것이라 추정하고 있다. 그때는 수목처럼 키가 크게 자라는 식물이었는데 긴 세월동안 퇴화하여 현재처럼 작아졌으나 지닌 성분만은 그대로 남아 있어서 귀중한 약초 구실을 하게 되는 것이라고 생각하고 있다.

쇠뜨기는 북반구의 난대, 온대, 한대에 걸쳐서 널리 분포하고 있어 옛날부터 과학적인 근거없이도 몸으로 익힌 체험으로서 다양하게 이용되어 왔다.

중국의 본초강목에는 "문형"(問荊) 이라 하여 약으로 쓰여왔고, 일본에서는 영양경은 약초로 포자경은 식품으로써 봄의 산나물로 이용했으며, 아메리카 인디언은 동물사료로써 거위비육이나 말의 털이 윤나게 하는데 먹였다. 그래서 영명은 말꼬리라는 뜻의 이름인 Horsetail이다. (물론 생김새에서 비롯되었다고도 함). 뉴멕시코 인디언은 뿌리를 보존식량으로 또는 약초로 말려서 귀중히 사용했으며, 문명인이라고 자처하는 유럽인들도 과학적인 분석이 없던 옛날에 승려(신부님)들이 이것을 체험으로 약용했으며, 현재도 아프리카나 뉴기니아의 어떤 부족은 캠프의 휴대식품에 쇠뜨기는 반드시 포함되는 등 이용한 역사가 오랜 식품의 약초이다.

현재, 독일, 호주, 미국, 일본 등지의 학자들이 쇠뜨기의 성분 규명과 약효의 임상실험으로 그 우수성을 입증하고 있다.

쇠뜨기는 미네랄의 보고인 동시에 영양소의 덩어리인 아주 우수한 알카리성 식품이며, 탁월한 약효를 지닌 만병통치약이다. 예로, 쇠뜨기에 함유된 규산은 녹은 상태에서 70%나 함유되어 있어서 암세포의 종양을 녹이는 작용을 하는 항암제이며, 동맥 내의 지방분 침전을 막는 동맥경화의 치료 예방약이 되고 폐결핵, 담석증, 요료결석 등에 탁월한 약효를 낸다.

쇠뜨기의 성분분석 결과를 살펴보면 지방, 단백질, 탄수화물, 비타민 C, 인, 철, 석회, 칼륨, 칼슘, 마그네슘, 망간, 아연, 동, 유황, 탄닌 등 인체에 필요한 영양소가 고루 갖추어져 있고 일종의 사포닌인 Equisetonin과 극미량의 알카로이드와 후라보노이드, 휘토스테린 등이 함유되어 있어서 이것들이 인체의 각종 질병에 작용하여 탁월한 치료와 예방의 효과를 나타내고 있다. 쇠뜨기로 치료될 수 있는 병을 열거해 보면, 간장병, 간염, 신장병, 담석증, 방광염, 요료결석, 전립선비대증, 당뇨병, 고혈압, 동맥경화, 각종 암, 갑상선질환, 임파선질환, 위궤양, 장질환, 기관지천식, 백내장, 피부병, 관절염, 류마티스, 신경통, 폐결핵, 카리에스, 통풍, 구내염, 축농증, 치질, 빈혈, 비듬, 어린이 야뇨증, 육체피로, 정신 신경 안정 골격에 관한 질환 등, 어느 곳 하나 치료되지 않는 것이 없을 정도라 한다. 이뇨작용, 수험작용, 지혈작용, 소염작용, 해열작용, 진정작용 등이 있다고 보고되고 있다.

우리나라에서는 동의보감에 올라있지 않지만 민간약으로 이뇨제로 이용했고 흉년에 구황식량으로써 쌀이나 보리와 함께 밥을 지어먹었다는 기록도 있고 나물로도 먹었다고 하나 맛이 쓰기 때문에 우수한 다른 산나물에 밀려 먹는 것을 잊은 지가 오래된 식물이다.

쇠뜨기는 봄에 연갈색의 줄기가 먼저 올라오는 포자경(胞子莖)과 나중에 나오는 녹색의 마디가 많은 솔잎 같은 영양경(營養莖)으로 이루어져 한 뿌리에서 두가지 식물이 올라오는 것같은 착각을 일으키게 한다. 이 영양경은 주로 약용하고 포자경은 포자주머니가 부풀어 성숙되기 전에 채취하여 갈색의 치마같은 부분(잎이 퇴화된 것)을 벗겨버리고 끓는 물에 살짝 데쳐서 30분쯤 우려낸 뒤 조리한다. 그대로 벗기면 손이 검게 더러워지므로 물에 담그어 벗기면 쉽게 벗길 수 있다. (반드시 벗겨버리고, 삶은 뒤는 꼭 우려내야 한다)

물에 우린 것은 샐러드, 볶음, 튀김, 조림, 무침 등으로 요리하며 국이나 죽에도 넣고, 마요네즈에 찍어먹으면 아스파라가스보다 맛있다고 한다. 또 다된 밥에 쇠뜨기(포자경)를 볶아서 얹어 버무려먹는 나물밥도 영양가가 있어 좋으며 연한 영양경은 1시간쯤 우렸다가 국거리 나물밥 등으로 이용할 수 있다. 쇠뜨기의 잎은 시금치나, 쑥갓, 파, 우엉 등과 비교분석 결과, 미네랄 함량이 몇배에서 몇 10배 되는 것도 있을 정도로 우수한 알카리성 영양식품이다.

쇠뜨기의 약용을 겸한 이용법을 소개하면

① 차를 다려서 장복하면 치료와 예방의 효과를 얻을 수 있는데 영양경 말린 것을 이용한다. 1일 10~15g을 물3컵에 넣고 약한 불에서 20분쯤 끓여 물이 반 정도로 줄면 이것을 1일 3회에 나누어 공복시 즉, 식전 1시간에 마시면 크게 약효를 얻을 수 있다. 단, 이때 지켜야 할 것은 철이나 동으로 된 그릇에서는 끓이지 않도록 해야 한다.

② 더운찜질 : 마른 쇠뜨기 한줌을 주머니에 넣어 6~7분 쪄서 환부에 대고 40분쯤 찜질한다. 1일 2~3회 반복하며 3일간 쓸 수 있다. 이때 가슴과 유방은 심장에 가까우므로 피한다.

③ 좌욕 : 100g을 하룻밤 물에 담그었다가 끓여서 20~30분간 좌욕한다. 물의 온도는 40~45℃가 좋다.

④ 목욕 : 목욕재로도 중요한데 피로회복과 미용효과가 뛰어난다. 남은 목욕물은 버리지 말고 빨래를 하면 규산이 표백효과가 있어서 누런 옷이 하얗게 된다.

⑤ 팩찜질 : 생쇠뜨기를 갈아서 물과 밀가루로 반죽하여 천에 발라 환부에 부친다. 깨끗한 쇠뜨기를 사용해야 한다.

⑥ 엑기스외용 : 생쇠뜨기 10g을 50cc 알콜이나 소주(도수 높은 것)에 2주일 담그어 볕에 두든가 따뜻한 곳에 두면 침투액이 되므로 이것을 외과용으로 바른다.

⑧ 쇠뜨기 약술 : 말린 것 200g을 소주 2*l*(1되)에 담그어서 냉암소에

서 3개월 숙성시키면 녹색술이 된다. 6개월이 지나면 맛있는 약술이 된다. 이때 꿀을 200cc 함께 섞어 빚으면 더 효과적이다.

이 술은 피로회복, 강장강정, 기력증진 등에 좋다. 쇠뜨기는 장기복용할 수 있다.

이밖에 생즙이나 시럽으로 만들어 먹기도 하며, 화장품이나 삼푸, 린스용으로도 외국에서는 상품화되고 있다.

또 쇠뜨기의 영양경은 금속의 광택을 내는데 사용되는데 양질의 연마제라 한다.

가정에서도 세발용으로, 세탁물 표백용으로, 부엌 양은그릇 닦는데 이용되는 등 우리가 몰랐던 자연물 이용으로 화학공해를 추방할 수도 있어 쇠뜨기는 새로운 각도에서 재인식 되는 것이 바람직하다.

2. 생김새와 특성

양치류식물로 땅 속에 뿌리가 종횡으로 뻗어 한번 심으면 좀채로 근절시킬 수 없어 옛말에 지옥까지 따라가는 풀이라고 했을 정도로 생장번식력이 왕성하다.

1줄기에 영양경과 포자경이 함께 나온다. 포자경은 3~4월에 연한 갈색으로 굵고 마디에 잎이 퇴화된 단단한 갈색의 치마가 둘려있고 끝에 포자주머니가 흡사 붓처럼 달린다. 이 모양을 두고 필두채라 한다.

높이 10~25㎝로 자라며 포자가 영글면 거북이 등같은 육각형의 포자잎이 부풀어 뒤쪽에 있던 녹색 포자가 날아가 번식한다.

영양경은 녹색으로 높이 30~40㎝로 자라며 둥글고 속이 비었으며 마디가 많은데 그 마디에 가지가 윤생하며 줄기는 골이 지고 능선이 있다. 잎수가 능선의 수와 같다.

영양경은 처음에는 연하나 조금 지나면 규산이 있어서 단단해진다.

3. 재배법

(1) 적지

해가 잘 들고 다소 습한 보수력이 있는 비옥한 땅이 좋다. 제방의 사방용으로도 심을 수 있다.

집단재배 할 때는 농경지에 퍼지면 다른 작물에 지장을 주게 되므로 개간지같은 곳을 이용하는 것이 좋으며 블록 같은 것으로 구획을 지어서 퍼지는 것을 방지한다. 또 앞으로 대량수요는 기대할 수 있는 전망이지만 채집이 쉬워서 공해지역의 것이 아니라는 보증과 장점이 있어야 하고 대기업과의 계약재배로서 판로를 개척하는 것이 바람직하다.

(2) 번식

5월경 포자주머니가 부풀어 포자가 날아가기 직전에 줄기를 꺾어다 채종하여보면 포자에 4개의 실(彈絲)이 달려있는데 직파한다. 얇게 복토한다.

포기나누기는 옆으로 줄기가 잘 뻗으므로 지상경에 지하경을 붙여서 쪼개어 20㎝간격으로 심으면 된다. 봄, 장마 때 가을 어느때고 할 수 있다.

(3) 촉성재배

포자경을 일찍 수확하기 위한 재배방법이다. 가을에 포기를 파보면 방추형의 지하경이 있는데 굵기 1㎝의 것을 20㎝ 길이로 포자경이 있는 것을 잘라 비닐하우스에 25㎝ 간격으로 심는다. 이때 흙을 15㎝ 두께로 덮어서 온도는 20℃로 유지할 경우 2주일이면 포자경이 올라오므로 5~7㎝정도에서 수확한다.

(4) 수확

포자경을 산나물로 수확할 때는 포자낭이 퍼지면 굳어서 맛이 쓰므로 마디가 짧을 때 5~7㎝길이일 때 수확한다. 채취기간이 매우 짧다.

영양경은 초여름까지 연할 때 채집하여 식용으로 이용하고 차재료로 채집할 때는 여름에서 가을까지 채집하여 볕에서 말린다. 여러번 뒤적이면서 바짝 말려서 보관한다. 목욕재는 근경을 8월~10월까지 채집하여 역시 말려두고 이용한다.

쇠뜨기는 산성토양을 알카리성으로 만들어준다.

"배초향"

별명 : 방아잎, 깨나물, 방애잎, 중개풀, 배초향(排草香)

학명 : *Agastache rugosa O. KUNTZE*

일본명 : カワミドリ

漢名 : 藿香, 排草香

과명 : 꿀풀과

분포 : 전국의 산계곡의 다소 습한 곳이나 들의 양지바른 곳. 논·밭둑 등 햇볕이 잘 쪼이는 곳에서 자생하며 지리적으로는 일본, 대만, 중국 등 동부아시아의 온대~난대에 분포한다.

1. 이용부위와 이용법

배초향은 일명 "방아잎" 또는 "깨나물"이라고도 하는데 잎, 줄기를 말려서 한방에서 생약으로 쓸 때는 배초향(排草香)이라 하여 두통, 감기 등에 청량해열제로 쓴다. 맛이 쓰므로 건위제로 복통, 토사, 식체 등에 약용한다. 배초향은 식물 전체에 들깻잎에 가까운 아주 독특한 향기가 있다.

배초향은 쌉쌀한 맛과 향기를 이용하여 식용할 때는 "방아잎"이라하여 생선회에 곁들이는데, 회를 싸서 먹으면 비린내를 없애며 향미로워서 즐겨 이용한다. 또 봄에 어린 순은 살짝 데쳐서 나물로 이용할 때는 "깨나물"이라하여 개성있는 산나물로 즐겨 이용한다. 이때 쓴맛이 싫으면 끓는 소금물에 데쳐서 1시간쯤 찬물에 담그어 우려내면 쓴맛이 가시고 향긋하면서도 부드러워서 맛있다. 깨나물은 초고추장에 무쳐도 되고 기름에 볶아도 맛있으며, 튀김도 하고 국거리로도 쓰며 생선매운탕에도 많이 쓰인다.

꽃이 아름다워서 정원초화로도 즐겨 가꾸어져 가정채소로 필요할 때 향신료로 이용한다. 이 꽃은 밀원식물이 되기도 한다.

2. 생김새와 특성

다년초로 식물 전체에 향기가 있다. 줄기는 곧게 자라며 높이 40~100㎝로 윗부분에서 가지를 친다. 줄기는 네모지며 잎은 대생하는 난상심장형으로 잎자루가 있으며 표면에는 털이 없고 뒷면에 약간 털이 있으며 둔한 거치가 있다.

꽃은 7~9월에 줄기와 가지 끝에 5~15㎝길이의 자주빛 심화(唇花)가 윤상화서로 밀생한다. 한송이 꽃은 1㎝정도지만 이삭이 져서 피므로 매우 아름답다. 가을에 익는 씨는 타원형으로 작다.

3. 재배법

(1) 적지

해가 잘 들고 다소 습한 보수력이 있는 비옥한 땅이 좋다. 그늘진 곳에서는 향기가 옅어진다.

(2) 번식

씨와 포기나누기로 번식시킨다. 가을에 씨가 익으면 채종하여 간수했다가 봄 4월에 들깨 뿌리듯하면 된다.

발아가 잘 되는 편이다.

포기나누기는 가을이나 이른 봄 싹트기 전에 포기를 캐내어 싹을 2~3개 붙여서 쪼개어 30㎝ 간격으로 심으면 된다.

주로 잎을 이용하므로 채광량을 높이기 위해 밀식되지 않게 한다. 실생묘는 15~20㎝ 자랄 때 채취한다. 이때 밑쪽 잎을 2장 정도 남기면 다시 곁가지를 치게 되므로 그것을 키우면 여름에 잎을 또 수확할 수 있다.

"무릇"

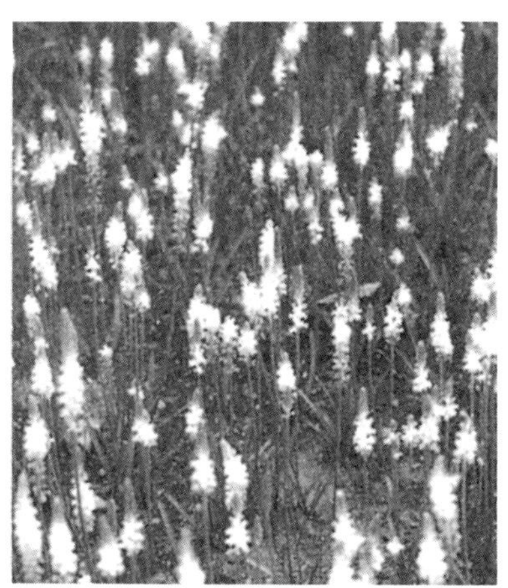

별명 : 물구, 물굿

학명 : *Scilla Sinensis MERRILL.*

일본명 : ツルボ

漢名 : 野茨菰, 翦刀草, 綿棗兒.

과명 : 백합과

분포 : 전국의 들이나 밭 등에 자생하며 일본, 중국, 우수리, 사할린, 대만 등 아시아의 동북부 온대~아열대에 분포한다.

1. 이용부위와 이용법

무릇은 요즈음처럼 아이들의 군것질거리가 흔치 않던 옛날에 엿처럼 고아서 어린이들 간식에 즐겨 이용했던 달고 맛있는 음식을 제공한 식물이다.

무릇은 달래처럼 생겼으나 훨씬 알이 큰 뿌리(인경)를 먹는다. 무릇의 인경은 아린 맛이 있으므로 봄에 캐서 갈색의 껍질을 벗겨버리고 연한 소금물에 삶아서 다시 미지근한 물에 담그어 3~4시간 우려내면 아린 맛이 빠진다. 이렇게 만든 무릇은 간장으로 조려 반찬도 만들고, 주로 무릇조청을 만든다.

무릇은 짓찧어서 엿기름물과 함께 5시간쯤 삭힌 뒤 짜서 건더기를 버리고 삭은 물을 끓인뒤 서서히 약한 불로 조려 조청을 만든다. 매우 달고 맛있다. 또 무릇을 잎과 함께 뭉근한 불로 2~3일 고아서 엿처럼 된 것을 먹기도 한다.

어린 잎은 끓는 물에 데쳐서 아린 맛을 우려낸 뒤 나물로 이용한다.

무릇에는 섬유질이 적은 대신에 가용무질소물이 많고 함질소물과 회분, 지방, 인슈린 등이 함유되어 있다. 비타민 C도 많은 편이다.

옛날에는 흉년에 구황식량으로도 긴히 쓰였다.

2. 생김새와 특성

다년초로 땅 속에 2~3㎝크기의 동그란 인경이 생기며 껍질은 갈색이다. 독특한 아린 맛이 있다.

봄과 가을 두차례 잎이 나오는데 길이 15~30㎝의 좁은 바늘 같은 잎이 두장 마주나며 두텁고 홈처럼 패어있다. 털은 전혀 없다.

7~9월에 20~50㎝의 긴 꽃대가 올라와서 연보라색의 꽃이 총상화서로 피면 아름답다. 가을에 동그란 삭과가 결실된다.

무릇은 꽃 필 즈음에는 봄에 나온 잎이 사그라져 없으며 꽃이 지면 다시 잎이 나오는 것이 특징이다.

3. 재배법

(1) 적지

해가 잘 드는 곳에서도 재배할 수 있으나 반그늘진 곳이 좋다. 토질은 보수력이 있는 다소 습한 땅이 좋으며 토심이 깊고 유기질이 많은 비옥한 땅이 좋다.

(2) 번식

씨와 뿌리로서 번식시킨다. 씨는 익으면 채종하여 땅에 가매장했다가 다음해 봄 4월에 파종한다.

자연분구가 되는 만큼 늦가을이나 이른 봄 싹트기 전에 깊이 파서 뿌리를 상하지 않게 하여 자연분구된 것을 어미뿌리와 따로 크기대로 분류해서 10㎝ 간격으로 심는다. 다비성이므로 밑거름을 충분히 넣고 깊이 갈아엎은 뒤에 심는다. 무릇은 인경이 깊이 들어가는 성질이 있다.

(3) 수확

무릇의 인경은 봄 4~5월경 잎이 올라온 것을 채취한다. 나물로 이용할 때는 지하의 인경은 그대로 두고 잎만 베어 이용한다. 다른 식물처럼 잎을 베고 나면 봄에는 다시 잎이 돋아나지 않으므로 동화작용을 할 수 없어 인경이 사그라지는 경우가 있다.

"소리쟁이"

별명 : 소루쟁이, 솔구장이, 소리장이, 소릇, 솔구지, 敗毒菜, 牛舌菜, 蓫 양제초(羊蹄草) 씨는 금교맥(金喬麥)이라고도 함.

학명 : *Rumex Crispus L.*

일본명 : ギシギシ

漢名 : 羊蹄草, 蓫, 金喬麥

과명 : 여뀌과

분포 : 소리쟁이는 지하수위를 가늠하는 지표식물의 하나로 일컬어질 만큼 습한 곳을 좋아하며 물길을 따라 길게 이어져 자생하고 있다. 주로 전국의 습한 논, 밭둑, 들판의 물가, 산기슭의 습지에 나며 일본과 중국에도 분포한다.

1. 이용부위와 이용법

소리쟁이는 요즈음처럼 재배채소가 많지 않던 옛날에는 움에 심어두고 겨우내 싹을 베어다가 국을 끓여 먹던 귀한 채소였다.

소리쟁이 토장국은 옛부터 전래되어온 별미의 토속음식인데 소 무릎뼈를 푹 삶아 고은 국물에 모시조개와 소리쟁이, 마늘을 넣고 끓이는데 부드럽고 매끄러운 맛이 아주 좋다고 산림경제에도 적혀 있다. 또 끼니를 때울만하다고도 한 구황식량이었다. 말렸다가 묵나물로도 쓴다.

소리쟁이의 어린 순을 연화하면 연하고 희고 굵은 것이 먹음직스럽다. 봄에 새싹을 따서 데쳐 나물로 무쳐먹기도 하고 국거리로도 이용한다. 볶아도 좋고 데친 것을 초고추장이나 마요네즈, 케찹에 찍어 먹어도 좋다.

소리쟁이는 수산(蓚酸)이 함유되어 있어서 날것으로 먹지 말고 끓는 물에 데치면 수산이 대부분 없어지므로 맛있게 요리할 수 있다.

소리쟁이는 "동의보감"에 패독채(敗毒菜)라고 올라있는데 민간약으로 긴히 쓰이는 약초이기도 하다. 뿌리는 대황대용으로 완하제로 사용했으나 복통을 수반하므로 지금은 사용치 않고 있다.

소리쟁이 뿌리는 모든 피부병에 잘 듣는데 뿌리를 생으로 갈아서 즙을 내어 바르면 효과가 좋다. "어루러기", "여드름" "무좀" "옴" 등에 좋고 뿌리를 말려 가루로 만든 것을 식초나 술로 개서 종기에 바르면 잘 낫는다고 전해진다.

씨는 말렸다가 변비나 갱년기 장애에 다려서 먹으면 효과가 있다고 한다.

한방에서도 양제대황(羊蹄大黃)이라 하여 완하제로 쓰는 경우가 있다.

소리쟁이 열매(씨)는 메밀깍지처럼 잘 말렸다가 베갯 속으로 넣으면 머리를 차게 해주므로 한번 시도해볼만하다.

2. 생김새와 특성

대형의 다년초로 땅 속에 굵고 다소 목질 같은 굳은 근경이 깊이 자란다. 빛깔이 자주색이나 황백색의 새근이 나오며 줄기는 40~100㎝로 곧게 자라고 근생잎은 장타원으로 크며 긴 잎자루가 있다. 잎가장자리가 곱실거린다. 6~7월경에 줄기 끝에 가지를 쳐서 담록색의 잔꽃이 총상화서로 핀다. 열매는 날개가 있으며 암갈색으로 익는데 바람이 불면 날개가 부딪치는 소리가 요란하므로 "소리쟁이"라 한다.

3. 재배법

(1) 적지

저습지에 적합하며 공한지에 물기가 다소 많다싶은 곳이면 강인한 식물이므로 대개는 재배할 수 있다.

(2) 번식

씨로도 되며, 포기나누기로도 번식된다.

파종은 씨가 익어 떨어지기 전에 채종하여 직파한다. 소리쟁이는 겨울에도 파란 잎이 그대로 월동할 만큼 내한성이 강하므로 밀파해서 볏짚을 덮어 건조하지 않게만 관리해주면 재배는 쉽다.

밀파하는 것이 연하고 긴 순을 수확할 수 있다. 파종한 다음해 가을에 왕겨나 톱밥을 15㎝ 두께로 덮어서 연화하면 겨울에도 출하할 수 있다.

"화살나무"

별명 : 회잎나무, 홋잎나무, 홋잎나물, 참빗나무

학명 : *Euonymus alatus SIEB*

일본명 : ニシキギ

漢名 : 四稜樹, 鬼箭, 衞矛, 八樹

과명 : 노박덩굴과

분포 : 산이나 들의 계곡 기슭에 자생하며 일본과 중국에도 분포한다.

1. 이용부위와 이용법

화살나무는 줄기에 콜크질 날개가 붙어 있어서 화살촉을 연상케 하므로 화살나무라 한다지만 산촌에서는 어린 순을 나물로 먹기 때문에 화살나무라 하지 않고 "회잎나무" 또는 "홋잎나무"라 한다.

화살나무의 어린 순은 홋잎나물이라 하여 매우 맛이 있는 산나물로 많이 이용된다. 이 나물은 데쳐도 파란색이 선명하게 그대로 있어서 매력있다. 이것을 이용하여 홋잎나물밥을 짓는다. 쌀을 씻어 솥에 안친 후 깨끗이 씻은 홋잎나물을 그 위에 얹어서 함께 밥을 지은 뒤 고루 섞어 그릇에 담고 양념장을 쳐서 비벼먹는데 봄의 별미의 하나다.

홋잎나물은 끓는 물에 살짝 데쳐서 나물로 무쳐도 좋고 기름에 볶아도 좋으며 국거리로도 담백해서 맛있다.

화살나무는 줄기(날개달린)를 민간약으로도 이용하는데 가지를 썰어 볕에 말렸다가 가시가 박혀서 고생할 때 화살나무 줄기를 까맣게 태워 가루로 만들어 밥에 섞어 짓이겨 가시박힌 환부에 부쳐두면 가시가 솟아 나오므로 뽑으면 된다. 또 월경불순에도 다려서 먹는다.

화살나무는 단풍이 아름다운 정원화목으로서 근래에는 수요가 많은 관상수의 하나이므로 재배할 때 홋잎나물 채취를 위한 재배가 자라면 관상수로서의 수요도 있는 만큼 판로를 우려할 필요가 없다.

2. 생김새와 특성

낙엽관목으로 높이 3m에 달하며 가지가 퍼진다. 가지에는 2~4줄의 콜크질 날개가 서로 마주보고 세로로 돋아나 있어 흡사 참빗살을 연상케 하므로 참빗나무라고도 한다.

잎은 호생하며 타원형~도란형으로 가장자리에 톱니가 있다. 표면은 녹색이고 뒷면은 회록색으로 털이 없다.

꽃은 5월에 피며 취산화서로 황록색으로 볼품이 없고 10월에 빨간 열매가 익는데 아름답다.

화살나무 잎은 15°C로 기온이 내려가면 단풍이 빨갛게 물드는데 단풍나무보다도 더 현란하다.

생장이 빠르고 맹아력도 왕성하며 전정도 잘 되는 재배가 쉬운 나무다.

3. 재배법

(1) 적지

해가 잘 드는 곳이 좋다. 토질은 보수력이 있는 비옥한 땅이 좋으며 부식질이 많은 곳이 좋으나 질소질이 많을 때는 잎이 무성해져 관상용일 때는 단풍이 곱지 않으므로 생산과 관상의 목적에 따라 밑거름을 조절한다.

(2) 번식

실생번식은 씨와 꺾꽂이로 한다. 가을에 씨가 익으면 따서 노천에 가매장하였다가 봄에 파종한다.

꺾꽂이는 봄, 싹트기 전에 지난해 자란 가지를 15㎝ 길이로 잘라 반정도 묻히게 밭흙에 꽂으면 쉽게 활착한다. 또 가을에 그 해 자란 가지중 굳어진 것을 골라 20㎝ 길이로 잘라 반정도 묻히게 꽂아도 된다.

(3) 정식

봄과 가을에 정식할 수 있으나 번식시킨 것은 1년간 삽목상에서 비배하였다가 다음해 봄에 싹트기 전에 30㎝ 간격으로 정식한다. 이때 줄기를 반정도 길이로 잘라 전정하여 곁가지를 치게해주며, 맹아력이 왕성하므로 뿌리에서도 곁가지가 나온다.

(4) 수확

홋잎나물 수확은 3년째부터 하며 순을 가지에서 다 따지 말고 밑쪽 잎을 1~2장 남기고 따는 것이 새순이 쉽게 나오게 하는 비결이다.

"고추나무"

별명 : 고추잎나물, 고칫대나무, 미영다래나무

학명 : *Staphylea bumalda DC.*

일본명 : ミツバウツギ

漢名 : 省沽油

과명 : 고추나무과

분포 : 전국의 산기슭이나 계곡의 수림 밑이나 수풀에 섞어 자생하며 일본과 중국에도 분포한다.

1. 이용부위와 이용법

고추나무는 봄에 어린 순을 "고추잎나물"이라 하여 즐겨 먹는 맛있는 산나물이다.

고추잎나물은 떫다든가 쓰다든가 하는 잡맛이 없고 순하면서도 부드러워서 널리 이용된다.

고추잎나물은 삶아도 파란색이 그대로 있는 매력있는 산채다.

생으로 튀기거나 소금물에 살짝 데쳐서 나물로 무쳐도 좋고 기름에 볶아도 좋다. 샐러드나 국거리로도 이용하며 삶아서 말렸다가 묵나물로도 이용한다. 또 나물밥도 짓는데 쌀을 씻어 솥에 안치고 고추잎나물을 위에 얹어 지은 뒤 고루 섞어 그릇에 담고 양념장을 쳐서 비벼먹는데 별미다. 옛날에는 흉년에 구황식량으로 이용되기도 한 산채다.

2. 생김새와 특성

낙엽관목으로 높이 3m씩 자라며 가지를 많이 치고 가지가 가늘다. 잎은 대생하며 3장의 잔잎이 맞붙어서 잎자루가 있는 3출잎(三出葉)이다. 잎은 3㎝크기의 난상피침형으로 털이 없다. 5~6월경 가지 끝에 꽃대가 나와서 흰꽃이 원추화서로 핀다. 9~10월에 익는 삭과는 납작하면서도 볼록한 반월형으로 윗쪽이 둘로 갈라져 있는 묘한 모양으로서 2㎝ 정도로 큰다.

3. 재배법

(1) 적지

건조한 것을 싫어 하므로 반그늘진 곳이나 해가 잘 드는 곳에서는 공중습도가 있는 곳이 좋다. 맹아력이 좋으므로 생울타리용으로 심어 나물도 채취하고 울타리로도 활용하면 이상적이다.

토질은 보수력이 있는 비옥한 사질양토가 좋다.

(2) 번식

씨와 꺾꽂이로 번식한다.

실생번식은 가을에 씨가 익으면 따서 노천에 가매장 했다가 봄 3~4월에 뿌린다. 꺾꽂이는 이른봄 싹트기 전에 지난해 자란 가지를 20㎝ 길이로 잘라 반정도 묻히게 밭흙에 꽂으면 된다. 또 9~10월에 그해 자란 가지를 같은 요령으로 꺾꽂이 할 수도 있다.

(3) 수확

순한 나물이기 때문에 순이 굳어지기 전에는 1년 내내 이용할 수 있다.

일반적으로는 봄 4~6월까지 순이 7~8㎝쯤 자랄 때 채취한다.

전정과 정지를 겸해 순치기겸 순을 따서 이용하며 이렇게 하면 잔 곁가지가 많이 나와서 밀생하므로 많은 수확을 얻을 수 있다.

"쑥부장이"

별명 : 쑥부쟁이, 권연초, 자채(紫菜)

학명 : *Aster indicus L. var yomena KITAM.*

일본명 : ヨメナ

漢名 : 紫菜, 鷄兒腸, 馬蘭

과명 : 엉거시과

분포 : 전국의 산기슭이나 들판, 논 밭둑 등에 군락을 이루고 자생하며 일본, 중국 등에도 분포한다.

1. 이용부위와 이용법

쑥부장이는 봄에 싹이 돋아날 때 자주색을 띠어 쉽게 찾을 수 있는데 그래서 "자채(紫菜)"라고도 하며, 뿌리 주위까지 자주색을 띠고 있어 이 부위가 특히 더 맛이 있으므로 뿌리채 채취하여 이용하는 향기롭고도 맛있는 봄나물이다.

쑥부장이는 종류가 많으며 모두 어린 싹을 나물로 이용하는데 옛부터 즐겨먹는 산나물의 하나다.

쑥부장이는 가을에 가시가 돋아나는 특이한 산채이므로 주로 봄에 채취한다.

쑥부장이에는 비타민 C가 풍부하고 지방, 단백질, 탄수화물, 무기질 등이 다량 함유되어 있는 영양가가 높은 산나물이다. 특히 정유를 함유하고 있어서 쑥갓 같기도 하고 쑥 같기도 한 독특한 향기가 있어 입맛을 돋구어준다.

쑥부장이의 싹을 따서 끓는 물에 살짝 데친 후 찬물에 빨리 헹구어서 물기를 짜버리고 나서 나물로 무쳐도 되고 기름에 볶아도 좋다. 생으로 맑은 장국을 끓이면 담백한 맛이 구미를 찾게 해준다. 튀김으로도 이용하며 싹을 잘게 썰어 밥의 뜸을 들일 때 위에 얹었다가 양념장으로 버무려먹는 나물밥도 별미다.

쑥부장이는 기침, 천식에 효과가 있고 한방에서는 해열제, 이뇨제로 이용하며 민간약으로는 벌레물린 데 잎을 생즙내어 바르면 잘 낫는다고 한다.

쑥부장이는 흉년에 귀한 구황식량이었다.

2. 생김새와 특성

다년초로 높이 1~1.5m씩 자라며 지하경이 옆으로 뻗으면서 지하경 끝에 새싹이 나와서 번식된다. 싹이 나올 때 자주빛을 띤다. 잎은 긴 장타원형으로 표면은 녹색이며 털이 없고 윤채가 난다. 잎은 호생하며 거치가 있다. 7~10월에 잔가지 끝에 연보라색의 두화(頭花)가 피는데 꽃은 지름이 3~3.5cm로 국화꽃 같아서 매우 아름답다. 꽃잎으로 보이는 설상화(舌狀花)는 연보라색이고 꽃술이라 하는 중심부의 관상화(管狀花)는 노랑색이다.

쑥부장이는 종류가 많으므로 꽃빛도 다양한데 흰색, 남자색, 자주색, 연분홍 등 매우 아름다워서 관상용으로도 손색이 없다. 수과가 익는다. 관모가 있다.

3. 재배법

(1) 적지

해가 잘 들고 보수력이 있는 땅이 좋으며 생장력이 왕성한 들풀이지만 그늘진 곳에서는 좋은 실한 순을 기대할 수 없다. 산기슭의 빈터를 이용한 재배가 바람직하며 비료는 복합비료를 주는 정도면 된다.

(2) 번식

씨와 포기나누기로 번식하며 씨는 가을에 채종하였다가 다음해 봄에 뿌리면 쉽게 발아한다.

포기나누기는 지하경을 캐내어서 5~6cm 길이로 잘라 눕혀 묻는 뿌리꽂이 방법을 이용한다. 5cm 깊이로 심으면 부정아가 나와서 활착한다. 번식시기는 가을에도 할 수 있으나 이른 봄 싹트기 전이 활착이 잘 되며 15cm간격으로 심는다.

번식한 해는 그래도 연한 액비를 주어 비배했다가 다음해 봄부터 수확한다.

(3) 수확

3월부터 6월까지 할 수 있으며 연한 순은 꽃봉오리가 나오기 전까지도 가능하며 꽃봉오리도 튀김용으로 이용할 수 있다.

"개쉬땅나무"

별명 : 곤자리순, 쉬나무, 밥쉬나무, 마가목

학명 : *Sorbaria Sorbifolia var, Stellipila MAX*.

일본명 : ホザキナナカマド

漢名 : 走馬蓁, 珍珠花

영명 : Ural false spirea

과명 : 조팝나무과

분포 : 중부 이북의 산기슭 양지 바른 습지나 산골짝 냇가에 군락을 이루고 자생하며 일본 중국 북부(만주), 사할린, 우라르, 시베리아 등지에 넓게 분포한다.

1. 이용부위와 이용법

개쉬땅나무는 꽃이 피었을 때 마치 흰 눈송이처럼 하얗고 아름다워서 즐겨 심는 관상용화목이다.

그러나 산간에서는 봄에 돋아나는 어린 순을 따로 "곤자리순"이라고 하여 즐겨 이용하는 맛있는 산나물이다.

곤자리순은 어린 순일 때도 색깔이 짙은 녹색인 것이 특징이며 섬유질은 다소 많지만 씹히는 맛은 좋다.

잡맛이 없으므로 끓는 물에 데쳐서 나물로 볶아도 되고 무쳐도 먹는다.

곤자리순에는 비타민과 무기질이 비교적 많이 함유되어 있으므로 영양가도 좋은 산나물이다.

옛날에는 춘궁기를 이기기 위해 산야의 식물들을 두루 찾아다니면서 독이 없는 것이면 모두 먹을 수 있도록 슬기롭게 대처해나갔는데 우리가 이용하는 산채의 종류가 많은 것이 그 좋은 예다.

곤자리순도 그런 나물 중의 하나이다. 맛도 있고 소비도 많은 나물에 속한다.

2. 생김새와 특성

낙엽관목으로 높이 2m로 자라며 뿌리에서 많이 줄기가 나와서 덤불을 이룬다. 잎은 호생하며 기수우상복엽으로 잔잎에 엽맥이 뚜렷하고 거치가 있으며 짙은 녹색이나 뒷면에는 까실한 털이 있다. 6~7월에 가지 끝에 잔 흰꽃이 총상화서로 꽃 피면 소담하고 깨끗해서 매우 아름답다. 열매는 5개의 골돌로 되어 있다. 꽃은 향기로워서 밀원이 되기도 한다.

3. 재배법

(1) 적지

해가 잘 드는 곳에서 잘 자라지만 더운지방에서는 모래땅이나 강한 광선이 비치는 곳에서는 잎이 타기 쉽다. 따라서 서늘하면서도 해가 드는 곳이 이상적이며 반그늘에서도 잘 자란다. 토질은 보수력이 있는 사질양토가 좋다.

가정에서 울타리로 심어두고 이용해도 좋고 대량재배하여 어릴 때는 순을 채취하고 자라면 관상수로 출하할 수 있어 유리하다. 개천가, 공한지를 이용해도 좋다.

(2) 번식

씨와 꺾꽂이, 포기나누기로 번식하며 실생번식은 가을에 씨가 익으면 따서 직파한다. 발아율이 좋은 편이다.

꺾꽂이는 봄에 싹트기 전에 지난해 자란 가지의 충실한 것을 골라 15~20㎝ 길이로 잘라 밭흙에 반 정도 묻히게 꽂으면 쉽게 싹이 튼다.

포기나누기는 봄에 싹트기 전이나 가을에 낙엽진 뒤에 포기 전체를 캐내어 적당한 크기로 쪼개어 심으면 된다. 맹아력이 좋은 식물이므로 번식은 아주 쉽다.

(3) 정식

이식 적기는 봄 싹트기 전이나 가을에 낙엽진 뒤가 좋으며 지상부를 전정 정지하여 실한 것만 남기고 심는다.

심는 구덩이는 90㎝ 간격으로 하여 다소 넓게 60㎝ 깊이로 파고 퇴비, 닭똥, 깻묵, 재 등 유기질 비료를 넣고 흙을 덮은 뒤 심는다.

(4) 수확

곤자리순은 봄에 새순이 나와서 연할 때 수확한다. 삶아서 말렸다가 묵나물로도 출하할 수 있다.

"덤불엉겅퀴"

학명 : *Cirsium dipsacolepis MATSUM*. 뿌리엉겅퀴는 *Cirsium tanakae MAISUM*라 한다.

일본명 : モリアザミ

과명 : 엉거시과

분포 : 지리산의 700~1,000m의 산중턱 이상의 계곡에 자생하며 일본에도 분포한다.

1. 이용부위와 이용법

덤불엉겅퀴와 뿌리엉겅퀴는 뿌리를 이용하는 엉겅퀴로서 근채형(根菜形) 산나물이다.

뿌리가 흡사 우엉뿌리같이 생겼으며 상쾌한 향기가 있는 사각거리며 씹히는 맛이 일품인 산채다.

덤불엉겅퀴는 지리산에 자생하나 그리 흔치는 않다. 또 뿌리엉겅퀴는 제주도와 중부, 남부의 일부 지방에 자생하며 이 모두가 우리의 관심밖에 있는 들풀에 불과하여 이용되지 않고 있다.

그러나 이웃 일본에서는 덤불엉겅퀴가 특산식물로서 많이 자생하고 있어서 조림용으로 가공하는 재배법이 개발된 흔히 알려져 있는 산채다.

덤불엉겅퀴는 뿌리에 당분과 단백질, 회분 등이 많이 함유되어 있는 영양가 높은 맛있는 식품으로 다루어지고 있다.

덤불엉겅퀴의 뿌리는 당년에 수확하여 육질의 뿌리를 껍질을 벗기고 쌀뜨물에 4~5일쯤 담그어 쓴맛을 뺀뒤 물에 씻으면 껍질에 붙어있는 끈적이는 유백색의 점액이 제거되므로 이것을 다시 소금이나 된장에 저림으로 만든다.(일본에서 현재 가공되고 있는 방법이다)

이 유백색 점액은 75℃ 정도의 더운 물에서는 잘 녹으므로 뿌리의 껍질을 벗긴 뒤 뜨거운 소금물에 살짝 데친 후 나물로 초고추장이나 간장에 무쳐도 되고 볶아도 되며 조림으로도 조리할 수 있다. 또 뿌리는 건위제로도 약용된다.

대량 가공시는 소금물에 1주일쯤 담그어도 쓴맛이 빠진다고 한다.

2. 생김새와 특성

다년초로서 뿌리가 굵고 육질이며 직근으로 깊이 뻗으며 줄기는 곧게 자라고 50~100㎝로 끝에 가서 가지를 친다. 잎은 엉겅퀴잎 특유의 깊이 찢어져 끝이 가시로 되어 있고 8~9월에 가지 끝에 자주빛의 꽃이 핀다. 연작을 싫어한다.

3. 재배법

(1) 적지

표고 500m 이상의 고냉지가 적합하며 공중습도가 높고 여름에도 서늘한 곳이 좋다. 토질은 토심이 깊고 배수가 잘 되면서도 보수력이 있는 비옥한 사질양토가 적합하다. 고온건조한 곳은 생육에 적합치 않다. 평균기온이 20℃ 안팎이 되는 것이 이상적이다.

(2) 번식

씨로 번식한다. 추대하면 뿌리가 목질화 되어버려서 이용가치가 떨어지므로 추대시키지 않고 뿌리의 비대를 도모하는 작형이 유리하다. 가을에 씨가 익으면 채종했다가 봄 5월경 기온이 17℃ 이상 될 때 파종한다.

덤불엉겅퀴는 싹이 터서 저온을 만난 후 생육기에 장일(6~7月)이 되면 추대하여 개화결실 되므로 뿌리가 굳어져 목질화되기 때문에 뿌리를 비대시키면서도 육질의 연한 것을 수확하는 것이 가장 중요하므로 파종시기를 잘 선택해야 한다. 대개는 6월말부터 7월 초순에 파종하는 것이 가장 안전하며 이 시기보다 늦어지면 뿌리의 비대를 기대하기 어렵다.

파종은 이랑 너비 90㎝의 두둑을 만들어 흩뿌린 후 흙을 덮고 그 위에 볏짚을 덮어서 씨가 유실되는 것을 방지하며 건조한 것도 막아준다. 발아후 밀생한 곳은 솎아서 10㎝ 간격으로 세운다.

생육기간이 100~120일이다.

6월에 파종한 것은 10월이 되면 잎이 10장 정도가 된다.

(3) 수확

1~2회 서리를 맞은 뒤라야 좋은 품질의 뿌리를 수확하게 된다. 줄기가 말라죽을 때까지 뿌리는 생육이 계속되기 때문이다.

수확적기는 지역에 따라 다르나 대개 10월 말부터 11월이며 봄에 싹이 3cm쯤 나온 뒤에 수확하는 것이 좋다.

뿌리의 길이 30~40cm, 굵기는 지름이 1.5~2cm 정도가 되며 대개 1a당 150kg은 수확된다.

"엉겅퀴"

별명 : 가시나물, 大薊

학명 : *Cirsivm maackii MAX.*

일본명 : カラノアザミ, アザミ

漢名 : 大薊, 小薊, 刺薊, 牛戮口.

영명 : Thistle

과명 : 엉거시과

분포 : 전국의 들판에 자생하며 엉겅퀴는 종류가 많아서 일본, 중국 뿐만 아니라 아시아 유럽 등에 널리 분포하고 있다.

1. 이용부위와 이용법

엉겅퀴는 "가시나물"이라 하여 결각진 잎의 톱니가 모두 가시로 되어 있어서 다치면 따끔거린다. 보기에도 무척 험상궂으나 연한 어린 순은 나물로 이용한다.

엉겅퀴는 종류가 많으며 대개는 어린 순을 산나물로 먹을 수 있는데 보기보다는 맛이 좋은 산채다.

잎의 가시가 부드러운 울릉도에 자생하는 섬엉겅퀴, 유럽 원산으로 귀화토착화 된 지느러미엉겅퀴, 고려엉겅퀴, 도깨비엉겅퀴, 가시엉겅퀴, 참엉겅퀴 등이 흔히 어린 순을 식용하는 종류들이다.

엉겅퀴는 잎 줄기에 단백질, 탄수화물, 지방, 회분, 무기질, 비타민 등이 함유되어 있는 영양가 높은 식품이다.

우리는 흔히 봄에 돋아나는 비교적 가시가 연한 어린 잎을 이용하며 살짝 데쳐서 약간 쓴맛을 우려낸 뒤 나물로 무치기도 하고 볶아도 좋고 국거리로도 이용한다. 그러나 일본이나 미국, 유럽 등지에서는 어린 순보다 크게 자란 줄기를 이용하는데 굳어지지 않은 것을 잘라 잎을 쳐내 버리고 껍질을 벗긴 후 엉겅퀴의 대궁을 생으로 샐러드나 국거리, 튀김 등에 이용하며 삶아서 볶음이나 조림, 저림 등 다양하게 조리하는데 향기롭고 맛도 좋으며 씹히며 사각거리는 맛을 즐겨서 더 중요시하고 있다. 이밖에 뿌리를 이용하는 덤불엉겅퀴나 뿌리엉겅퀴도 있다.

엉겅퀴는 민간약으로도 긴히 쓰였다.

잎의 생즙은 관절염에 잘 듣는다고 하여 즐겨 먹으며, 또 생즙에 밀가루를 반죽하여 척추가리에스의 환부에 붙여도 효과가 있다 하며 잎을 삶은 물로 종기나 치질의 세척제로 이용하면 효과가 있다 한다.

엉겅퀴의 뿌리는 잘게 썰어서 볕에 말렸다가 다려서 약용하는데 건위, 강장, 소염, 해독, 이뇨제 등으로 쓰이며 신경통에도 잘 듣는다고 한다. 또 잎을 말렸다가 토혈, 출혈 등의 지혈제로도 효과가 있다.

엉겅퀴라 하면 옛날에 스코틀랜드에 침입한 바이킹의 척후병이 성 밑에 난 엉겅퀴가시에 찔려 비명을 지르는 바람에 성내의 병사들이 깨어나 바이킹을 물리쳤다 하여 구국의 공로로 스코틀랜드의 국화가 된 것으로도 유명한 식물이다.

엉겅퀴는 줄기의 식용법을 보급하면 재배할 수 있는 중요채소로도 등장할 수 있다.

2. 생김새와 특성

다년초로서 50~100cm 높이로 자라는 대형의 풀이다.

줄기는 곧게 자라며 근생잎은 15~30cm 길이의 긴 타원형으로 깃털처럼 깊이 찢어져 있고 열편의 끝마다 가시로 되어 있다. 어린 싹일 때는 흰털이 많이 나 있으나 자라면서 없어진다.

엉겅퀴류의 특징은 잎끝이 가시처럼 날카로워서 다치면 따가운 것과 꽃이 아름다운 점이다. 꽃은 6~8월에 피며 가지 끝에 자주빛과 붉은색의 연지솔 같은 모양의 두화가 핀다.

3. 재배법

(1) 적지

해가 잘 들면서도 조석으로 서늘하며 공중습도가 높은 곳이 좋으며 건조가 계속되는 곳은 좋지 않다. 토질은 배수가 잘 되면서도 보수력이 있는 비옥한 사질양토가 이상적이다.

(2) 번식

씨와 포기나누기로 번식한다. 실생번식은 씨가 익는 10~11월에 채종하여 직파하는데 이랑 너비 90cm의 두둑을 만들어 흩뿌림이나 줄뿌림한다. 발아율이 좋은 편이다.

포기나누기는 산에서 포기를 캐다가 80cm 너비 이랑에 50cm 간격으로 심어 근주를 양성한다.

(3) 촉성재배

촉성재배는 다시 옮겨 심지 말고 심어진 밭에 지상부를 자르고 왕겨나 톱밥을 6~10㎝ 두께로 덮어서 연화한다. 대개 1~2월경에 파이프하우스를 설치하여 비닐을 2중터널로 씌우고 비닐론 보온제로 덮어 보온하면 실하고 연한 것을 생산할 수 있다.

(4) 수확

촉성재배 한 것은 3월 중순부터 수확할 수 있다. 엉겅퀴의 자연 수확기는 4~5월에 순이 어릴 때 채취해야 가시가 굳지 않아서 좋다. 줄기를 수확할 때는 6~7월까지 꽃봉오리가 나오기 전까지의 연한 줄기의 잎을 쳐버리고 수확하여 껍질을 벗기고 이용한다.

"뻐국채"

별명 : 멍구지

학명 : *Rhapontica uniflora DC* : *Centaurea monanthos GEORGE.*

일본명 : オオバナアザミ, タイリンアザミ

漢名 : 野紅花

과명 : 엉거시과

분포 : 중부 이북의 다소 습한 들판에 자생하며, 흔한 편이 못된다.

1. 이용부위와 이용법

뻐국채는 일명 “멍구지”라고도 하며 잎이 엉겅퀴 잎을 닮았으나 더 크고 전혀 가시가 없으며 잎의 앞•뒷면과 줄기 등 모두에 흰털이 뒤집어 씌우듯 나 있어서 쉽게 구별된다.

뻐국채는 봄에 굵은 싹이 나오는데 어린 순을 따서 나물로 이용하는 맛있는 산나물이다. 향기롭고 싸근한 맛이 구미를 돋구는데 삶아서 우렸다가 나물로 무쳐도 좋고 기름에 볶아도 좋다.

근생잎의 중심부에서 굵은 줄기가 나오는데 이것은 꽃대이며 아이들 주먹만한 큰 꽃봉오리가 한개 얹혀있듯 나오므로 채 피지않은 꽃봉오리도 따서 까실까실한 갈색의 비늘(鱗片)을 벗겨버리고 살짝 데쳐 썰어서 샐러드나 초고추장에 찍어 먹어도 좋고 볶아도 맛있다. 다소 쌉쌀한 맛이 있으므로 쓴 것을 싫어하면 소금물에 데쳐서 물에 담그어 우려낸 뒤에 조리한다. 우엉같은 향기가 있고 단맛이 나는 별미의 산채다. 줄기는 연한부위까지 껍질을 벗겨버리고 데쳐서 나물로 또는 볶음으로 이용한다.

서양채소인 “아-티초크(Artichoke)”를 연상시키는 산채다.

2. 생김새와 특성

다년초로서 키가 70㎝로 자라며 원대궁에 가지를 치지 않고 대궁 끝에 큰 6~9㎝(지름)의 꽃이 한송이 핀다.

꽃은 6~8월에 피며 엉겅퀴 꽃과 같은 모양이며 붉은 자주색으로 매우 아름답다.

잎은 깊이 결각이 진 긴 타원형으로 길이가 15~50㎝나 되며 줄기와 잎의 앞뒤 모두에 흰털이 뒤집어 씌우듯 나있다. 뻐국채의 잎은 옛날에는 가장 질이 좋은 부싯돌의 부싯깃이었다 한다. 열매는 수과(瘦果)로 9월에 익는다.

3. 재배법

엉겅퀴의 재배법에 준한다.
번식은 씨로 한다.

"수리취"

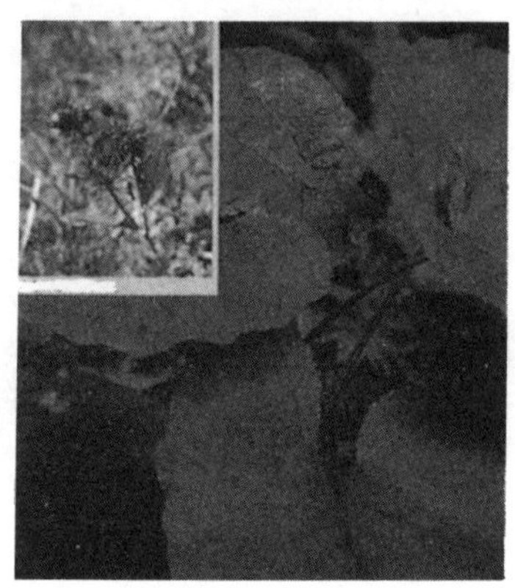

별명 : 수리치, 수루취, 개취

학명 : *Synurus deltoidos NAKAI*

일본명 : ヤマボクチ

과명 : 엉거시과

분포 : 전국의 산기슭이나 산중턱의 양지 바른 곳에 자생하며 일본과 중국에도 분포한다.

1. 이용부위와 이용법

수리취는 쑥과 더불어 초록색의 착색매체로 이용되는 식용색소 식물이다.

수리취를 떡에 넣고 만드는 수리취개피떡, 수리취절편 등은 옛날부터 전해져 오는 4월 4일의 세시음식으로서 우리의 고유한 민속음식의 하나다.

수리취 떡은 빛깔이 쑥보다 검지만 맛과 향은 쑥과 또 다른 것이어서 즐겨 이용한다.

수리취는 참취와 잎의 생김새가 흡사하며 잎의 표면에 털이 있는 것도 같지만 잎 뒷면에 흰 털이 밀생하고 있어서 쉽게 구별된다. 수리취의 잎은 오히려 우엉잎을 닮았다고 해야 좋을 것이나 우엉잎보다 훨씬 작다. 또 꽃도 참취와는 달라서 엉겅퀴꽃을 닮았으며 꽃빛도 자주색이므로 참취와 구별된다.

수리취는 어린 잎을 따서 삶아 떡에 넣으며 우렸다가 나물로 볶아먹기도 하나 주로 떡의 착색용으로 이용하는데 삶아서 말려두고 1년내내 이용했다. 그러나 지금는 삶아서 랩에 싸서 냉동실(냉장고)에 넣어두고 수시로 사용할 수 있다.

수리취는 잎줄기를 말린 것을 가루로 만들어 모든 피부병에 약용하는 민간요법도 있다.

수리취의 뿌리는 우엉처럼 먹을 수 있으며 잎을 말려 비벼서 부싯깃으로도 이용했다.

화학식용색소의 유해론이 대두되면서 자연색소에 대한 관심이 높아가고 있는 만큼 쑥이나 수리취의 재배는 초록색의 자연착색염료로써 과자나 제빵용으로 안심하고 이용할 수 있어 바람직하다.

2. 생김새와 특성

다년초로서 뿌리에서 나는 잎은 긴 잎자루에 난상타원형의 잎이 달린 것이 여럿 나온다. 주로 이것을 채취해서 이용한다. 원대는 40~100㎝로 자라며 원대의 잎은 호생한다. 잎의 표면은 녹색이나 뒷면은 흰 털이 밀생하여 흰빛을 띤다. 9~10월에 가지 끝에 엉거시꽃과 닮은 자주색의 큰 꽃이 핀다. 관모는 갈색이다.

3. 재배법

(1) 적지

해가 잘 들고 보수력이 있는 비옥한 땅이 좋다. 부식질이 많은 사질양토가 이상적이다.

(2) 번식

씨로 번식한다. 가을에 씨가 익으면 채종하여 직파한다.

재배법은 참취에 준한다.

"참취"

별명 : 취나물, 암취, 취, 나물취

학명 : *Aster Scaber THUNB*

일본명 : シラヤマギク

漢名 : 香蔬, 東風菜

과명 : 엉거시과

분포 : 전국의 산지 수림 밑이나 산기슭, 초지에 자생하며, 일본과 중국에도 분포한다.

1. 이용부위와 이용법

참취는 일명 "취나물"이라고도 하며 산나물의 대명사처럼 여겨질 만큼 가장 많이 이용되는 산채다.

취나물은 옛부터 길한 음식으로 여겨져왔는데 정월 대보름날 아침에 오곡밥을 김이나 취잎에 쌈을 싸서 먹는 민속이 있는데 이 쌈을 복쌈(福)이라 하여 귀하게 여겼다. 취는 비단 참취뿐 아니라 곰취, 단풍취 등 잎이 넓은 "취"자가 붙은 산나물은 모두 복쌈에 이용했다.

취나물은 향소(香蔬)라고도 하며 향긋한 내음이 입맛을 당긴다. 취나물은 어린 순(잎)을 따서 삶은 뒤 나물로 볶으면 별미이며 무쳐도 먹고 국거리나 찌게에도 이용하며 말렸다가 묵나물로도 가장 많이 이용된다. 정월 대보름의 각종 나물에 빠지지 않는 것이 취나물이다.

취나물은 당분, 단백질, 칼슘, 인, 철분 비타민, B_1, B_2 나이아신 등이 함유되어 있으며 특히 칼리질이 많은 영양가 높은 알카리성 식품이다.

옛날에는 귀한 구황식량이었다.

2. 생김새와 특성

다년초로서 근경은 굵고 짧으며 뿌리에서 나는 잎은 심장형으로 잎자루가 있다. 이것을 나물로 채취한다. 원대는 곧게 자라며 높이 1~1.5m로 끝에서 가지를 치며 원대의 잎은 호생한다. 잎에는 거치가 있고 잎 뒷면은 흰색이다. 줄기와 앞뒷면에 다 거치른 털이 있으나 먹는데는 지장이 없다. 8~9월경에 흰색 두화가 산방화서로 꽃핀다. 설상화는 흰색, 중심의 관상화는 노랑색이다. 열매는 수과이며 관모가 있다.

3. 재배법

(1) 적지

자생지를 참작하여 산간의 들판이나 보수력이 있는 양지 또는 반그늘진 곳이 이상적이다.

공중습도가 높은 곳에서 연하고 큰 것이 생산된다. 토질은 부식질이 많은 비옥한 땅이 좋으며 보수력이 있으면서도 배수가 잘 되는 땅이 좋다.

(2) 번식

씨와 포기나누기로 번식한다. 가을에 씨가 익으면 날아가버리므로 날아가기 전에 채종하여 비비면 관모가 떨어지므로 털을 없앤 후 직파한다. 씨는 발아력이 좋고 쉽게 활착이 잘 되므로 파종상에 흩뿌림하든가 줄뿌림한다. 씨가 잘므로 모래와 섞어서 뿌린다.

포기나누기는 가을이나 이른 봄 싹트기 전에 포기를 캐내어 싹을 2~3개를 붙여서 쪼개어 심는다.

재배할 때는 자연계절보다 일찍 출하할 수 있도록 겨울에 2중 비닐터널을 씌우면 1개월 정도 일찍 출하 할 수 있다.

(3) 수확

4~6월까지 근생잎을 수확한다. 밑쪽을 칼로 베어내면 다시 나오므로 두번은 수확할 수 있다. 높은 산이나 심산에서는 7월에도 채취하며 제주도나 울릉도에서는 3월에도 채취하는 수확기의 폭이 지방에 따라 넓은 나물이다.

III. "유독식물"

우리조상들은 옛부터 산야에 흩어져 있는 식물 중에서 독이 있고 없음을 경험으로 가려 익혀서 그 중에서 먹거리(식용식물)를 찾아 이용해왔다. 그 경험은 산 지식으로서 자손에게 전해내려와 산촌에서는 비교적 유독식물을 가려내는 안목이 높아서 큰 사고없이 산채를 이용하지만, 일반 시중사람들은 들놀이나 산행길에 먹음직한 산채를 만나도 혹시 독초가 아닌가 한번쯤은 의심하게 되고 적든 크든간에 불안감을 갖게 되어 선뜻 산나물에 손이 나가지 않는 것을 경험하게 된다.

또 시장에서 각종 산나물이 혼합된 것은 한번쯤은 이것 먹을 수 있는 것이지요 묻고는 뒤적여보고 사게 된다. 그만큼 산채는 종류가 많기 때문에 일반인이 다 알 수 없어서 독초가 혹시 섞여있지 않나 하고 실제로는 독초를 모르면서도 의심해보게 된다. 그런면에서 볼 때 먹을 수 있는 것을 아는 것도 중요하지만 유독식물을 익혀두어서 오용하여서 일으키기 쉬운 불행을 미연에 방지하는 것도 매우 중요하다.

식물 중에는 사람이나 가축에게 직접 생명에 위해를 미치는 유해독초도 있다. 그러나 개중에는 유독성분이 특수 생리작용(약리작용)을 하여 병을 고치는 특효약이 되는 경우도 있어서 약용식물과 유독식물 사이를 분명하게 선을 긋기는 심히 어렵다.

식물의 유독성분은 주로 "알카로이드"(Alkaloid)와 배당체 그리코시드(glycoside)와 사포닌(Saponin)등으로서 인체 내에 들어가면 설사, 복통, 구토, 두통, 현기증같은 중독증상을 일으킬 뿐 아니라 심한 것은 경련 마비증상을 일으켜 심장마비, 정신착란증 등으로 죽음에 이르게 하는 것까지 있으므로 맹독성(猛毒性)의 유독식물만은 꼭 익혀두어서 사고를 미연에 방지하는 것이 안전하다.

유독식물은 식물전문가가 아니면 형태상의 특징을 파악할 수 없으므로 일반적인 구별법에 대해서는 아직 철저하게 구명(究明)되어 있지는 않으나 대체적으로는 다음의 요령으로서 식별할 수 있다.

1. 유독식물의 특징

① 유독식물은 그 생김새나 빛깔이 일종의 불쾌감을 준다.

예를 들면 "미나리아재비" "개구리자리"같이 꽃잎에 번뜩이는 광택이 있는 것이나 천남성과 식물처럼 꽃, 잎 등이 특이한 모양이나 반점 무늬 등이 일종의 불쾌감을 주는 것 등은 일단 유독식물로 봐야 한다.

② 식물에 상처를 내면(비비든가 꺾든가) 불쾌한 냄새가 나든가 불쾌한 짙은 빛깔의 즙액(汁液)이 나온다.

예를 들면 "애기똥풀"같이 상처를 입히면 잎줄기에서 황갈색의 농즙(濃汁)이 나는 것이나 "광대싸리" "고삼" "좀누리장나무"처럼 일종의 불쾌한 냄새를 풍기는 것도 유독식물로 봐야 한다.

③ 유독식물은 대체적으로 맛을 보면 혀끝이 타는 것 같은 자극을 느낀다.

식용식물은 대체적으로 맛이 담백하고 열매같은 것은 단맛이 있는 것이 보통이나 예외로 흰즙액이 나오고 맛이 쓴 "씀바귀"나 불이 나는 것처럼 매운맛의 "고추"같은 것도 있으나 대개는 향기롭고 맛이 있다. 그러나 유독식물은 "미치광이풀" "독말풀" "사리풀" "투구꽃" 종류 "미나리아재비"종류 "개구리자리" "독미나리" "박새" "여로" "은방울꽃" "대극"종류 "애기똥풀" "피뿌리꽃" "팥꽃나무" "파리풀" "붓순" "진범" "노랑돌쩌귀풀" "놋젓가락풀" "등대풀" "천남성" 종류 등은 모두 맹독성의 유독식물이므로 절대로 입에 대어서는 안 된다.

이상의 식별법이 절대적이라고는 할 수 없다. 가령 투구꽃처럼 냄새도 없고 즙액도 없으며 줄기를 조금 씹어보면 아릿하지만 별로 심하지 않아서 다른 식물과 차이가 없는 것 같은데 맹독식물인 것도 있으며 어떤것은 어린 싹은 산채로 먹을 수 있어도(우려내고) 열매나 뿌리가 유독식물인 것도 있고 주목처럼 열매는 달고 먹을 수 있어도 씨와 잎이 유독식물인 것도 있어서 그 식물의 유독부위를 잘 알고 이용해야 한다. 한부분이라도 독이 있는 것은 먹지 않는 것이 가장 안전하다. 따라서 인명에 위해를 끼칠 가장 위험한 유독식물과 또 식용식물과 혼돈되기 쉬운 것을 골라서 소개한다.

유독식물은 대개가 같은 과에 속해 있는 것이 많다. 예를 들면 "미나리아재비과" "대극과" "가지과" "양귀비과" "천남성과" 등에 특히 많다.

2. 유독식물에 중독되었을 때

유독식물을 잘못 먹어서 중독되면 설사, 복통, 구토, 두통, 현기증, 경련, 호흡곤란같은 중독증상이 나타난다. 이런 경우에는 우선 응급처치로서 재빨리 입 안에 손가락을 넣어 위안의 내용물을 다 토해내게 하고 따뜻한 물이나 진한 녹차를 먹이고는 의사에게 보이는 것이 최선의 방법이다. 독성이 약한 것은 며칠 쉬면 회복되지만 그렇다고 중독되었을 때 선불리 가벼히 여기는 것은 매우 위험하다.

3. 산채와 닮아서 속기 쉬운 독초들

① 투구꽃류(類) (*Aconitum s. p*)

분포 : 전국의 산야에 자생한다.

과명 : 미나리아재비과

특징 : 다년초로 1m 이상씩 자라며 꽃의 생김새가 투구와 같으며 뿌리는 모근(母根)과 자근(子根)이 있는데 모양이 돌쩌귀와 같다. 잎은

장상으로 깊이 찢어진다.

유독부위 : 전초(全草) 특히 뿌리에 맹독이 있어 호흡마비와 경련으로 질식하여 죽게 된다. 뿌리는 중요한 한약재로 자근을 부자(附子)라 하며 모근은 오두(烏頭)라 하여 매우 위험한 독초다.

속기 쉬운 것 : 봄에 어린 싹이 돋아날 때는 먹음직해 보여서 속기 쉽다. "이질풀" "쑥" "외대바람꽃"(독초)과 비슷해서 오용하는 예가 흔하나 뿌리를 파보면 쉽게 구별된다.

유사종 : 투구꽃 종류에는 유사종이 많은데 "바꽃"류 "돌쩌귀"류 "매발톱꽃"류 "제비고깔"류 등 모두가 유독식물이다. 그중에서도 독성이 가장 심한 것은 옛날 사약으로 쓰던 "부자"라고 하는 "노랑돌쩌귀"(白附子 : *Aconitum koreanum R. RAYM*)와 "민바꽃(*A. chinense SIEB*)" "돌쩌귀풀(*A. triphyllum NAKAI*)" "투구꽃(*A. jaluense KOMAROL*)" "놋젓가락풀"(草烏, *A. ciliare D. C*) 들이다.

② 미치광이풀(*Scopolia parviflora NAKAI*)

과명 : 가지과

분포 : 경기도, 강원도, 함경남도, 평안남도 등의 심산계곡의 나무밑 그늘진 곳에 자생한다.

특징 : 다년초로 30~60㎝로 자라며 잎은 호생하며 잎자루가 있는 장타원형으로 이른 봄에 짙은 보라색의 종모양을 한 꽃이 밑을 보고 피며 열매는 둥근 삭과다. 지하경이 마디를 가지고 옆으로 뻗어간다. 근경이 "왕마"와 흡사해서 속는다.

유독부위 : 근경(뿌리), 줄기, 잎 씨 등에 맹독이 들어있어서 오용했을 때 환각상태를 일으켜 미쳐서 발광하며 날뛰는데 많은 양일 때는 죽는다. 이 식물의 즙액이나 식물을 만진 손으로 눈을 비비면 동공이 산대(散大)되어서 눈이 멀어지는 무서운 독초다. 뿌리에 특히 맹독이 있다.

속기 쉬운 것 : 어린 싹일 때 잎이 연하고 악취도 없으므로 산채로 오인하여 사고를 일으키는 속기 쉬운 독초의 하나다.

어린 싹일 때 "비비추"나 "머위순"과 비슷하여 오용하는데 머위는 향기가 있으므로 머위의 향을 익혀 속지 않도록 주의한다.

또 뿌리는 "작약"과 비슷해서 오용되기 쉬우므로 주의해야 한다.

③ 독미나리(*Cicuta virosa L*)

과명 : 미나리과

분포 : 중부 이북의 물가 진 펄에 자생한다.

특징 : 다년초이며 미나리에 흡사하지만 잎도, 키도 크고 포기 전체에서 불쾌한 냄새가 난다. (미나리와 다르다) 뿌리를 잘라보면 누런즙이 나오며 지하경은 녹색으로 굵고 죽순처럼 마디가 있어 미나리와 쉽게 구별할 수 있다.

유독부위 : 전포기에 맹독이 있다. 오용하면 입이 타는 것 같고 구토와 심한 경련으로 전신마비, 호흡곤란을 일으켜 죽게 된다.

속기 쉬운 것 : 미나리와 같은 환경에 자생하므로 어릴 때 혼돈되기 쉽다. 그러나 자라면 1m씩 키가 커지며 생김새도 미나리와 다르므로 오인하지는 않는다.

④ 박새(*Veratrum album L. var grandiflorum MAX*)

과명 : 백합과

분포 : 전국의 고산습지나 초원에 자생한다.

특징 : 다년초로 1m씩 자라며 잎은 광난원형으로 엽맥이 주름져 있다. 초여름에 녹백색의 잔꽃이 원추화서로 꽃피면 꺾고 싶은 유혹을 받는다. 땅 속에 굵은 뿌리가 있다.

유독부위 : 전체가 유독하다.

속기 쉬운 것 : 봄에 싹이 나올 때 "옥잠화"나 "비비추"와 비슷하고 "둥굴레" 싹과도 닮았는데 맹독이 있으므로 주의해야 한다. 특히 근경은 독성이 강하여 옛부터 살충제를 만들었던 유독식물이다.

⑤ 은방울꽃(*Convallaria keiskei MIQUEL*)

과명 : 백합과

분포 : 경기도, 강원도, 함경남도, 평안남도 등의 산지의 숲속에 자생한다.

특징 : 다년초로 향기롭고 귀여운 종같은 작은 꽃이 피는 잘 알려진 식물로 정원초화로도 심지만 유독식물이다.

잎은 긴 잎자루가 있고 장타원형이며 지하경에서 총생한다.

유독부위 : 전체가 유독하다. 아름다운 꽃도 유독하니 입에 넣지 않도록 주의한다.

속기 쉬운 것 : 어린 싹은 먹음직해 보이지만 위험하다. (심부전증을 일으켜 죽게 함)

어린 싹은 "둥굴레"나 "산마늘"과 비슷해서 오용하는 경우가 많다. "산마늘"은 마늘이나 "부추"같은 냄새가 나므로 쉽게 구별되므로 싹을 문질러 비벼본다.

⑥ 수선화(*Narcissus tazetta L. var chinensis ROEMER*)

과명 : 수선과

분포 : 제주도 해안에 자생한다.

특징 : 땅 속에 양파같은 알뿌리가 있는 구근식물이다. 꽃이 아름답고 향기로워서 관상용 화초로 즐겨 재배한다. 잎은 좁고 길며 꽃은 한 줄기에 여러 송이가 핀다. 자연분구로 번식된다.

유독부위 : 전체에 독이 있다. "리코린"(Lycorine)이라는 알카로이드가 함유되어 있으며 특히 뿌리에 많다. 중독 증상은 두통, 설사, 구토, 위장염을 일으킨다.

속기 쉬운 것 : 수선화의 굵은 알뿌리는 "양파"뿌리와 같고 어린 자구는 "달래"나 "무릇"과 흡사하므로 주의해야 하며, 잎은 "부추"(제주 자생 왕정구지)와 혼생하는 경우가 있으므로 "부추"인 줄 알고 잘못 섞여 베지 않도록 주의해야 한다.

⑦ 꽃무릇(*Lycoris radiata HERB*)

과명 : 수선과

분포 : 남부지방의 사찰 경내나 주변에 심어져 있다. 양지 바른 곳에 주로 있다. 중국이 원산이다.

특징 : 다년생 구근식물로서 꽃이 아름다운 관상식물이지만 꽃과 잎이 따로 핀다. 봄에는 잎이 피고 가을에 꽃이 핀다. 땅 속에 꽃대수의 몇배의 구근이 있다. 자연분구로 번식된다.

유독부위 : 전체가 유독하며 리코린(Lycorine)이라는 알카로이드를 함유하고 있으며 꽃대를 잘못하여 꺾었을 때 즙이 살갗에 닿으면 물집이 생기며 헌다. 어린이들이 함부로 꺾지 않도록 하며 알뿌리에 특히 유독성분이 많은데 오용하면 중독되어 구토, 설사를 일으키고 심하면 중추신경이 마비되어 죽게 된다.

속기 쉬운 것 : 구근은 흑갈색의 외피에 싸여 있으나 "무릇"이나 "산파"와 닮아서 혼돈되기 쉽고 어린 자구는 "달래"와 흡사하여서 오용하기 쉽다. 냄새로 구별한다.

⑧ 진범(오독도기)(*Lycoctonum pseudolaeve NAKAL*)

과명 : 미나리아재비과

분포 : 중부 이남의 산야의 다소 밝은 숲속에 자생한다.

특징 : 투구꽃류의 하나로 투구꽃은 남색인데 비해 진범은 자주색 꽃이 피므로 아름답지만 맹독이 있는 유독식물이다. 잎이 깊이 찢어진 장상잎(掌狀葉)으로서 근생잎은 땅에 붙듯이 나며 긴 잎자루가 있다. 뿌리는 투구꽃 특유의 방추형(돌쩌귀 같은) 괴근이 아니라 잘게 뿌리가 갈라지며 땅 속에 얕게 비스듬이 있다.

유독부위 : 전체에 맹독이 있다.

식물 전체에 알카로이드가 함유되어 있어서 오용하면 경련을 일으킨다.

속기 쉬운 것 : 봄의 새싹은 흡사 "이질풀"이나 "쑥"과 닮아서 오용하는 경우가 있으므로 주의해야 한다. 미심쩍을 때는 뿌리를 파보면 투

구꽃류와 비슷해서 쉽게 구별할 수 있다.

⑨ 할미꽃(*Pulsatilla Koreana NAKAI*)

과명 : 미나리아재비과

분포 : 전국의 산야 양지 바른 곳에 난다.

특징 : 다년초로 전체에 흰털이 밀생하며 잎은 근생잎으로 땅 속에서 많은 잎줄기가 나온다. 밑을 향한 암자색 꽃이 피고 꽃이 지면 흰털이 노인의 백발처럼 나부끼는 열매가 결실하여 그 털로써 바람에 날아간다.

유독부위 : 전체에 유독성분이 있으며 이 유독물질이 살갗에 닿으면 빨갛게 되고 물집이 생기므로 어린이는 함부로 다루지 않게 하는 것이 안전하다. 잘못해서 먹으면 위장염을 일으키며 많이 먹었을 때는 심장의 기능을 멎게하므로 주의해야 할 독초다.

속기 쉬운 것 : 봄에 어린싹일 때 "쑥"과 닮아서 오용하기 쉽다.

⑩ 왜젓가락풀(*Ranunculus querpaertensis NAKAI*)

과명 : 미나리아재비과

분포 : 전국의 논, 논둑, 논이 도랑이나 개울가 등 습지에 자생한다.

특징 : 2년초로서 30~60㎝쯤 자라며 잎이 모란잎같이 찢어져 있고 잎, 줄기에 털이 있다. 6~7월경에 노랑꽃이 핀다. 씨가 끝이 갈구리같이 구부러져 있다.

유독부위 : 전체에 맹독이 있는 유독식물이다. 잘못해서 먹으면 입안이 불이 나는 것같은 자극성이 있다. 많이 먹었을 때는 위장을 해쳐서 피똥을 눈다. 식물의 즙이 피부에 닿으면 빨갛게 염증이 생겨 심하면 물집이 생긴다.

속기 쉬운 것 : 어릴 때 미나리와 닮았으므로 주의해야 하며 미나리는 털이 없고 꺾으면 특유의 향기가 나므로 쉽게 구별할 수 있다.

유사종 : 왜젓가락풀의 유사종에 "젓가락풀"(Ranunculus chinensis) "개구리자리"(R. Sceleratus L.) "개구리미나리"(R. tachiroei FR. et

SAV.) 등이 있는데 모두 맹독이 있는 위험한 식물이다.

⑪ 미나리아재비(놋동우, 자래초 : *Ranunculus japonicus THUNB*)

과명 : 미나리아재비과

분포 : 전국의 초원이나 산야에 자생한다.

특징 : 다년초로 40~50㎝로 자라고 잎 가장자리에 거치른 거치가 있다. 초여름에 광택이 있는 노란꽃이 핀다. 개구리자리와 잎의 생김이 흡사하지만 자생지가 산이나 들이기 때문에 다르다.

유독부위 : 전체에 맹독이 있다. 잎이나 줄기의 즙액에 "프로드아네모닌"(Protanemonin)이라는 배당체가 함유되어 있어서 피부에 닿으면 염증을 일으키고 수포가 생기며 눈에 들어가면 심한 염증을 일으킨다.

속기 쉬운 것 : 육지에서는 별로 속지 않지만 "쑥부쟁이"가 나는 곳에 흔히 섞어 자생하므로 주의해야 한다.

유사종 : 미나리아재비는 유사종이 많은데 모두가 유독식물이다.

⑫ 복수초(*Adonis amurensis REGEL, et RADDE*)

과명 : 미나리아재비과

분포 : 전국 산지의 다소 습한 곳에 자생한다(나무 그늘 밑 같은 곳)

특징 : 다년초로 이른 봄에 잎과 함께 노란 큰 꽃이 땅에 붙어 핀다. 자라면서 키가 20~30㎝로 자라며 가지도 치고 차례로 피는 꽃은 잘아진다. 잎은 "당근"잎처럼 잘게 찢어져 있으며 땅 속에도 굵은 뿌리가 많다.

유독부위 : 전체에 유독 배당체가 함유되어 있어서 잘못 먹으면 구토와 호흡곤란을 일으켜 심하면 심장 마비로 죽게된다. 아름다운 관상용 화초지만 입에 대지 않도록 주의해야 한다.

속기 쉬운 것 : 잎이 "당근"잎을 닮았으므로 산채로 오인되기 쉽다. 또 어린순은 "머위"순과 흡사하여 속기 쉽다. 꽃이 피면 쉽게 구별되지만 꽃이 없을 때는 주의를 요하는 유독식물이다.

⑬ 붓순나무(*Illicium religiosum S. et Z.*)

과명 : 목련과

분포 : 전라남도의 진도, 와도 등 섬들과 제주도의 산 수림 속에 자생한다.

특징 : 상록활엽소교목으로 키는 3~5m 정도로 자라며 지엽에 상처를 내면 향기를 풍긴다. 봄에 연노랑의 잔꽃이 피며 9월에 별모양의 열매가 익으면 노란씨가 튀어나온다.

재질이 치밀하여 잘 꺾어지지 않으며 나무껍질은 암갈색으로 광택은 없다. 그러나 어린 가지는 녹색이고 잎은 호생하며 두터우며 매끄럽고 광택이 있다.

붓순나무의 향기는 악취를 상쇄시키는 효과도 있지만 이 나무가 많이 있는 일본에서는 옛날에 무덤을 흙무덤으로 할 때 새 무덤 주위에 이 나무를 심든가 꺾어다 꽂아 두었다고 하는데 늑대나 들개, 여우들도 이 나무에 독이 있는 줄 알고 있었으므로 파헤치지 않게 지키기 위해서였다고 한다.

유독부위 : 전체에 맹독이 있다. 수피, 잎, 열매 등 특히 열매에는 유독성분이 더 많다. 중독되면 처음에는 구토, 설사, 현기증 등을 일으키며 나중에 호흡곤란, 혈압 상승으로 죽게 된다.

속기 쉬운 것 : 열매의 모양이 향신료 및 약재로 쓰이는 대회향(大茴香)과 흡사하며 중국요리에 흔히 쓰이고 과실주도 담는 회향으로 오인하여 큰 사고를 일으킬 수 있으므로 주의해야 한다.

⑭ 참빗살나무(*Euonymus Sieboldianus BLVME*)(참회나무)

과명 : 노박덩굴과

분포 : 전국의 산중턱, 산기슭, 계곡 등의 물가 등에 자생한다.

특징 : 낙엽활엽 관목으로 줄기에 흰 줄이 있는 것이 많다. 열매가 특색이 있어서 정원수로도 심는다. 꽃은 초여름에 녹백색으로 취산화서로 피며 가을에 삭과가 빨갛게 익어 네갈래로 갈라진다.

유독부위 : 열매에 유독성분이 있어서 잘못 먹으면 구토, 복통, 설

사 등을 일으키며 많이 먹었을 때는 운동마비가 온다.

속기 쉬운 것 : 화살나무와 같이 봄에 어린 순을 나물로 먹지만 어린 순이 산채니까 열매도 먹을 수 있겠지 하고 과실주를 담았다가 사고를 일으키는 부위에 따라 성분이 다른 케이스다.

화살나무도 열매는 유독하므로 먹지 않도록 주의해야 한다.

유사종 : 참빗살나무와 유사한 "참회나무"(Eucnymus oxyphyllus MIQUEL)도 열매가 유독하므로 먹지 않도록 주의한다.

⑮ 여로(*Veratrum nigrum L. var. japonicum BAKER*)

과명 : 백합과

분포 : 전국 산의 습지나 초원, 수림 밑 등에 자생한다.

특징 : 다년초로서 60㎝로 자라며 뿌리쪽 잎자루에는 흑갈색 그물같은 섬유가 남아서 싸고 있는 것이 특색이다. 잎은 여러 장 나오며 호생하고 여름에 검은 자주색의 잔꽃이 원추화서로 핀다. 근경은 짧지만 독이 있다.

유독부위 : 전체에 맹독이 있다. 특히 뿌리에 더 많다. 중독되면 구토, 수족마비, 경련, 의식불명에 이르러 죽는 수도 있다.

속기 쉬운 것 : 어린 싹일 때 "옥잠화"나 "비비추"와 비슷해서 속기 쉽다. 먹음직해 보이지만 속지 말아야 한다. 뿌리를 파보면 "옥잠화"나 "비비추"는 흑갈색의 그물 같은 섬유질이 없다. 그물 같은 섬유질이 있는 것은 "여로"가 아니면 "박새"이므로 절대로 오용하지 말아야 한다. 또 맛이 몹시 쓰다.

4. 주의를 요하는 유독식물들

① 파리풀(*Phryma Leptostachya L.*)

과명 : 파리풀과

분포 : 전국의 산야 수림 밑에 자생한다.

특징 : 다년초로서 7~8월경 연보라빛 잔꽃이 총상화서로 피며 8~9

월경에 밑을 보고 열매가 달린다. 잎은 계란꼴타원형으로 거치가 있고 대생하며 잎자루가 있다.

유독부위 : 전체에 독이 있다. 여름~가을에 걸쳐 채집하여 외용약(外用藥)으로 쓰지만 유독하므로 함부로 손대지 않는 것이 안전하다.

② 숫잔대(*Lobelia Sessilifolia LAMBERT*)

과명 : 초롱꽃과

분포 : 전국의 산야 습지에 자생한다.

특징 : 다년초로서 키는 1m쯤 자라며 전체에 털이 없다. 줄기는 외대로 곧게 서며 잎은 버들잎 모양으로 잔 거치가 있고 줄기에 직접 붙어나며 호생한다.

여름~가을에 걸쳐 끝쪽 잎 마디 마다에서 보라색의 심형화(唇形花)가 총상화서로 꽃 핀다.

유독부위 : 전체에 독이 있으며 관상용 "로배리아"처럼 꽃이 아름답지만 "로베린"(Leverine)이라는 독성이 강한 알카로이드가 함유되어 있어서 잘못해서 먹으면 호흡중추를 자극하는 작용이 있으며 설사, 구토, 허탈상태가 되며 맥박이 떨어지고 혈압이 내려가고 의식불명이 되어 심장마비를 일으켜 죽게 된다.

③ 독말풀(*Datura Tatula L*) 曼陀羅

과명 : 가지과

분포 : 동남아시아가 원산지인 독초인데 귀화하여 인가 주위에 흔히 야생상태를 이루고 있다. 梵語의 曼陀羅는 불교의 해탈을 의미하는 것으로 천상에 피는 가공의 꽃을 뜻하며, 독말풀을 입에 대면 이 세상 사람이 아니게 된다는 엄한 경계의 뜻으로 준 이름이라 한다. 약초로 들어와 퍼졌다.

특징 : 1년생 초화로 1m 이상씩 자라는 대형의 식물이다. 자주색을 띠고 흡사 "가지"같으나 잎은 호생하며 계란꼴로 가장자리가 약간 물결처럼 거치가 있다.

전체에 독특한 냄새가 있다. 여름~가을에 걸쳐 엽액에서 위를 보고 깔대기 모양의 흰 나팔꽃 같은 큰꽃이 한송이씩 핀다. 열매는 가시가 있는 동그란 삭과로 익으면 넷(4型)으로 갈라져 "참깨" 같은 새까맣고 납작한 세모꼴의 씨가 나온다.

유독부위 : 전체에 맹독이 있다. 특히 뿌리와 씨에 많이 함유되어 있고 독성도 강하다. 알카로이드로서 "미치광이풀"처럼 극 소량이라도 위험하며 정신이상이 생기며 심하면 죽는다. 잎의 생즙이 잘못하여 눈에 들어가면 동공이 산대되어 눈이 어두워지고 심하면 실명하게 된다.

씨가 "참깨" 같아서 실수하기 쉽다.

④ 사리풀(*Hyoscyamus niger L*)

과명 : 가지과

분포 : 유럽이 원산지이나 귀화하여 전국의 인가 근처에 야생상태를 이룬다.

특징 : 1년생 초본이며 1m씩 자라고 전체에 털이 밀생하며 분비물이 있어서 끈적거린다. 여름에 깔대기 모양의 노란색의 꽃이 엽맥에서 피며 꽃잎의 안쪽은 자주색이다. 열매는 삭과다.

유독부위 : 잎, 줄기, 씨 모두에 맹독이 있다. 알카로이드를 함유하고 있는데 주성분은 "히요스치아민"(Hyoscyamin) "아트로핀"(Atropin) "스코폴라민"(Scopolamin) 등이 있어서 "미치광이풀"이나 "독말풀"과 같은 중독증상을 일으키는 매우 유독한 식물이다.

⑤ 배풍등(*Solanum lyratum THUNBERG*)

과명 : 가지과

분포 : 중부 이남의 산야의 돌무더기에 자생한다.

특징 : 덩굴성 다년초로 묵은 줄기에서 새가지가 나와 잎이 피고 잎자루로 다른 것을 감고 길게 뻗어간다. 전체에 털이 많다. 여름~가을에 걸쳐 가지꽃 같은 하얀 꽃이 피며 가을에 동그란 녹색 열매가 빨갛게 익는데 장과로 광택이 있어서 먹음직해 보이지만 주의해야 한다. 잎

이 다 떨어져도 그대로 달려 있다.

유독부위 : 전체에 독이 있다. 열매는 산새도 먹지 않는 유독식물이다. "솔라닌"(Solanin) 같은 알카로이드를 함유하고 있어서 오용하면 구토, 설사, 복통 등을 일으키고 호흡중추를 마비시키며 많이 먹으면 죽는다.

⑥ 피뿌리꽃(*Stellera rosea NAKAI*)

과명 : 서향나무과

분포 : 중북부지방의 산과 들에 자생한다.

특징 : 다년초로 30~60㎝로 자라며 줄기가 총생하고 잎은 장타원형으로 많이 호생하면서 밀생한다. 5~6월경에 줄기 끝에 빨간 아름다운 꽃이 피며, 뿌리는 방추형으로 30㎝가량이나 되며 바깥은 적갈색이고 안쪽은 흰색이며 섬유질이다.

유독부위 : 전체에 맹독이 있다. 일종의 "사포닌"이 함유되어 있어서 중독되면 복통 경련을 일으키며 심하면 죽게 된다. 특히 뿌리에 독성이 많고 더 강하다.

⑦ 팥꽃나무(*Daphne Pseudo-genkwa NAKAI*)

과명 : 서향나무과

분포 : 중부와 남부의 해안에 가까운 산에 자생한다.

특징 : 낙엽활엽관목으로 키는 1m 남짓 하며 줄기는 가늘고 잎은 대생하는 피침형으로 거치는 없으나 앞 뒷면 모두에 털이 있다. 봄에 연보라색 잔꽃이 가지 끝에 뭉쳐 피고 열매는 둥근 장과로 반투명하게 가을에 익는다.

유독부위 : 전체에 맹독이 있으며 특히 꽃에 심하다.

⑧ 대극류(*Euphorbia sp*)

과명 : 대극과

분포 : 전국의 들이나 논밭둑 등에 자생하며 양지 바른 곳에 많아 눈

에 잘 띈다.

특징 : 대극류는 종류가 많은데 모두가 유독식물이며 맹독이 있다.

다년초로 40~70㎝쯤 자라며 윗쪽에서 가지를 많이 친다. 잎은 호생하며 버들잎 같으나 윗쪽에서는 둥근모양으로 윤생하는 것이 특색이다. 그 윤생 잎에서 가지를 내어 그 끝에 잎이 변형된 총포(總苞)가 누런빛으로 꽃같이 보인다. 모양이 특이하다. 줄기를 꺾으면 흰 유즙이 나오는데 이것이 피부에 묻으면 중독을 일으켜 아프고 수포가 생긴다.

유독부위 : 전체에 맹독이 있다. 잘못해서 먹었을 때 중독증상은 구토, 설사, 복통, 입 안이나 위가 헐며, 심할 때는 경련을 일으킨다.

유사종 : 대극류에는 "대극"(Euphorbia pekinensis RUPRECHT) "등대풀"(E. helioscopia L) "감수"(E, Sieboldiana MORREN, et DC.) "암대극"(E. jolkini BOISS) "낭독"(E. pallasi THRCZ) 등 많은데 모두가 맹독성의 유독식물이다.

⑨ 물봉숭(*Impartiens Textori MIQUEL*)

과명 : 봉숭아과

분포 : 전국의 산기슭 그늘진 다소 습한 곳에 자생한다.

특징 : 1년초로서 50㎝쯤 자라며 다즙질(多汁質)로서 털이 없고 줄기가 자주빛이다. 가을에 붉은 자주빛 꽃이 총상화서로 꽃 피며 꽃핀 모양이 배를 매어단 듯하여 귀엽다.(봉숭아꽃과 같음) 꽃도 크고 열매도 크며 봉숭아처럼 다치면 씨가 튀어나온다. 마디가 불룩하게 굵어져 있다.

유독부위 : 전체에 독이 있다. 잘못 먹으면 맛이 몹시 쓰며 구토를 일으키며 위장을 해친다.

유사종 : 봉숭아와 흰꽃이 피는 "흰물봉숭"(I. koreana NAKAI) 노랑꽃이 피는 "노랑물봉숭"(I. Noli-tangere L)등이 있는데 어느것이나 꽃 모양은 봉숭아 꽃과 같고 유독하다.

⑩ 애기똥풀(*Chelidonium majus L*)

과명 : 양귀비과

분포 : 전국의 길섶, 밭둑, 풀숲 등 다소 습한 곳에 자생한다.

특징 : 다년초로 전체에 흰가루를 띠고 있고 꺾든가 상처를 내면 오렌지색의 즙이 나온다. 줄기는 연하며 50~80㎝로 자라고 전체에 연한 털이 있으며 잎은 호생하고 꽃잎이 4장인 노란꽃이 핀다.

유독부위 : 전체에 독이 있다. 알카로이드가 함유되어 있어서 즙이 피부에 묻으면 염증을 일으킨다. 보기에도 독이 있어 보이지만 실수하여 먹었을 때는 위궤양을 일으키고 심하면 혼수상태가 된다.

⑪ 노랑매미꽃(*Hylomecon japonicum PRANTL, et KUNDIG*)

과명 : 양귀비과

분포 : 중부 이북의 산의 수림 밑 숲속의 다소 습한 곳에 자생한다.

특징 : "피나물"이라고도 하며 다년초로 30㎝쯤 자라며 잎 줄기에 상처를 내면 노란 즙액이 나온다. 봄에 꽃잎이 4장인 아름다운 노란꽃이 핀다.

유독부위 : 전체에 독이 있다.

알카로이드가 함유되어 있어서 잘못하여 먹었을 때(오용했을 때) 중독 증상은 구토, 손발이 마비되고 호흡이 마비되어 죽는 수도 있다. 양귀비과의 식물은 모두 유독식물이므로 선불리 약초라고 함부로 다루지 말아야 한다.

⑫ 금낭화(*Dicentra Spectabilis De CANDOLLE*)

과명 : 양귀비과

분포 : 중부 이북의 산의 그늘진 곳이나 촌락의 돌담 틈에 자생한다. 꽃이 아름다워서 관상용 정원초화로 즐겨 재배한다.

특징 : 다년초로 키는 60㎝쯤 자라며 포기 전체가 백록색을 띤다. 잎은 깊이 찢어진 3출 우상복엽이며 이른봄에 한쪽으로 휘어진 총상화서로 분홍색 하트형 꽃이 줄줄이 드리워 피며 매우 아름답다. 봄에 어린

순을 나물로 먹지만 유독한 식물이므로 먹지 않는 게 안전하다.

유독부위 : 전체에 유독성분이 있다. 많이 먹으면 구토와 설사를 일으킨다.

⑬ 괴불주머니류(類 : *Corydalis SP*)

과명 : 양귀비과

분포 : 전국 특히 중부 이남의 산이나 숲속, 밭둑 등 다소 습한 곳에 자생한다.

특징 : 다년초로 줄기는 연하며 30~50㎝쯤 자라며 잎은 깊이 찢어진 채 우상복엽이며 꽃은 통처럼 길게 생겨 끝이 갈라진 모양으로 총상화서로 핀다.

줄기를 자르면 누런 즙액이 나오면서 악취가 난다. 열매는 삭과로 콩꼬투리 같다.

"괴불주머니"(Corydalis pallida PERSOON)는 노랑색 꽃이 피고 "자주괴불주머니"(C. incisa PERSOON)는 자주색 꽃이 피고 "눈괴불주머니"(C. ochotensis TURCZ)는 덩굴로 자라고 잎 뒷면이 하얗다. 모두가 유독식물이다.

유독부위 : 전체에 독이 있다. 즙액과 냄새 때문에 오용하는 예는 적으나 잎이 "당근"잎이나 "전호"와 흡사해서 속기 쉽다.

"전호"와 같은 과인 양귀비과에 속해 있어서 잎이 흡사하여 혼돈되기 쉽다. 양귀비과에서 산나물로 이용되는 것은 "전호"뿐이다. 잘못 먹어서 중독되면 구토, 맥박과 체온이 저하되고 호흡과 심장이 마비된다. 절대로 먹지 말아야 한다.

⑭ 동의나물(*Caltha minor NAKAI*)

과명 : 미나리아재비과

분포 : 전국의 산 계곡의 습지에 자생한다.

특징 : 다년초이며 약 30㎝쯤 자라는데 긴 앞자루 끝에 심장형의 잎이 달리며 거치가 있다. 줄기 끝에 봄에 황금색의 아름다운 꽃이 뭉쳐

서 핀다. 열매는 긴타원형의 골돌(裂果의 하나로써 익으면 껍질이 자연히 벌어짐)로 가을에 익는다. 봄에 어린 싹을 데쳤다가 묵나물로 먹지만 유독식물이므로 먹지 않는 것이 안전하다. 알카로이드가 함유되어있다.

⑮ 천남성(天南星)류(*Arisaema SP*)

과명 : 천남성과

분포 : 전국의 산야 그늘진 습지에 자생한다. 우리나라에는 천남성류가 10여 종 있다. 모두가 유독식물이다.

특징 : 다년초로서 땅 속에 동글납작한 괴경(塊莖)이 생기며 잔뿌리가 많이 붙어 있다. 줄기에 흑자색의 뱀 같은 얼룩무늬가 있고 꽃도 괴상한 모양으로 흡사 뱀머리를 연상시켜서 끔찍할 정도로 불쾌한 식물이다. 여름에서 가을에 걸쳐 빨간 옥수수 모양의 열매가 생기는데 새도 이 열매는 따먹지 않을 정도로 유독한 식물이다. 키는 대개 50~80㎝로 자라며 외대로 곧게 서며 잎은 새 발모양이다.

유독부위 : 전체에 독이 있으며 특히 뿌리에 맹독이 있다. 유독성분은 "사포닌"인 배당체와 알카로이드로 타는 것 같은 강한 자극이 있다.

유사종 : "천남성"(Arisaema amurense MAX) "점박이천남성"(A. peninsulae NAKAI) "눌맥이천남성"(A. convolutum NAKAI) "자주천남성"(A. robustum var purpureum NAKAI)등이 더 유독한 식물이다.

⑯ 으아리류(*Clematis SP*)

과명 : 미나리아재비과

분포 : 전국의 산과 들의 양지쪽 풀섶에 자생하며 유사종이 많으나 모두가 유독식물이다.

특징 : 다년생 덩굴식물로서 줄기로 다른 식물에 감겨가며 자란다. 대개 1m 남짓 자라며 잎은 우상복엽이며 윤채가 있다.

여름에 줄기 끝과 엽액에 흰꽃이 취산화서로 핀다. 가을에 꼬리모양의 깃털 같은 털이 달린 씨가 익어 날아간다.

봄에 어린 싹을 묵나물로 먹지만 유독하므로 먹지 않는 것이 안전하다.

유독부위 : 전체에 "아네모닌"(Anemonin)계의 휘발성자극성분이 함유되어 있어서 유독하다. 뿌리는 약용하나 일반인은 쓰지 말아야 한다.

유사종 : "으아리"류(Clematis mandshurica MAX) "사위질빵"류(C. apiifolia DC) "종덩굴"류(C. Subtriternata NAKAI) "개버머리"(C. Serratifolia REHD) "위령선"(C. florida THUNB)이나 "큰꽃으아리"(C. patens MORD et DECAIS) 같은 꽃이 크고 아름다운 것도 있으나 모두가 유독식물이다.

⑰ 꿩의 다리류(*Thalictrum SP*)

과명 : 미나리아재비과

분포 : 전국의 산야에 자생한다.

특징 : 다년초로 키는 60~90㎝쯤 자라며 잎은 3출우상복엽으로 여름에 담록색의 잔꽃이 가지 끝에 원추화서로 핀다.

봄에 어릴 때 나물로 이용하지만 유독성분이 있으므로 먹지 말아야 한다.

유독부위 : 전체에 유독성분이 있다. 서양의 "꿩의 다리"의 생잎에서 맹독인 청산이 검출되었다고 하는 유독식물이다.

⑱ 반하(*Pinellia ternata TENORE*)

과명 : 천남성과

분포 : 전국의 밭이나 밭둑 등 건조한 곳에 자생한다.

특징 : 반하(半夏)라 하여 한약재로 쓰이나 일반인은 섣불리 이용해서는 안 된다.

땅속에 1㎝ 크기의 둥근 근경이 생기며 여기에서 1~2개의 줄기가 나와 끝에 작은 잎이 3장 붙는다. 키는 20~30㎝쯤 자라며 여름에 긴 꽃대가 나와서 천남성 특유의 묘한 모양의 꽃이 핀다. 꽃빛은 황록색이며 꽃잎 끝이 실처럼 10㎝쯤 가늘고 길게 늘어진다.

유독부위 : 전체에 독이 있으며 알뿌리에 독이 심하다. 입에 대면 자극이 심하다. 즙액이 피부에 닿으면 가렵고 염증을 일으킨다.

⑲ 광대싸리(*Securinege Subfruticosa REHDER*)

과명 : 대극과

분포 : 전국의 산기슭의 양지 바른 곳에 자생한다.

특징 : 낙엽관목으로 키는 2m쯤 자라고 여름에 엽액마다 연노랑의 잔꽃이 뭉쳐서 피며 가을에 둥근 삭과가 갈색으로 익는다. 불쾌한 냄새가 난다.

봄에 어린 싹을 나물로 먹지만 유독하므로 먹지 않는 것이 좋다.

유독부위 : 전체에 유독성분이 있다.

⑳ 삿갓풀(*Paris Verticillata BIEBERS*)

과명 : 백합과

분포 : 전국의 산속 수림 밑이나 숲속에 자생한다.

특징 : 다년초로 지하경이 옆으로 뻗으며 끝에서 녹색 줄기가 1대 나와서 30㎝쯤 자라는데 끝에 피침형 잎이 6~8장이 윤생한다. 여름에 황록색의 꽃이 한송이 피고 열매는 흑자색의 둥근 장과가 결실한다.

유독부위 : 열매가 유독하므로 어린 순은 봄에 나물로 먹지만 주의해야 한다.

부록편

* 본 권말부록은 '산채류 재배' (농촌진흥청 발행, 1990)에서 전재 수록한 것임

산 채 경 영

1. 재배동향

국민소득이 높아지면서 육류소비가 증가됨에 따라 성인병 예방에 대한 관심이 증대되어 농작물의 농약잔류량에 대한 경각심과 함께 무공해 자연식품의 선호로 산채류의 수요가 증가추세에 있다. 따라서 일부 산채류는 몇 년 전부터 산과 들에서 자생하는 것을 채취하여 소량씩 출하되는 물량으로는 수요에 크게 미치지 못하므로 재배가 시도되고 있다. 그러나 도라지, 더덕 등과 같이 재배역사가 오래된 일부작목을 제외하고는 재배면적이나 생산량 등이 정확히 파악되지 못하고 있다.

대부분의 산채류는 불과 몇 년 전까지만 하여도 주로 봄에 채취하여 생채 또는 삶아서 간이가공한 상태로 시장에서 판매하거나 일부는 건조 후 저장하였다가 수요가 많은 정월대보름, 추석 등 명절에 출하되었다. 그러나 요즈음은 달래, 취나물, 두릅 등 일부 산채류를 비닐하우스 또는 터널재배하여 단경기에 출하함으로써 재배농가의 높은 소득원이 되고 있다.

(1) 도라지

도라지 재배면적은 '84년 487*ha*, '85년 692*ha*, '87년 1,080*ha*, '88년 1,211*ha*로 매년 증가추세에 있고, 생산량은 수확면적과 10a당 수량에 따라 연도별 큰 차이를 보이고 있으며, '88년에는 2,626M/T을 생산하였다.

〈표 1〉 도라지의 연도별 재배면적, 생산량

구분＼연도	'81	'82	'83	'84	'85	'86	'87	'88
재배면적(*ha*)	208	274	362	487	692	949	1,080	1,211
생산량(M/T)	690	1,262	1,593	2,117	3,494	1,721	2,234	2,626

* 자　료 : 농림수산부 특용작물 생산실적

도라지의 주산지는 인제, 단양, 진안, 순창, 영풍, 봉화 등으로 산간지역이 많다.

〈표 2〉 도라지의 도별 재배면적, 주산지('88년)

도 별	전체면적(*ha*)	수확면적(*ha*)	주 산 지
경 기	25.1	12.7	가평, 양평
강 원	201.3	105.8	인제, 화천, 정선
충 북	167.0	103.3	제원, 단양, 영동
충 남	141.1	124.8	금산, 홍성, 공주
전 북	209.0	94.1	순창, 진안, 무주
전 남	89.1	70.3	승주, 화순
경 북	343.3	273.9	의성, 영풍, 봉화
경 남	6.6	6.0	합천
제 주	28.1	10.0	
계	1,210.6	800.9	

(2) 더덕

더덕은 '82년에 61*ha*에서 110M/T을 생산하였으나 '88년에는 876*ha*에서 1,757M/T을 생산하여 크게 증가하였다.

〈표 3〉 더덕의 연도별 재배면적 생산량

구분 \ 연도	'82	'84	'85	'86	'87	'88
재배면적(*ha*)	61	197	309	661	752	876
생산량(M/T)	110	844	1,724	1,254	1,531	1,757

더덕의 주산지는 인제, 화천, 단양, 울릉, 경주 등으로 산간지역이 많다.

〈표 4〉 더덕의 도별 재배면적, 주산지('88년)

도별 \ 구분	전체면적(*ha*)	수확면적(*ha*)	주 산 지
경 기	56.1	22.2	가평, 이천, 남양주
강 원	205.8	79.6	인제, 화천, 횡성
충 북	65.8	38.8	제원, 단양, 영동
충 남	33.2	25.5	예산, 논산
전 북	107.0	49.0	순창, 무주, 장수
전 남	105.0	50.8	화순, 승주, 장흥
경 북	220.0	91.9	울릉, 경주, 영양
경 남	64.2	61.6	하동
제 주	18.8	9.8	
계	875.9	429.2	

(3) 달래

달래는 최근 들어 수요가 증가함에 따라 충남 태안, 공주 등의 일부 농가에서 대규모 시설재배를 하고 있으며, 연평균 1,000~2,000M/T 정도가 생산되고 있는 것으로 추정된다.

〈표 5〉 달래의 도별 재배면적, 주산지('89년)

구분 \ 도별		경기	강원	충남	충남	전남	경북	경남	계
재배	시설	0.14	—	7.9	2.6	0.1	0.03	—	10.77
면적	노지	0.42	2.0	1.0	—	0.1	0.07	0.42	4.01
(*ha*)	계	0.56	2.0	8.9	2.6	0.2	0.1	0.42	14.78
주 산 지		양평	양양, 화천	공주, 태안	완주, 정읍	영광, 장성	안동		

(4) 두릅

두릅은 자연생 채취가 숲이 우거지고 채취비용이 많이 들어 재배면적이 늘어나고 있다. 충남의 금산, 연기 등에서 각 10*ha* 정도의 재배를 하고 있으며, 땅두릅은 일부지역에서 시설재배를 하고 있다.

〈표 6〉 두릅의 도별 재배면적, 주산지('89년)

구분 \ 도별		강 원	충 북	충 남	전 북	서 울	계
재배	나무 두릅	8.2	1.5	20.0	—	0.07	29.77
면적	땅 두 릅	—	—	2.0	1.0	—	3.0
(*ha*)	계	8.2	1.5	22.0	1.0	0.07	32.77
주 산 지		인제, 삼척	단양, 옥천	금산, 연기	임 실		

(5) 취나물

'89년의 재배면적은 237.21*ha*로 그 중 8.1%인 19.22*ha*는 시설재배 면적이다. 주산지역은 양평, 횡성, 보은, 울릉도 등이다.

〈표 7〉 취나물의 도별 재배면적, 주산지('89년)

구분＼도별		경기	강원	충북	충남	전북	전남	경북	경남	서울	대구	계
재배면적 (*ha*)	시설	0.26	0.6	0.17	5.3	6.6	2.4	0.9	1.93	0.06	1.0	19.22
	노지	15.54	26.5	5.31	3.4	1.4	2.4	157.52	5.62	–	0.3	217.99
	계	15.8	27.1	5.48	8.7	8.0	4.8	158.42	7.55	0.06	1.3	237.21
주 산 지		양평 남양주 광주	인제 홍천 정선	단양, 중원, 진천 보은	금산 공주 홍성	장수 임실 순창	장흥 승주	울릉, 고령, 울진 청송, 군위	산청			

(6) 고들빼기(씀바귀)

'89년의 재배면적은 78.6*ha*이며 주산지역은 남양주, 광주, 승주, 순천 등이다.

〈표 8〉 고들빼기(씀바귀)의 재배면적, 주산지('89년)

구분＼도별	경기	강원	충남	전남	경남	부산	대전	계
재배면적(*ha*)	41.1(11.4)	0.1	4.3	30.3	2.0	0.1	0.7	78.6
주 산 지	남양주, 광주, 양평	영월	금산 홍성	승주 순천				

( )는 씀바귀

(7) 기타 산채류

고사리의 주요 재배지역은 가평(0.1*ha*), 남원(10.5*ha*), 구례(0.3*ha*), 영일(0.3*ha*), 남해(0.3*ha*) 등이고, 냉이의 주요 재배지역은 홍성(14.4*ha*), 양주(0.01*ha*)이다. 돌나물은 양평(0.6*ha*), 춘성(0.3*ha*), 문경(0.07*ha*), 대구(0.1*ha*)에서 재배되고 있으며, 부지갱이는 울릉, 달성 등에서 67.8*ha* 정도가 재배되고 있다. 그외에 머위는 인제에서 0.7*ha*를 재배하고 있으며, 쑥은 칠곡에서 0.1*ha*, 참나물은 금릉, 영천에서 0.2

*ha*를 재배하고 있다.

2. 유통 및 가격동향

산채를 상품화하여 출하하는 방법은 크게 두 가지로 구분할 수 있다. 즉 생산시기에 수확된 자체로 출하하는 방법과 출하시기에 가격이 낮다든지 과잉생산된 경우에 말려서 상품화시키는 방법이다. 산채류 중 말려서 상품화가 많이 되는 취나물, 고사리 등과 뿌리를 이용하는 도라지, 더덕 등은 연중 출하되고 있으며 기타 산채류는 출하시기가 한정되어 있다.

〈그림 9〉 산채류의 주출하시기, 주거래단위

구분 / 품목	주 출하 시기												주 거 래 단 위
	1월	2	3	4	5	6	7	8	9	10	11	12	
건취 나물	━	━	━	━	━	━	━	━	━	━	━	━	600g
생취 나물	━	━	━	━	━				━	━	━	━	4kg
고사리나물	━	━	━	━	━	━	━	━	━	━	━	━	600g
돌 나 물			━	━	━								4kg
돌미나리		━	━	━	━					━	━		500g
머 위 대					━	━	━						2kg
원 추 리			━	━	━								4kg
비 름							━	━	━	━			200g
두 릅	━	━	━	━	━								100g (4kg)
더 덕	━	━	━	━	━	━	━	━	━	━	━	━	1kg

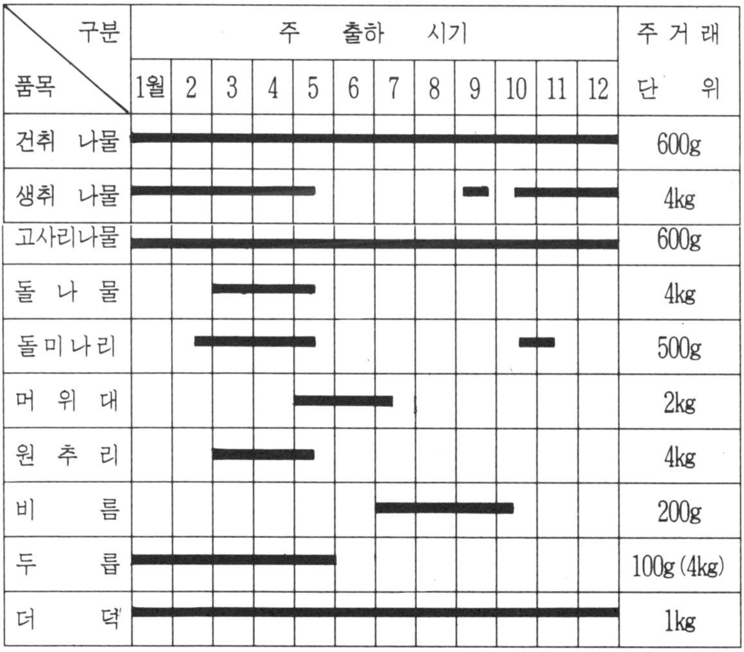

(그림 10) 고들빼기, 냉이, 달래, 도라지의 주출하시기, 비율 (단위 : %)

구분 \ 품목	주 출하 시기 및 비율												주거래 단위
	1월	2	3	4	5	6	7	8	9	10	11	12	
고들빼기	-	-	3.21	0.29	0.06	0.03	-	0.86	0.80	80.28	14.47	-	500g단
냉 이	4.63	26.69	51.02	12.54	0.05	-	-	-	-	0.12	0.47	4.48	4kg
달 래	11.92	40.42	30.92	4.79	0.05	-	-	-	-	3.00	3.80	5.10	15kg 4kg
도라지	1.92	5.41	6.55	4.73	4.76	6.54	9.60	11.55	12.18	16.11	11.08	9.57	4kg

(1) 도라지

도라지는 생산농가 → 수집반출상 → 위탁도매상 → 소매상의 경로로 유통되어 소비자에게 판매되고 있다. 도라지의 출하시 등급은 뿌리의 크기에 따라 상, 중, 하품으로 구분되며 포장은 pp마대(40~60kg)가 주로 사용되며 도매는 4kg, 소매는 400g 단위로 거래되고 있다.

식용 도라지는 일정한 시기를 두지 않고 수요 및 용도에 따라 수시로 수확해서 출하됨으로써 땅이 얼어서 산지의 출하작업이 곤란한 2월을 전후해서 강세를 보이고 8월을 전후해서는 연중 가장 낮은 시세를 형성하고 있다.

도라지의 연도별 가격동향을 보면 '84~'86년에 과잉생산으로 가격이 폭락하자 '87년부터 수확면적이 크게 줄어 '88년의 수확량이 평년 수확량의 50%에 불과하자 가격이 크게 올라 '88년 2월 중순에는 4kg당 13,000원에 거래되어 '87년 가격의 3배 가까이 폭등하였다.

이때문에 '87년부터 다시 파종면적이 많아져서 '90년 이후에는 또 한번의 가격폭락이 예상된다. 따라서 도라지는 파종 후 보통 2~3년에 수확하므로 파종면적 추세를 감안한 면적조절을 하여야 한다.

〈표 11〉 도라지의 가격동향 (단위 : 원/피 4kg 상품, 서울)

월＼연도		'86	'87	'88	'89	월＼연도		'86	'87	'88	'89 (깐것)
1	상	2,750	2,250	8,500	6,500	7	상	2,458	4,500	7,500	11,000
	중	2,750	2,750	8,000	7,000		중	2,750	4,500	7,000	11,000
	하	3,314	3,125	8,916	7,000		하	2,750	4,500	7,000	10,000
2	상	4,101	3,291	9,166	8,000	8	상	2,750	4,500	7,000	10,000
	중	4,500	3,480	13,000	8,000		중	2,583	4,916	6,900	10,000
	하	4,571	3,500	12,800	7,000		하	2,541	4,458	8,000	9,000
3	상	4,607	3,500	10,600	7,000	9	상	2,750	4,416	6,833	10,000
	중	3,161	3,480	10,000	7,500		중	2,708	4,500	6,500	12,000
	하	2,450	3,500	9,166	7,500		하	2,750	5,166	8,166	11,000
4	상	2,225	4,416	8,000	7,500	10	상	2,475	6,500	8,166	12,000
	중	2,250	4,750	8,000	7,500		중	2,250	6,500	7,333	12,000
	하	2,500	4,750	8,600	8,000		하	2,250	6,500	6,000	12,000
5	상	2,475	4,500	9,000	8,000	11	상	2,250	6,500	7,000	12,000
	중	2,500	4,500	10,666	8,000		중	2,250	6,500	7,000	12,000
	하	2,308	4,500	11,000	8,500		하	2,250	6,500	7,000	12,000
6	상	2,250	4,500	11,800	11,000(깐것)	12	상	2,250	7,583	7,000	12,000
	중	2,358	4,291	12,000	11,000(깐것)		중	2,250	8,000	7,000	12,000
	하	2,250	4,500	12,000	10,000(깐것)		하	2,250	8,000	6,916	10,000

(2) 더덕

더덕은 생산농가로부터 산지수집상을 거쳐 도매상에 출하되어 소매상으로 유통된다. 더덕은 뿌리의 굵기, 크기, 모양에 따라 상, 중, 하품으로 구분하여 출하되며, 생더덕은 마대에 담아 관(4kg)단위로 거래되고 있다.

더덕의 성출하기는 재배 더덕의 수확시기인 2~4월과 10~11월로 이 시기에는 출하량이 많아 가격은 연중 최저치를 형성하며 단경기인 5~7

월과 1~2월에는 저장물량이 소량씩 출하되 높은 가격에 거래되고 있다.

연도별 더덕가격을 보면 '86년에는 4kg당 11,000~13,500원으로 연내 가격변동이 적었으며, '87년에는 '86년보다 4,000~5,000원이 상승한 가격에 거래되었으나 11월에는 일시적으로 4kg당 12,000원으로 하락하기도 하였다. '88년에는 '87년 가격이 7월 하순까지 지속되다가 8월 이후에는 4kg가격이 20,000~27,000원으로 크게 상승하여 '89년 말까지 거래되었다.

〈표 12〉 더덕의 가격동향 (단위 : 원/4kg 상품, 서울)

연도 / 월		'86	'87	'88	'89	연도 / 월		'86	'87	'88	'89
	상	11,500	15,000	12,000	27,000		상	—	17,000	18,000	—
1	중	11,500	15,000	12,000	27,000	7	중	—	17,000	18,000	—
	하	12,500	15,000	12,000	27,000		하	—	17,000	14,000	—
	상	12,500	15,000	12,000	27,000		상	—	20,000	14,000	—
2	중	12,500	18,000	12,000	27,000	8	중	—	20,000	20,000	—
	하	12,500	18,000	18,000	27,000		하	—	20,000	20,000	—
	상	12,500	18,000	15,000	—		상	—	20,000	20,000	—
3	중	12,500	18,000	15,000	—	9	중	—	20,000	20,000	—
	하	12,500	18,000	13,000	22,000		하	—	15,000	20,000	23,000
	상	11,500	15,000	12,000	16,500		상	—	15,000	18,000	23,000
4	중	11,500	15,000	12,000	17,000	10	중	—	15,000	18,000	23,500
	하	12,500	15,000	17,000	20,000		하	11,000	12,000	20,000	23,500
	상	12,500	15,000	17,000	20,000		상	11,000	12,000	20,000	23,500
5	중	12,500	15,000	17,000	—	11	중	13,500	12,000	20,000	25,000
	하	12,500	15,000	17,000	—		하	13,500	15,000	22,000	27,000
	상	—	15,000	20,000	—		상	11,000	15,000	22,000	20,000
6	중	—	17,000	20,000	—	12	중	11,000	15,000	28,000	27,000
	하	—	17,000	20,000	—		하	13,500	15,000	28,000	25,000

(3) 달 래

달래는 생산자로부터 위탁도매상을 통해 소매상, 소비자로 유통되어지고 있다. 최근 들어 달래의 수요가 연중 요구됨에 따라 작형이 분화되어 하우스 시설재배, 보통재배, 채종재배 등으로 연중 생산 공급되고 있다.

하우스 시설재배는 9월 중순경에 파종하여 재배하다가 10월 말부터 하우스를 설치하여 보온함으로써 겨울철에 시장가격의 추이에 따라 수확하여 출하시키는 방법이며, 보통재배는 노지상태로 재배하는 방법으로 파종기에 따라 10월~11월경과 3~4월경에 출하한다.

달래의 출하시 등급은 줄기의 크기, 구근의 크기, 신선도 등에 의하여 상, 중, 하로 구분된다. 달래의 거래단위는 15kg단위의 골판지상자에 포장하여 출하되고 소매단계에서는 400g단위로 거래되고 있다.

달래가격은 노지재배품이 출하되는 기간에는 생산량이 많아 비교적 낮은 시세가 형성되는 반면 12월부터 2월 사이에는 하우스 재배품이 조절 출하하면서 높은 가격대에서 안정적인 시세를 나타내고 있다. 연도별로는 '87년의 경우 다른 채소와 마찬가지로 파종면적 및 수확량이 크게 증가하여 낮은 시세가 형성되어 거래되었다.

따라서 '88년에는 파종면적이 20~30% 줄어 2월을 제외하고는 4kg당 8,000~15,000원의 높은 가격이 형성되었으나 '89년 2월 중순 이후부터 하락세를 보이고 있다.

〈표 13〉 달래의 가격동향 (단위 : 원/4kg상품, 서울)

월	연도	'86	'87	'88	'89
1	상	5,911	5,875	13,666	15,000
	중	5,392	5,500	11,500	14,500
	하	5,067	5,333	11,166	12,500
2	상	4,458	5,500	4,250	10,500
	중	4,302	4,041	4,083	7,500
	하	3,675	4,083	5,200	8,500
3	상	4,412	6,166	11,500	8,000
	중	4,157	7,833	13,250	7,750
	하	3,982	7,500	12,000	6,750
4	상	2,500	5,500	9,333	6,750
	중	2,691	8,666	7,708	9,250
	하	2,500	7,250	7,833	5,250
5	상	2,460	5,916	—	—
	중	2,250	5,500	—	—
	하	—	—	—	—
11	상	7,333	9,500	12,000	9,830
	중	7,500	10,500	12,000	7,200
	하	5,688	7,666	15,000	7,110
12	상	6,333	8,500	12,166	7,200
	중	5,480	10,000	15,083	7,200
	하	6,313	12,833	15,000	7,200

(4) 두 릅

두릅은 대부분이 생산자 → 수집반출상 → 위탁도매상 → 소매상의 유통경로를 거쳐 거래된다.

두릅은 보통 3월 중 하순부터 전남 여수 등지에서 출하가 시작되어 강원도 고산지대에까지 북상하면서 새순을 수확 출하한다. 또한 삽수(揷穗)를 채취하여 비닐하우스에서 싹을 키워서 2월 초순부터 3월 초순까지 출하되기도 한다.

두릅은 크기, 잎의 펴짐, 연한 정도, 신선도에 따라 대, 상, 중, 하품 등 4등급으로 분류되어 출하되며, 소매에서는 100g 정도의 단으로 묶어 거래된다.

두릅은 '86년~'88년까지 4kg당 5,000~13,000원에 가격이 형성되었으나 '89년에는 조금 상승한 14,000~16,000원에서 거래되었다.

〈표 14〉 두릅의 가격동향 (단위 : 원/100g(4kg), 서울)

월	연도	'86	'87	'88	'89
1	상	–	–	–	–
	중	–	500	–	–
	하	–	500	–	–
2	상	–	1,000	–	–
	중	–	1,000	–	–
	하	(12,000)	1,000	–	–
3	상	(12,000)	1,000	–	–
	중	(13,000)	1,000	–	–
	하	(13,000)	1,000	–	–
4	상	(13,000)	500	800	–
	중	(13,000)	500	1,000	–
	하	(13,000)	(12,000)	1,000	–
5	상	(8,500)	(12,000)	(10,000)	–
	중	(7,500)	(8,000)	(10,000)	–
	하	(11,000)	(5,000)	(8,000)	(16,000)

(5) 취나물

취나물은 4kg 골판지상자 또는 20kg pp마대 단위로 거래되고 있다.

취나물은 건취의 경우 가격변동의 폭이 좁으나 생취는 단경기인 1~2월에 높은 가격이 형성되었다가 4월 이후에는 크게 떨어지고 있다. 2월에는 울릉도산이 90%를 점유하며, 서울지역의 1일 반입량은 평균 10~12M/T 정도이고, 4월부터 남부지방의 자연산이 출하되면 가격은 큰폭으로 하락하는 경향이다.

연도별 가격동향을 보면 '86년에는 물량과잉으로 건취가 600g당 1,300~1,900원, 생취가 4kg에 2,000원(5월) 이하의 낮은 가격으로 형성되었다. '87년에는 재배면적이 크게 줄은데다 태풍 "셀마"의 피해로 울릉산 취나물의 작황이 저조하여 평년의 70% 수준이 되면서 '88년까지 600g당 2,000원 이상을 유지하였다. '89년도에는 건취가 2,000원 이하의 낮은 가격을 유지하였으나 생취는 2월에 4kg당 18,000원까지 폭등하기도 하였다.

〈표 15〉 취나물의 가격동향 (단위 : 건취나물 원/600g, 생취나물 4kg, 서울)

월	구분 \ 연도	'86		'87		'88		'89	
		취나물(건)	생취나물	취나물(건)	생취나물	취나물(건)	생취나물	취나물(건)	생취나물
1	상	1,350	3,500	—	7,000	2,500	7,000	2,100	9,600
	중	1,400	3,500	—	7,500	3,000	7,000	1,900	9,600
	하	1,400	—	—	8,000	3,300	8,000	1,900	12,000
2	상	1,400	—	3,000	8,000	3,300	8,000	2,100	12,000
	중	1,550	12,000	3,000	7,000	3,500	10,000	2,100	18,400
	하	1,900	—	3,000	7,000	3,600	10,000	1,950	18,400
3	상	1,550	9,000	3,000	7,000	3,000	8,000	1,950	18,400
	중	1,800	9,000	3,000	5,000	3,000	5,000	1,850	9,600
	하	1,800	9,000	3,000	6,000	3,000	5,000	1,750	10,400
4	상	1,800	8,000	3,000	6,000	3,000	4,000	1,750	9,600
	중	1,800	5,500	3,000	6,000	2,100	6,000	1,750	9,600
	하	1,800	4,000	3,000	6,000	2,400	2,500	1,600	10,400

월	구분＼연도	'86 취나물(건)	'86 생취나물	'87 취나물(건)	'87 생취나물	'88 취나물(건)	'88 생취나물	'89 취나물(건)	'89 생취나물
5	상	1,800	3,500	3,000	4,000	2,400	2,500	1,600	4,500
	중	1,800	2,250	3,000	2,000	2,300	3,000	1,600	7,000
	하	—	1,900	3,000	2,000	2,300	2,000	1,750	3,750
11	상	—	2,500	3,100	4,000	2,300	—	1,750	3,750
	중	—	4,750	1,800	3,500	2,300	—	2,100	3,500
	하	—	4,750	1,900	4,000	2,300	—	2,200	4,000
12	상	—	4,750	2,100	4,000	2,200	—	2,100	4,500
	중	—	6,500	2,100	6,000	2,300	—	2,300	4,000
	하	—	6,500	2,100	6,000	2,300	—	2,300	4,000

(6) 냉 이

자연산과 재배품이 함께 출하되는데 4kg단위로 거래되고 있다.

'86~'87년에는 4kg당 1,000~2,000원에서 주로 거래되었으나 '88년에는 2,500~4,000원(4kg)의 비교적 높은 가격을 유지하였다.

이는 출하량이 '87년보다 10~20%가 감소한 때문이며, 이러한 가격추세가 '89년 3월까지 지속되었으나 '89년 11월부터는 하락세에 있다.

〈표 16〉 냉이의 가격동향 (단위 : 원/4kg 상품, 서울)

월	연도	'86	'87	'88	'89
1	상	2,592	1,666	2,833	4,250
	중	3,485	1,625	3,833	4,250
	하	2,814	1,533	4,000	3,750
2	상	2,421	1,416	3,916	4,250
	중	3,643	1,091	4,083	4,750
	하	3,592	1,441	2,500	4,250

3	상 중 하	3,641 2,490 1,892	2,208 1,416 1,308	2,500 3,500 2,333	4,250 2,750 2,750
11	상 중 하	2,250 1,500 2,016	2,166 2,150 1,558	4,000 3,700 5,000	3,083 1,950 1,750
12	상 중 하	1,858 1,250 1,500	4,083 3,750 2,833	3,083 3,033 3,066	1,750 2,000 1,900

(7) 고사리

채취 인건비의 상승으로 인하여 채취량이 줄어 가격이 매년 오름세를 보이고 있다. '88년에는 600g당 13,000~16,000원으로 '87년 시세보다 3,000~6,000원 이상 상승하였다. 그러나 '89년에는 9,000원선까지 하락하여 거래되었는데 이는 중국산 고비가 수입되어 유통되기 때문으로 분석된다.

일반 대중 소비는 적지만 대량 수요처에서 고비를 이용하여 부족량을 메꾸고 있다. '88년의 수입량은 10M/T 내외로 추정되는데 장기적으로 가격 하락을 초래할 것으로 분석된다.

〈표 17〉 건고사리의 가격동향 (단위 : 원/600g, 서울)

월	연도	'86	'87	'88	'89
1	상 중 하	8,000 8,000 8,000	10,500 10,500 10,500	— — —	— — —
2	상 중 하	8,500 5,600 3,100	10,500 10,000 10,000	— — —	9,500 9,500 10,500

3	상	3,100	10,000	—	10,500
	중	3,100	10,000	—	8,500
	하	3,000	—	—	7,500
4	상	3,000	—	—	7,500
	중	3,000	—	—	9,500
	하	7,250	—	—	9,500
5	상	7,250	—	—	15,000
	중	8,250	—	—	10,500
	하	7,250	—	—	9,500
9	상	7,250	—	—	10,500
	중	7,250	—	—	10,500
	하	8,250	—	—	9,500
10	상	8,750	—	—	9,500
	중	8,750	—	—	10,500
	하	8,750	—	—	10,500
11	상	8,750	—	13,000	10,500
	중	9,250	—	13,000	10,000
	하	9,250	—	13,000	11,000
12	상	9,250	—	16,000	10,000
	중	9,250	—	16,000	9,000
	하	9,250	—	16,000	9,000

(8) 기타 산채류

쑥, 돌나물, 머우대, 고들빼기 등은 연도별 가격변동이 크지 않다.

〈표 18〉 쑥의 가격동향 (단위 : 원/kg상품, 서울) *: 소량출하

월	연도	'86	'87	'88
2	상	11,000*	6,500	6,000
	중	11,000*	6,916	6,000
	하	7,250	6,000	6,000
3	상	7,714	5,333	6,000
	중	5,250	3,708	5,000
	하	2,930	2,875	5,000
4	상	2,628	3,166	3,000
	중	2,178	1,625	2,000
	하	1,097	1,833	1,500
5	상	1,125	—	1,500
	중	894	—	1,500
	하	—	—	—

〈표 19〉 돌나물의 가격동향 (단위 : 원/4kg, 서울)

월	연도	'86	'87	'88	'89
2	상	—	—	—	—
	중	10,000	—	—	—
	하	10,000	—	—	—
3	상	10,000	6,000	5,000	—
	중	6,500	5,000	4,000	—
	하	5,500	3,000	4,000	—
4	상	5,500	3,000	2,500	—
	중	4,750	3,000	2,000	—
	하	2,750	2,500	1,500	—
5	상	2,750	1,500	1,500	1,700
	중	2,000	1,500	1,500	1,700
	하	2,000	1,500	—	1,800

〈표 20〉 머우대의 가격동향 (단위 : 원/4kg, 서울)

월 \ 연도		'86	'87	'88	'89
4	상	2,250	—	3,500	—
	중	2,250	—	3,000	—
	하	2,250	—	2,500	—
5	상	2,750	2,000	3,500	—
	중	1,000	2,000	3,000	—
	하	1,000	1,600	2,500	—
6	상	1,150	1,200	2,500	—
	중	1,150	1,200	1,000	—
	하	850	800	1,500	—
7	상	2,750	800	—	—
	중	2,750	800	—	—
	하	2,750	—	—	2,750
8	상	2,750	—	3,000	2,750
	중	2,750	—	4,800	2,750
	하	2,750	—	4,800	2,750
9	상	2,750	—	4,800	1,750
	중	—	—	5,000	1,750
	하	—	—	5,000	—

〈표 21〉 고들빼기의 가격동향 (단위 : 원/500g 상품, 서울)

월	연도	'86	'87	'88
9	상	–	375	–
	중	–	369	–
	하	207	340	–
10	상	187	307	–
	중	207	283	425
	하	215	325	425
11	상	215	300	425
	중	228	300	500
	하	205	285	500
12	상	211	415	466
	중	210	554	550

3. 산채재배의 경영설계

(1) 산채재배 경영상의 유의사항

산채류가 도라지, 더덕 등 일부를 제외하고 상품화를 위해 재배되기 시작한 것이 불과 몇 년밖에 되지 않아 재배면적이나 생산량이 정확히 파악되지 못하고 있는 실정이다. 또한 농산물의 수입자유화로 중국산 고사리, 죽순, 토란대, 더덕 등이 수입되고 있어 산채류에 대한 가격전망은 불투명하다고 볼 수 있으나 크게 우려할 일은 못된다고 본다.

그러나 앞으로 산채재배를 할 때 다음 사항을 고려하여야 보다 합리적인 경영을 할 수 있다고 본다.

① 재배품목의 결정

아무리 높은 소득을 얻을 수 있는 산채라 해도 기후와 풍토에 맞지 않는 품목이어서는 안된다. 재배지역에 알맞는 산채를 선택하여야 경영비를 적게 들이고 질이 좋은 산채를 다수확하여 높은 소득을 올릴 수 있다.

예를 들어 보온재배에 의하여 산채를 조기 수확하여 출하하고자 할 때는 중부산간지 보다는 남부 해안지역이 난방비 등의 경영비를 줄일 수 있으므로 소득이 높을 것이다.

또한 그 지역에 주산지화 되어 있는 산채를 선택하여야 재배기술의 습득이 용이하고 자재의 공동구입과 생산물의 공동판매 등에서 유리하다. 그리고 재배품목을 선택할 때는 가격이나 생산현황 등 자료를 수집 분석하여 전망이 좋은 품목을 선택하되 경영주의 자금조달능력, 재배기술 등도 고려되어야 한다.

② 재배규모의 결정

처음부터 많은 자본을 들여 대규모재배를 하였다가 재배기술 부족이나 가격이 하락하여 실패하는 경우가 있다. 그러므로 처음에는 적은 면적으로 시작하여 직접 재배경험을 익히고 종자도 스스로 증식하여 점차 확대하는 것이 바람직하다. 따라서 재배규모는 영농자금 능력이나 노동력 조달능력 등을 감안하여 결정하여야 한다.

③ 작부유형의 결정

산채류는 산에서 채취하는 양이 많은 반면 재배에 의한 생산량은 적으며 수요가 많지도 않다. 그러나 수익성이 높은 일부 산채는 재배면적이 수요에 비하여 급격히 증가하는 추세에 있어 장래 수익에 대한 보장이 불투명하므로 한가지 산채만 재배할 것이 아니라 2~3가지 품목을 재배하여야 가격 하락이나 기상재해로부터의 위험을 분산시킬 수 있다. 예를 들면 참취를 재배할 때에도 하우스재배와 노지재배를 병행함으로써 노동력을 효율적으로 이용함은 물론 가격폭락 등에 대한 위험을 분산시킬 수 있다.

④ 판로 및 수익성

산채류는 체계적인 판로가 개척되어 있지 못하므로 재배하기에 앞서 생산물의 소비처를 먼저 개척한 후 재배하여야 한다. 또한 가격의 변동이 심하므로 가격동향과 재배동향 등을 파악하여 판매시기를 감안한 재배계획을 수립하여야 한다.

(2) 산채재배의 경영 설계방법

산채재배의 경영설계를 위해서는 앞에서 설명한 경영상의 유의사항을 참고하여야 한다. 즉 경영규모, 영농자금, 영농자재 조달방법, 품목선택, 작부유형, 노동력 조달방법, 판로 및 수익성 등을 고려하여 경영 전체가 합리적으로 조직되고 운영되도록 치밀하게 작성하여야 한다.

〈표 22〉 경영설계 작성순서

[경영목표설정] → [경영규모 및 작부기간 결정] → [노동 투하계획] → [기초 대차대조표 작성] → [경영 실천계획 작성] → [경영 예상성과 산출] → [소득 처분 계획] → [참고자료 수집계획]

① 경영목표의 설정

경영목표를 정확하게 설정하는 것은 경영합리화를 추구함에 있어서 매우 중요하다. 따라서 경영설계시에는 지역의 생산조건이나 판매여건, 개인의 자본과 경영능력에 따라 알맞는 목표를 설정하여야 한다. 경영목표를 설정할 때에는 추상적인 개념보다는 전년도의 경영실적이나 전국 또는 그 지역의 평균값을 참고하여 구체적이고 실질적으로 설정하여야 한다.

"예시" 취나물(참취)재배 경영목표

- ○ 10a당 생취 1,500kg 이상을 생산하여 200만원의 소득을 올린다.
- ○ 가족노동력을 최대한 이용하여 농업소득률을 80% 이상으로 높인다.

② 경영규모 및 작부기간의 결정

경영주의 능력을 고려하여 경영규모를 결정한다. 경지가 적고 노동력을 많이 보유하고 있을 경우에는 2기작 이상인 작부체계를 도입하여 경지 이용도를 높임으로써 경영규모를 확대할 수 있다. 반면에 경지는 많은데 노동력이 적은 경우에는 생산 재배기술을 도입하거나 관리가 쉽고 노동력이 적게 드는 품목을 선택하여 경영규모가 경영에 큰 부담이 되지 않도록 한다. 또한 농장현황도 및 시설물 설치계획을 작성한다.

(그림 23) 경영규모 및 작부기간의 작성(예시)

작부유형	재배면적 (평)	작 부 기 간											
		1월	2	3	4	5	6	7	8	9	10	11	12
참취하우스재배	300												
참 취 노 지 재배	600												
더 덕	600												

○ : 파종기 ─── : 수확기간

③ 노동투하계획

작부체계에 따라 품목별로 월별 노동투하계획을 수립한다. 노동투하량은 자가노동력이 부족할 경우 고용노동력을 이용하도록 작성한다.

〈표 24〉 품목별 월별 노동투하계획(예시) (단위 : 시간)

품목 \ 월	1월	2	3	4	5	6	7	8	9	10	11	12	계
참취하우스 재배	50	50	70	70 (30)						70 (30)	70 (30)	50	340 (90)
참취노지 재배			50	50	150 (40)	150 (40)				150 (40)	150 (40)		700 (160)
더 덕				120	20	20	20	20	20	120			340
계	50	50	120	240 (30)	170 (40)	170 (40)	20	20	20	340 (70)	220 (70)	50	1,380 (250)

*( ) 고용노동투입시간

④ 기초 대차대조표 작성

재배 전에 경영주가 소유하고 있던 자산이 재배 후에 어떻게 증감되었는지를 파악하기 위해서 기초 대차대조표를 작성한다. 기초 대차대조표를 작성하기 위해서는 고정자산인 토지, 건물, 농용시설, 대농기구 등과 유동자산인 현금, 예금, 농용자재 등 그리고 경영주가 타인이거나 기관에서 빌린 부채의 소재를 파악하여 대차대조표를 작성한다.

〈표 25〉 기초 대차대조표 작성(예시) (단위 : 천원)

자 산	금 액	부채및자본	금 액
고정자산		부 채	
농경지	15,000	단기차입금	600
대농기구	800	장기차입금	1,000
농용시설	1,200	미지급금	600
유동자산		자본금	16,695
농용자재	55		
재고농산물	440		
현금	500		
예금	900		
	18,895		18,895

⑤ 경영실천계획

최신기술을 입수하고 분석하여 품목별 파종일, 파종량, 아주 심는 시기 및 거리, 수확시기 등의 재배 및 생산계획과 조수입, 지출비 등의 수입 및 지출계획을 세운다.

〈표 26〉 재배 및 생산계획(예시)

품 목	면 적	재 배 계 획					생산 계획	
	(평)	파종일	파종량	아주심는시기	심는거리	수확시기	10a당수량	총수량
참취하우스 재 배	300	10.10 (전년파종)	6l	10.10	12㎝두둑 30×10㎝	2월중순~ 4월하순	1,500(kg) (생취)	1,500(kg) (생취)
참취노지 재 배	600	10.15 (전년파종)	12l	10.10	80㎝두둑 30×10㎝	4월중순~ 6월하순	생취1,200 건취 120	2,400 240
더 덕	600	4.10	6l	4.10	60×10㎝	10하순	300	600

〈표 27〉 월별 재배기술 및 판매계획(예시)

품목월별	1월	2	3	4	5	6	7	8	9	10	11	12
참 취 하우스 재 배		수확 물주기 제초제 시용 백화점 판 매	수확 물주기 차광망 설치 백화점 판 매	수확 물주기 현지 판매	건조 간이 저장				퇴비 주기 경운 정지	아주 심기 물주기		하우스 설치
참 취 노 지 재 배			물주기	수확 물주기 제초제 시 용 현지판매	수확 차광망 설 치 물주기 현지판매	차광망 벗기기 유기질 비 료 주 기	차광망 벗기기 유기질 비 료 주 기		퇴비주기 경운정지 종자채취	아주 심기 물주기		
더 덕			퇴 비 주 기 경 운 정 지	아 주 심 기	제초제 시 용	제 초	병충해 방 제 (노균병) (다이센 M 45)	병충해 방 제 (노균병) (다이센 M 45)		수확 저장 출하	백화점 판 매	

〈표 28〉 수입계획(예시)

품 목	수 량(kg)	단 가(원)	금액(천원)	비 고
생 취	3,900	1,500	5,850	평균값 적용
건 취	240	3,300	792	
더 덕	600	4,000	2,400	
계			9,042	

〈표 29〉 종묘비 지출계획(예시)

품 목	수 량	단 가(원)	금액(천원)	비 고
참취하우스재배	12,000주	5	60	종자를 파종하여 1년간 육묘
참취노지재배	24,000주	5	120	
더 덕	12,000주	10	120	
계			300	

〈표 30〉 비료비 지출계획(예시)

비료명	소 요 량(kg)				단가	금액
	참취하우스재배	참취노지재배	더 덕	계	(원)	(천원)
퇴 비	3,000	4,500	3,000	10,500	12	126
계 분	150	300	—	450	20	9
용성인비	70	140	60	270	97	26
요 소	22	44	26	92	160	15
계						176

〈표 31〉 농약비 지출계획(예시)

농 약 명	소 요 량				단가	금액
	참취하우스재배	참취노지재배	더 덕	계	(원)	(천원)
다이센M45(0.5kg)	1	2	2	5	2,000	10
D.D.V.P(0.5kg)	1	2	2	5	1,750	9
라 쇼(2kg)	1	2	2	5	1,200	6
계						25

〈표 32〉 광열비 지출계획(예시)

유 류 명	소 요 량(l)				단가	금액
	참취하우스재배	참취노지재배	더 덕	계	(원)	(천원)
휘발유	6	12	12	30	200	6
경 유	12	24	24	60	156	9
모빌유	1	2	2	5	1,000	5
전 기	3	3	3	9	810	7
계						27

〈표 33〉 재료비 지출계획(예시)

품 명	소 요 량				단가	금액
	참취하우스재배	참취노지재배	더 덕	계	(원)	(천원)
비닐(터널)	1통			1통	10,000	10
비닐(외피)	2통			2통	77,500	155
차 광 망	1통	1통		2통	40,000	80
지 주			100개	100개	100	10
비 닐 끈	5권	5권	10권	20권	500	10
상 자	50개	50개	20개	120개	700	84
계						249

〈표 34〉 소 농구비 지출계획(예시)

품 명	수 량	단가(원)	금액(천원)	비 고
삽	3	2,000	6	
괭 이	3	800	2	
낫	3	2,000	6	
쇠스랑	3	500	2	
계			16	

〈표 35〉 대 농기구 농용시설 감가상각비(예시)

품 명	감가상각비(천원)	수리비(천원)	금 액(천원)	비 고
경 운 기	98	10	108	
동력방제기	60		60	
하우스골재	200		200	
창 고	100		100	
계			468	

〈표 36〉 노 임(예시)

구 분		노동일수(일)	단 가(원)	금액(천원)	비 고
자가 노임	남	69	11,000	759	품앗이 (남 : 10명
	여	69	9,000	621	여 : 20명)
고용 노임	남	10	11,000	135	
	여	15	9,000		
계				1,625	

〈표 37〉 고정자본 용역비(예시)

자산별	평가액(천원)	이자율(%)	부담률	용역비 평가액(천원)
대농기구	800	10	50	40
농용시설	1,200	10	80	96
계				136

〈표 38〉 유동자본 용역비(예시)

총투자액(천원)	이자율(%)	용역비(천원)	산출근거
1,038	10	52	1,038×0.1×0.5

〈표 39〉 토지자본 용역비(예시)

면 적(평)	평당임차료(원)	용역비(천원)	산출근거
1,500	510	765	1,500×510

⑥ 경영 예상 성과의 산출

경영 후 예상되는 경영성과 및 손익계산서를 작성한다.

〈표 40〉 손익계산서 작성(예시) (단위 : 천원)

비 용	금 액	수 익	금 액
종 묘 비	300	생 취	5,850
비 료 비	176	건 취	792
농 약 비	25	더 덕	2,400
광 열 비	27	토지가격 상승	1,500
재 료 비	249		
소 농 구 비	16		
감 가 상 각 비	468		
고 용 노 임	245		
자 가 노 임	1,380		

고정자본 용역비	136		
유동자본 용역비	52		
토지자본 용역비	765		
당 기 순 이 익	6,703		
계	10,542	계	10,542

= 경영 성과분석 =

- ○ 농업조수입 : 9,042천원
- ○ 농업경영비 : 1,506천원
- ○ 농업 소득 : 7,536천원
- ○ 농업소득률 : 83.3%
- ○ 노동생산성 : 4,623원/시간
- ○ 토지생산성 : 5,024/평
- ○ 자본 효율 : 5.0

⑦ 소득 처분계획

소득 7,536천원에서 조세금 및 제부담금을 제외한 7,300천원에 대하여 융자금 상환 1,000천원, 경영재투자 3,000천원, 예금 1,000천원 가계비지출 3,000천원, 기타 300천원 등과 같이 소득처분 계획을 수립한다.

⑧ 참고자료 수집계획

경영 실천계획 및 판매계획을 세우기 위한 각종 자료의 수집계획을 세운다.

(가) 농축산물 유통정보지 구독(4월부터)
(나) 농민신문 구독(4월부터)
(다) 상업농경영(월간지) : 4월부터 구독
(라) 참취, 더덕에 대한 가격 그래프를 작성한다.

4. 산채재배의 경제성 및 전망

(1) 경제성

산채류에 대한 수익성을 평균으로 이용할 수 있는 조사자료는 없으나 농가 사례를 분석하면 다음 표와 같다.

〈표 41〉 참취 하우스재배 소득분석표('88년 사례)〔충북 보은군 내속리면 김두수(10a)〕

구분		수량(kg)	단가(원)	금액(원)	비고
조수입		1,517	1,620	2,458,500	
경영비	종묘비	0.5	30,000	15,000	
	무기질비료			42,138	요소 : 42.5kg
	유기질비료	1,000	39	39,000	유안 : 15kg
	광열동력비			7,320	
	제재료비비			291,389	
	소농구비			500	
	대농구 상각비			13,020	
	시설상각비			247,999	남 : 40시간
	고용노력비			55,800	여 : 30시간
소득				1,746,334	
소득률(%)				71.0	

〈표 42〉 곰취의 소득분석표 〔강원도 횡성군 둔내면 강제섭(10 a)〕

구분		수량(kg)	단가(원)	금액(원)	비고
조 수 입		3,360	1,054	3,541,000	'88년 3월 4일 비닐 피복(3회 수확)
경영비	종 묘 비			180,000	
	무기질비료			16,200	
	유기질비료	1,500		12,000	
	농 약 비			2,800	
	광열동력비			2,300	
	수리(水利)비			8,400	
	제 재 료 비			113,000	
	소 농 구 비			2,700	
	대농구 상각비			2,100	자가노동
	시설상각비			72,000	-남 : 56시간
	고용노임비			8,500	-여 : 52시간
	계			420,000	
소 득				3,121,000	
소 득 률(%)				88.1	

〈표 43〉 두릅 삽수재배 소득분석표('88년 사례)〔경기· 가평군 상면 한철호 (100,000본)〕

구분		수량(kg)	단가(원)	금액(원)	비고
조 수 입		100,000본	70	7,000,000	
경영비	삽수 채취	100,000	20	2,000,000	
	삽수 운반	100,000	1	100,000	
	비 닐	50m	600	30,000	
	온상설치비	1동		100,000	
	연 료 비	1,000장	200	200,000	
	기 타	100,000	10	1,000,000	

계			3,730,000	
소 득			3,270,000	
소 득 률(%)			46.7%	

〈표 44〉 산채류 소득분석표(사례)

품 종	수 량 (kg)	단 가 (원)	조수입 (천원)	경영비 (천원)	소 득 (천원)	비 고
달래(하우스재배) (100평)	3,630	2,000	7,260	5,602	1,602	강원도 철원군 갈말읍 (백의찬 : '83년)
달래(하우스재배) (10a)	주아 1,500 (종구 2,000)	1,700	3,500	1,800	1,700	충남 금산군 추부면 (김종천 : '86년)
달래(노지재배) (10a)	750	2,000	1,500	1,091	409	강원도 양구군 남면 (김길영 : '83년)
도라지(노지직파) (10a)	4,000	1,200	480	140	340	충남 금산군 군북면 (이공우 : '86년)
고들빼기(노지직파) (10a)	1,000	1,000	1,000	120	880	충남 금산군 진산면 (안창선 : '86년)
땅두릅(하우스재배) (10a)	1,125	2,133	2,400	600	1,800	충남 금산군 복수면 (유수복 : '86년)
고사리(노지직파) (10a)	건조품 50 (생 2,250)	12,000	600	80	520	충남 금산군 복수면 (지명배 : '86년)

(2) 품목별 경영상 유의사항 및 전망

① 도라지

○ 도라지 수확은 파종 후 2~3년이 걸리므로 3년 정도의 주기로 가격이 오르고 내린다. 따라서 가격이 낮아 다른 사람들이 파종 면적을 줄일 때 반대로 면적을 늘려야 가격이 높은 연도에 출하할 수 있다.

○ 제초하는데 노동력이 많이 투하되므로 제초제를 사용하여 생산비

를 절감시킨다.

○ 걸찬 땅에 물기가 있으며 물 빠짐이 좋은 곳에 재배하고, 생육시기에 물을 충분히 대주면 다수확으로 소득을 증대시킬 수 있다.

② 더 덕

○ 더덕은 재포기간(在圃期間)이 2~3년이므로 이식재배하면 경지 이용도를 높이고 제초 등에 들어가는 노동력을 절감시킬 수 있다.

○ 중국산 더덕이 일부 수입되어 시판되고 있으나 질이 떨어지고 질기므로 국내 생산종의 가격에 크게 영향을 미치지 않는 것 같다.

소비량도 크게 늘어나고 일부가 장아찌 등으로 가공되어 교포를 상대로 수출이 되고 있으므로 품질이 우수한 더덕을 생산하여 출하하면 높은 소득을 올릴 수 있는 작목으로 전망된다.

③ 달 래

○ 화학비료를 많이 주거나 특히 마늘, 양파의 뒷그루로 재배하면 병충해가 발생할 우려가 있다.

○ 종구(種球)값이 많이 들므로 종구를 자가증식하여 생산비를 절감시킨다.

○ 농한기에 노약자, 부녀자 등의 유휴노동력을 이용하여 스테미너 식품으로 재배하면 전망이 밝다.

④ 두 릅

○ 수확시에 노동력이 많이 들고 작업이 힘들므로 노동력을 충분히 확보한다.

○ 가격이 불안정하고 보관이 잘 안되므로 홍수출하가 되기 쉬우며 가격이 급락하는 경우가 많다.

○ 산림이 울창해짐에 따라 삽수재배는 삽수채취가 어렵기 때문에 삽수가격이 비싸져서 하우스 조기재배 면적이 크게 늘어서는 안 된다고 본다.

○ 땅두릅은 고급요리로서 판매가 용이하며 노동력이 크게 필요하지 않으므로 소득작목으로 유망하다고 본다.

⑤ 취나물

○ 참취는 종자로 번식이 용이하여 최근 재배면적이 급증하고 있어 과잉생산의 우려가 있다.

○ 감자, 옥수수를 재배하는 산간지에서 건취를 많이 생산하여 소포장으로 싼값에 공급하면 소비자의 큰 호응을 얻을 수 있을 것이다.

○ 재배면적을 확대하는 것보다 완숙퇴비 등을 많이 사용하여 단위생산력을 높이고 차광망을 씌워 품질을 향상시켜야 한다.

○ 곰취, 참취 등의 생취가 깻잎, 상추 등과 경합하여 우위를 점하도록 품질이 좋은 생취를 출하하여야 한다.

○ 생취가격은 4월 이후에는 크게 내리므로 조기출하하도록 한다.

⑥ 냉 이

○ 배수가 잘 되는 모래참흙에 재배한다.

○ 겨울생산을 위하여 하우스나 비닐터널을 재배하여 출하하면 높은 소득이 기대된다.

⑦ 고사리

○ 최근 발암성 물질이 있다고 하여 소비량이 감소되는 추세이고 중국산의 수입 때문에 가격이 낮아지고 있으므로 재배면적을 확대하지 않아야 한다.

○ 번식이 어려워 많은 면적의 재배가 곤란하다.

⑧ 기타 산채류

고들빼기, 씀바귀, 머위, 쑥, 원추리 등도 소비량이 점차 늘어나는 추세이므로 적은 면적에 재배하여 상품화시키면 높은 소득이 기대된다.

식물이름 찾아보기(표준어, 별명, 사투리)

산나물 재배와 이용법

2014년 3월 5일 1판 8쇄 발행

저 자 : 최 영 전
발행인 : 김 중 영
발행처 : 오성출판사

서울시 영등포구 영등포6가 147-7
TEL : (02) 2635-5667~8
FAX : (02) 835-5550

출판등록 : 1973년 3월 2일 제 13-27호
http://www.osungbook.com